Schmiedinger/Rasche/Thonfeld/Tuchen

Agile Transformation

Bleiben Sie auf dem Laufenden!

Unser **Computerbuch-Newsletter** informiert Sie monatlich über neue Bücher und Termine. Profitieren Sie auch von Gewinnspielen und exklusiven Leseproben. Gleich anmelden unter:

www.hanser-fachbuch.de/newsletter

Christoph Schmiedinger
Carsten Rasche
Ellen Thonfeld
Kathrin Tuchen

Agile Transformation

Der Praxisguide zum Change
abseits des Happy Path

HANSER

Alle in diesem Buch enthaltenen Informationen, Verfahren und Darstellungen wurden nach bestem Wissen zusammengestellt und mit Sorgfalt getestet. Dennoch sind Fehler nicht ganz auszuschließen. Aus diesem Grund sind die im vorliegenden Buch enthaltenen Informationen mit keiner Verpflichtung oder Garantie irgendeiner Art verbunden. Autoren und Verlag übernehmen infolgedessen keine juristische Verantwortung und werden keine daraus folgende oder sonstige Haftung übernehmen, die auf irgendeine Art aus der Benutzung dieser Informationen – oder Teilen davon – entsteht.

Ebenso übernehmen Autoren und Verlag keine Gewähr dafür, dass beschriebene Verfahren usw. frei von Schutzrechten Dritter sind. Die Wiedergabe von Gebrauchsnamen, Handelsnamen, Warenbezeichnungen usw. in diesem Buch berechtigt deshalb auch ohne besondere Kennzeichnung nicht zu der Annahme, dass solche Namen im Sinne der Warenzeichen- und Markenschutz-Gesetzgebung als frei zu betrachten wären und daher von jedermann benutzt werden dürften.

Bibliografische Information der Deutschen Nationalbibliothek:

Die Deutsche Nationalbibliothek verzeichnet diese Publikation in der Deutschen Nationalbibliografie; detaillierte bibliografische Daten sind im Internet über *http://dnb.d-nb.de* abrufbar.

Dieses Werk ist urheberrechtlich geschützt.
Alle Rechte, auch die der Übersetzung, des Nachdruckes und der Vervielfältigung des Buches, oder Teilen daraus, vorbehalten. Kein Teil des Werkes darf ohne schriftliche Genehmigung des Verlages in irgendeiner Form (Fotokopie, Mikrofilm oder ein anderes Verfahren) – auch nicht für Zwecke der Unterrichtsgestaltung – reproduziert oder unter Verwendung elektronischer Systeme verarbeitet, vervielfältigt oder verbreitet werden.

© 2021 Carl Hanser Verlag, *www.hanser-fachbuch.de*
Lektorat: Brigitte Bauer-Schiewek
Copy editing: Dolores Omann, Ternitz
Korrektorat: Petra Kienle, Fürstenfeldbruck
Layout: Manuela Treindl, Fürth
Umschlagdesign: Marc Müller-Bremer, München, *www.rebranding.de*
Umschlagrealisation: Max Kostopoulos
Titelmotiv: © Max Kostopoulos
Druck und Bindung: CPI books GmbH, Leck
Printed in Germany

Print-ISBN: 978-3-446-46652-4
E-Book-ISBN: 978-3-446-46653-1
E-Pub-ISBN: 978-3-446-46654-8

Inhalt

Vorwort von Boris Gloger IX

Die Autoren und Autorinnen XI

Bevor Sie losgehen XIII

1 **Die agile Transformation – was sie ist und welche Wege zu ihr führen** 1
1.1 Die Entscheidung für die agile Transformation treffen 3
    1.1.1 Das Ziel für die agile Transformation setzen 7
    1.1.2 An den Inhalten arbeiten – das Transformation Team 9
    1.1.3 Bewusstsein für die Auswirkungen des Wandels erzeugen 10
1.2 Szenarien für die agile Transformation 14
    1.2.1 Die passende Geschwindigkeit für die Transformation wählen 14
    1.2.2 Agile Aufbauorganisationen 19
    1.2.3 Skalierungsframeworks 22
    1.2.4 Die 6 Bausteine der agilen Organisation 23
    1.2.5 Alles Scrum in der agilen Organisation? 26
1.3 Interne und externe Unterstützung der agilen Transformation 29
1.4 Kommunikation und Zeitplanung 30

2 **Abzweigung 1: Wie verirrte Transformationen auf den richtigen Weg zurückfinden** 37
2.1 Organisation und Struktur 39
    2.1.1 Den Skalierungsansatz anpassen 39
    2.1.2 Abhängigkeiten managen 45
    2.1.3 Agile Assessment der Organisation 49
    2.1.4 Umgang mit Querschnittsfunktionen 51
2.2 Rollen und Führung 53
    2.2.1 Ein besseres Rollenverständnis schaffen 53
    2.2.2 Die Verantwortlichkeiten eines agilen Teams 56
    2.2.3 Integration von Expertinnen und Experten in agile Teams 57
    2.2.4 Das Führungsverständnis des Product Owners 60

		2.2.5 Der Scrum Master und das Lösen von Impediments 64
		2.2.6 Die drei zentralen Facetten der Führung in agilen Organisationen 66
2.3	Die agile Transformation weiterführen 69	
	2.3.1	Chapter und Gilden 69
	2.3.2	Verantwortung auf mehrere Personen verteilen 73
	2.3.3	Organische agile Transformation mit Keimzellen 75
2.4	Integration der Erkenntnisse in ein Organisationsmodell für den Start in anderen Bereichen 80	

3 Abzweigung 2: Das Transformation Team als Guide durch die Veränderung 85

3.1	Der Transformation-Team-Ansatz 86	
3.2	Das Transformation Team zusammenstellen 89	
	3.2.1	Die Unterstützung des Topmanagements bekommen 89
	3.2.2	Teammitglieder identifizieren mit dem Transformation Team Canvas 94
	3.2.3	Kickoff-Workshop für das Transformation Team 101
	3.2.4	Die Vision für die agile Transformation entwickeln 103
3.3	Die Zusammenarbeit des Transformation Teams 107	
	3.3.1	Wie das Transformation Team agil arbeitet 107
	3.3.2	Das Review des Transformation Teams 109
	3.3.3	Artefakte des Transformation Teams 111
3.4	Die Arbeit des Transformation Teams in der Praxis 116	
	3.4.1	Die wichtigsten Aufgaben des Transformation Teams 116
	3.4.2	Anstoßen von Veränderungen in der Organisation 117
	3.4.3	Agile Pilotteams identifizieren 124
	3.4.4	Aufbau von Wissen 126
	3.4.5	Impediment Management 130
	3.4.6	Fokusgruppen initiieren und begleiten 134

4 In der Steilwand: Das Transformation Team in der Krise 139

4.1	Probleme im Transformation Team 140	
	4.1.1	Motivationsprobleme adressieren 140
	4.1.2	Mit Erwartungen umgehen 142
	4.1.3	Durchschlagskraft durch laterale Führung herstellen 147
	4.1.4	Rollenträgerinnen und -träger erfüllen die Erwartungen nicht 149
	4.1.5	Inkrementelle Lieferungen als Erfolgsschlüssel für Veränderungen 151
4.2	Widerstände aus der Organisation 153	
	4.2.1	Unüberwindbare Hindernisse 153
	4.2.2	Die Unterstützung durch das Topmanagement fehlt 154
	4.2.3	Konkurrierende Transformation Teams 155
	4.2.4	Die Organisation verändert sich zu langsam 157
4.3	Implementierung auf Abwegen 160	
	4.3.1	Haben wir noch das richtige Zielbild? 160

	4.3.2 Was ist eigentlich Agilität?	161
	4.3.3 Das Transformation Team ist nicht authentisch	164
	4.3.4 Agilität wird in der Organisation unterschiedlich gelebt	167

5 Am Gipfel: Reife und Übergang in den nächsten Change? 171
5.1 Die Transformation überblicken und das Transformation Team auflösen 172
    5.1.1 Den Status quo der Transformation erheben. 172
    5.1.2 Intervenieren oder pausieren? 178
    5.1.3 Transformation gelungen – Transformation vorbei? 180
5.2 Integration und Internalisierung 181
    5.2.1 Organisation des Transformation Teams „nach" der Transformation...... 181
    5.2.2 Den Kulturwandel weitertreiben 183
    5.2.3 Die Mitarbeiterinnen und Mitarbeiter involvieren 188
    5.2.4 Auswirkungen der Transformation auf unternehmensnahe Stakeholder .. 192

Für Ihren weiteren Weg. 197

Danke! 199

Literatur 201

Stichwortverzeichnis. 205

Vorwort von Boris Gloger

Unsere Gesellschaft steht vor der größten wirtschaftlichen Herausforderung seit dem zweiten Weltkrieg. Die USA nehmen Europa nicht mehr als Partner, sondern als Konkurrent wahr und was die digitale Wirtschaft betrifft, rangieren wir weit hinter China. Der oft gerühmte deutsche und österreichische Mittelstand hat die Digitalisierung verschlafen. Unser Schulsystem kommt mit dem Auftrag, die Innovatorinnen und Entrepreneure von morgen auszubilden, nicht klar, weil die zuständigen Ministerien nicht in der Lage sind, die Infrastruktur für digitales Lernen effizient und unbürokratisch bereitzustellen.

Einfache Rezepte funktionieren in dieser neuen Zeit nicht. Die COVID-19-Pandemie war ein Brandbeschleuniger, der uns über Nacht aufgezeigt hat, woran es krankt: fehlende digitale Infrastruktur, zu wenig Bandbreite, die unüberlegte Auslagerung von Know-how auf andere Kontinente und dadurch entstandene globale Wertschöpfungsketten, die dermaßen ineinander verzahnt sind, dass nicht mal so simple Dinge wie Schutzmasken oder Gummihandschuhe lieferbar waren. Gleichzeitig katapultierte uns die Pandemie ins „New Normal", auf das weite Teile der Bevölkerung oder der Unternehmen nicht vorbereitet waren. In nur wenigen Wochen veränderten sich ganze Branchen und es entstanden neue Geschäftsmodelle. Früher konnten mehrere Generationen von der Idee des Gründers leben, heute müssen Gründer sich innerhalb kürzester Zeit neu erfinden.

Doch bei alledem ist momentan eines klar: Europa und Deutschland im Speziellen spielen bei diesen Veränderungen nur eine marginale Rolle. Es gibt keine führende europäische Videostreaming-Plattform oder Suchmaschine. Wir feiern es schon, wenn es mal einen funktionierenden heimischen Online-Versand gibt, aber global sind sie unbedeutend. Oft sieht es so aus, als hofften unsere Entscheider, dass der digitale Sturm an uns vorbeischrammt und wir mit ein paar zerbrochenen Ziegeln davonkommen.

Gary Hamel hat einmal gesagt, dass das Management die wichtigste Erfindung der Menschheit sei. Diese Erfindung habe dafür gesorgt, dass Menschen in nie geahnten Dimensionen zusammenarbeiten können. Gerald Hüther ergänzt, dass diese Erfindung so erfolgreich gewesen sei, dass die dadurch entstandene Komplexität nicht mehr mit den Mitteln des Managements beherrscht werden kann.

Wir stehen also vor einem Scheideweg im Managen von Organisationen und Institutionen. Die Menschheit hat sich von der Agrargesellschaft über die Industrie- und Finanzgesellschaft zur digitalen Gesellschaft vorgearbeitet. Softwarekonzerne sind wertvoller, als es Unternehmen in jeder anderen Ära jemals waren. Wie haben sie das erreicht? Aus meiner Sicht durch zwei Faktoren:

- Einmal durch ein neues **Management-Paradigma**, also andere Formen, Menschen miteinander arbeiten zu lassen – genau wie es Gary Hamel sagt. Hier gilt es zu verstehen, dass wir es mit einer Sozio-Technologie zu tun haben: dem agilen Management. Produktivitätssteigerungen werden durch ein anderes Miteinander möglich, denn die neue Technologie alleine kann es nicht sein – die gab es auch schon vorher.
- Der zweite, aus meiner Sicht extrem unterschätzte Faktor in den gegenwärtigen Debatten ist das **Denken in Netzen oder Systemen**. Ein Softwarekonzern wie Tesla baut nicht nur ein Auto mit alternativem Antrieb, sondern denkt gleich die Ladestationen mit Solarpanels mit. Das ist etwas anderes als ein deutscher Automobilhersteller, der noch immer Premiumautomobile zu seinem Kerngeschäft macht. Dass diese Automobile gezwungenermaßen auch Software benötigen, wird dabei als Add-on, nicht aber als dominierender Wertschöpfungsfaktor gesehen.

Wir erleben also gerade die Transformation unserer Gesellschaft. Organisationen werden zu Lernräumen, in denen jede Einzelne und jeder Einzelne von uns bemerkt, dass wir uns an die neuen Gegebenheiten anpassen und diese neuen Formen des Arbeitens erlernen müssen. Organisationen und Institutionen als Lernräume zu begreifen, bedeutet aber auch zu akzeptieren, dass sich diese fundamental und unwiderruflich verändern werden.

Zu Beginn des Jahres 2020 war es noch undenkbar, dass Unternehmen den Großteil ihrer Belegschaft von zuhause aus arbeiten lassen. Heute ist das Homeoffice normaler denn je. Genau das führt – ohne dass es die Führungskräfte aktiv betreiben oder wollen – zu neuen Arbeitsformen und das wiederum führt bei den Mitarbeitern zu einem neuen Erleben ihrer selbst.

Wir Manager können entweder zuschauen, wie dieser Tsunami die Transformation unserer Unternehmen erzwingen wird, oder wir können uns mit wachem Auge auf den Weg machen. Wir können agile Managementmethoden und systemische Denkweisen bewusst einsetzen oder uns der Veränderung ausliefern. Wir können gestalten und das ist die Botschaft dieses Buchs.

Meine Kolleginnen und Kollegen zeigen dabei, worauf es ankommt und wie diese Transformation gelingen kann. Sie werden Ihnen nicht von der schönen neuen Welt erzählen, sondern geben Ihnen das Wissen weiter, das sie in vielen hundert Tagen bei unseren Kunden gesammelt haben. Das Autorenteam rund um Christoph Schmiedinger und Carsten Rasche redet nicht nur von der teambasierten, netzwerkartigen und kundenzentrierten Organisation, sondern weiß, wie man eine klassische Organisation in diese neue Struktur führt und sie dabei resilient und wandlungsfähig zugleich macht. Das alles ohne Patentrezepte oder vorgefertigte Frameworks, sondern ganz im Gegenteil: immer von der Organisation her denkend, die eine Transformation hin zu einem neuen Level anstrebt – um auch morgen noch erfolgreich sein zu können.

Ich wünsche Ihnen viele Erkenntnisse beim Lesen!

Boris Gloger

Die Autoren und Autorinnen

Christoph Schmiedinger ist Executive Consultant bei borisgloger consulting, Führungskräfte-Trainer und Management Coach. Im Finanz- und Telekommunikationsbereich begleitet er Unternehmen bei agilen und Business-Transformationen sowie in der Organisationsentwicklung. Vor seiner Zeit als Unternehmensberater hat Christoph Schmiedinger als Product Owner die Produktentwicklung bei einem führenden Hersteller sicherheitskritischer Telekommunikationssysteme verantwortet. Er hält einen Master in Technical Management und einen MBA der ESADE Business School Barcelona.

Carsten Rasche ist Senior Management Consultant bei borisgloger consulting und Experte für skaliertes agiles Arbeiten, vor allem im Finanz- und Versicherungsbereich. Als Organisationspsychologe, Management Coach und Professional Facilitator hat er mehrere Business-Transformationen durch beteiligungsorientierte Verfahren erfolgreich gestaltet. Seine Sensibilität für Dynamiken in Organisationen hat er vor seiner Zeit bei borisgloger consulting als Projektmanager in der Jugendhilfe und beim agilen Arbeiten im Silicon Valley trainiert.

Ellen Thonfeld ist Senior Management Consultant bei borisgloger consulting, ausgebildete und erfahrene Bankkauffrau, Professional Facilitator, Trainerin und Management Coach. Mit ihrer Expertise im Agile Audit eröffnet sie Banken und Versicherungen die Möglichkeit, die Vorteile des agilen Arbeitens auch abseits von IT und Softwareentwicklung zu nutzen. Erfahrung mit Agilität in der Produktion hat sie vor ihrem Wechsel zu borisgloger consulting als Organisationsentwicklerin bei einem führenden Traktorenhersteller gesammelt.

Kathrin Tuchen ist Management Consultant, Professional Facilitator und Management Coach bei borisgloger consulting. Im Rahmen der agilen Organisationsentwicklung bringt sie ihr Wissen zur Customer Experience ein, das sie in einem internationalen Tourismuskonzern aufgebaut hat. Sie zeigt als Trainerin und Team Coach bei Projekten im Banken- und Versicherungsbereich, wie agile Teams ihr Potenzial ausschöpfen können, und hilft Scrum Mastern und Product Ownern dabei, ihre Rolle erfolgreich zu leben.

Bevor Sie losgehen

Wenn wir uns Bücher über die agile Transformation ansehen, sehen wir oft die Skizze eines idealtypischen Verlaufs. Sie müssen einfach dies und das in jener Reihenfolge tun – schon haben Sie ein agiles Unternehmen geschaffen. Diese Schritte sind durchaus richtig und nachvollziehbar, doch die Transformationen, die wir Tag für Tag erleben, verlaufen nicht nach einem vorgezeichneten Schema. Meistens kommen wir als Berater und vor allem Begleiter ins Spiel, wenn die Transformation ins Stocken geraten ist.

Die gute Nachricht ist: Verfahrene Transformationen kommen öfter vor als Sie vielleicht denken. In einer Organisation, die nicht weniger will als ihre umfassende Veränderung, lässt sich nicht jeder Schritt des Wegs kleinteilig vorausskizzieren. Wie sich die Menschen in der Organisation in diesem Übergang verhalten werden, lässt sich erst recht nicht erahnen und schon gar nicht mit Sicherheit voraussagen. Es gehört aus unserer Sicht zum Prozess, im Gehen ein wenig vom Weg abzukommen, denn in einer agilen Transformation liegt vieles im Nebel. Die kleinen und größeren Verirrungen gehören dazu und sind gerade jene wichtigen Lernerfahrungen, die eine Organisation wieder weiterbringen.

Wir haben für unseren Guide durch die agile Transformation daher den Weg zum Gipfel als Metapher gewählt. Uns ist bewusst, dass es nicht so ganz passt: Der Gipfel ist das Ziel einer Wanderung – wenn man ihn erreicht hat, dreht man wieder um und hakt den Berg als bezwungen ab. In unserem Kontext sehen wir den Gipfel aber nicht als Abschluss, sondern als Etappe. Es ist der Punkt, an dem Ihre Organisation die ersten schweren Passagen auf dem Weg zur agilen Organisation gemeistert hat. Von dort oben ist die Aussicht gut. Es besteht berechtigte Zuversicht, dass Ihre Organisation noch weitere Gipfel erreichen wird, denn sie ist reifer und stärker geworden.

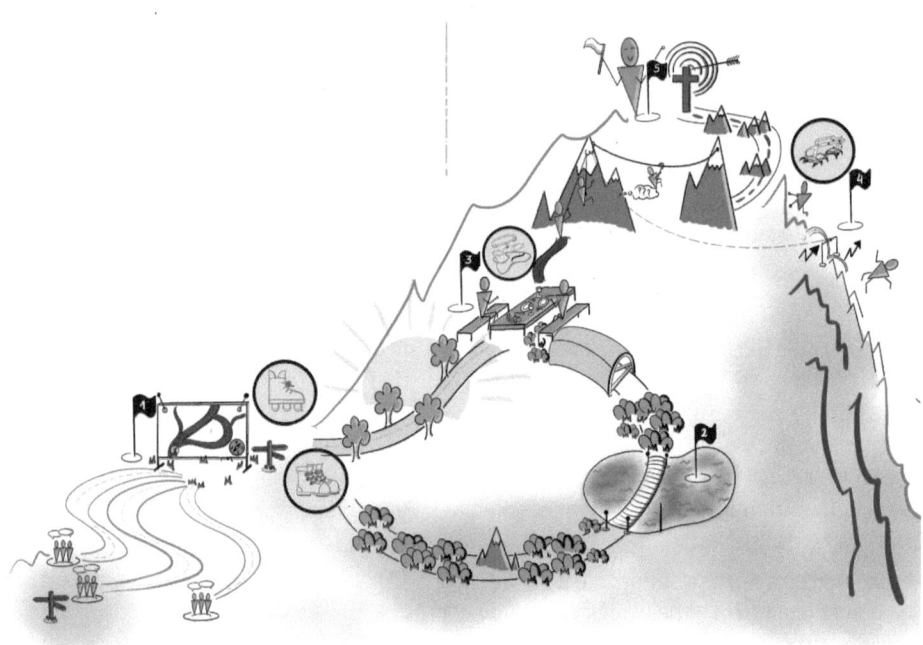

Was sehen Sie auf diesem Bild? In der Regel gibt es in einem Unternehmen bereits einige agile Initiativen, die aus Neugier und Interesse, manchmal aus einer Notlage gestartet wurden, weil ein Projekt in Schieflage geraten ist. Erste Erfahrungen wurden bereits gesammelt. Agile Transformationen, die einen großen Teil der Organisation oder gar das ganze Unternehmen erfassen sollen, starten also selten bei null. Doch an irgendeinem Punkt beschließen die Verantwortlichen, diese agilen Experimente auszudehnen und die Organisation auf den Weg zum agilen Unternehmen zu schicken. Dieser Punkt ist Landmarke 1 (Kapitel 1), die noch grüne Wiese, auf der die ersten wichtigen Entscheidungen getroffen werden: Welchen Weg schlagen wir ein?

Zwischen grüner Wiese und Gipfel sind üblicherweise einige steilere Passagen zu überwinden. Meistens hat man aber die Wahl zwischen einem schwierigen Aufstieg und einem etwas leichteren. Der Unterschied besteht darin, ob die Seilschaft einfach losgeht und auf ihre abgenutzte Ausrüstung aus anderen, weniger schweren Besteigungen zurückgreift oder ob sie sich Unterstützung von Bergführern sucht, die sich mit dem neuen Gelände beschäftigen und es zu lesen lernen. Wir beobachten in Unternehmen verschiedenste Strategien, die wir der Einfachheit halber in zwei Abzweigungen geteilt haben:

1. **Abzweigung 1:** Es wird versucht, die ersten agilen Erfahrungen mit klassischen Change-Instrumenten in der Organisation zu verbreiten und so eine Veränderung zu bewirken (Landmarke/Kapitel 2).
2. **Abzweigung 2:** Noch bevor die agile Transformation ausgerufen wird, wird ein Transformation Team gegründet, das immer ein aufmerksames Auge auf das Befinden der Seilschaft hat und in jeden Schritt vorwärts die bereits gemachten Erfahrungen aus kleineren Erkundungen einfließen lässt.

Auch Abzweigung 1 kann durchaus zum Gipfel führen, aber die Gefahren auf diesem Weg sind oft größer als notwendig. Früher oder später reift auch bei dieser Transformationsvariante die Erkenntnis, dass eine agile Organisation auf dem iterativ-inkrementellen Weg und mit einem kundigen Team an Bergführern – dem Transformation Team – leichter zu erreichen ist. Die Details dazu finden Sie hinter Landmarke 3 bzw. in Kapitel 3.

Doch leider sind selbst die besten Bergführer in den steilsten Passagen des Aufstiegs nicht vor Abstürzen gefeit. Gefährlich wird es, wenn das Transformation Team an sich zu zweifeln beginnt, wenn es die Transformation per se oder deren Geschwindigkeit hinterfragt, wenn es auf zu viele Widerstände stößt und die Motivation in den Keller sinkt. Befinden Sie sich gerade in dieser Situation? Dann finden Sie hinter Landmarke 4 bzw. in Kapitel 4 nützliche Hinweise.

Egal, auf welchem Weg Sie zum Gipfel gelangt sind: Jetzt müssen Sie diesen Erfolg sichern. Die Lage muss sich stabilisieren, die Organisation muss trittsicher auf dem neuen Terrain werden und die gewonnene Reife für die nächsten Ziele nutzen. Welche Instrumente Sie dafür einsetzen können, zeigen wir Ihnen bei Landmarke 5/Kapitel 5.

Alle Kapitel haben die folgende Struktur:

- Zunächst wird kurz die Ausgangssituation beleuchtet.
- Danach beantworten wir Fragen, die uns in diesen Situationen immer wieder gestellt werden.
- Am Ende des Kapitels weisen wir Sie auf spezielle Gefahren in dieser Situation hin.
- Abschließend geben wir Ihnen einige Literaturhinweise, die Ihnen zusätzlich helfen können.

Sehen Sie dieses Buch also nicht als eine durchgehende Geschichte. Die Inhalte dieses Buchs sind anhand der vielen Fragen zusammengestellt, die von Transformationsverantwortlichen in unterschiedlichen Stadien ihres Vorhabens so oder ähnlich immer wieder an uns herangetragen werden.

Unser Anspruch ist es, Ihnen mit diesem Buch einen Guide durch das unwegsame Gelände der Transformation an die Hand zu geben. Er soll Ihnen dort weiterhelfen, wo Sie gerade stehen. Sie können ihn also von vorne bis hinten lesen, Passagen auslassen oder vor- und zurückspringen. Ganz gleich, an welcher Stelle Sie sich bei Ihrem Aufstieg aktuell befinden: Das Buch steht Ihnen mit einem Rat zur Seite, wie Sie den Gipfel von Ihrem Standpunkt aus erreichen können.

Wir wünschen Ihnen und Ihrer Organisation viel Erfolg und wertvolle Erfahrungen auf diesem Weg.

Christoph Schmidinger
Carsten-Hendrik Rasche
Ellen Thonfeld
Kathrin Tuchen

1 Die agile Transformation – was sie ist und welche Wege zu ihr führen

Unternehmen stehen unter einem immensen Druck. Sie müssen sich gegen junge, wendige Mitbewerber behaupten und überlegen, wie sich neue Technologien auf ihre Wertschöpfungsketten auswirken. Seit Jahren wird daher mit agilen Methoden experimentiert, meistens in den IT-Abteilungen. Oft gingen und gehen die Initiativen dazu von einzelnen Personen aus: von den Abteilungs-, Team- oder Projektleitern, die erkannt haben, welche Vorteile das agile Arbeiten bringen kann. Diese Einzelinitiativen sind in vielen Fällen sehr erfolgreich: Projekte werden wesentlich schneller abgeschlossen und in der Zusammenarbeit mit den Kunden zeigt sich durch die regelmäßige Abstimmung eine neue Qualität. Durch die Arbeit dieser einzelnen agilen Teams wird auch so manches Problem in der Organisation offensichtlich.

Doch mitunter bleibt es bei diesen Einzelaktionen. Die wirklich großen Themen, denen eine Organisation angesichts der massiven Veränderungen in ihrer Umwelt mit dem flexiblen Denken in Iterationen und der damit entstehenden Nähe zum Nutzer begegnen könnte, werden nicht behandelt. Agil arbeitende Teams sind dadurch verständlicherweise frustriert. Sie sehen, was möglich wäre, doch sie verlieren ihre Motivation. Der anfängliche Schwung aus den agilen Experimenten kann nicht verstärkt und ausgeweitet werden.

Wenn es über die Einzelinitiativen hinaus keine Unterstützung für Agilität im Unternehmen gibt, passiert oft Folgendes: Jedes Team versteht das agile Arbeiten anders. Die einen machen Scrum nach allen Regeln der Kunst, die anderen nutzen nur einzelne unzusammenhängende Meetings oder Artefakte. Wieder andere Teams arbeiten zwar mit einer agilen Methode, aber haben das Spezialistendenken nie überwunden. Jeder arbeitet nur an seinem Ausschnitt und daher werden viele Arbeiten doppelt gemacht. Noch eine Variante: Es kommen keine Stakeholder, Kunden oder Anwender zu den Sprint Reviews – manchmal werden sie erst gar nicht eingeladen.

In den Führungsetagen dieser Unternehmen wächst durchaus das Bewusstsein, dass es so nicht funktionieren kann. Torschlusspanik macht sich breit, denn das Management schielt auf die Mitbewerber, die schon längst umfangreiche Veränderungen eingeleitet haben. Die Geschäftsführung sieht sich auf Lernreisen diese Unternehmen an und es entstehen erste Diskussionen über diverse Modelle und wie sie zur eigenen Organisation passen könnten. Plötzlich will die Geschäftsführung den Wandel: jetzt und kompromisslos. Das Unternehmen soll zu einer agilen Organisation werden!

Spätestens ab diesem Zeitpunkt wird im Unternehmen von der „agilen Transformation" gesprochen. Doch wie definiert sich so eine agile Transformation überhaupt? Wann sprechen wir von einer tatsächlichen Transformation und wann lediglich von der Einführung agiler Methoden? Und ist das Ziel jeder agilen Transformation ein agiles Unternehmen?

Aus unserer Sicht zeichnet sich eine agile Transformation dadurch aus, dass

a) **nicht einfach eine neue Methode eingeführt wird.** Über die Grenzen eines oder mehrerer Teams hinaus wird versucht, an den organisatorischen Rahmenbedingungen eines Unternehmens Änderungen herbeizuführen. Dabei geht es zum Beispiel um Abstimmungs-, Portfolio- oder Budgetprozesse, eine umfassende Weiterentwicklung der IT-Architektur und -Infrastruktur sowie um einen kulturellen Wandel.

b) **ein relevanter Teil des Unternehmens von dieser Änderung betroffen ist.** Es ist natürlich keine Regel, aber wenn mindestens 25 Prozent der Belegschaft in die Veränderungen involviert sind, sprechen zumindest wir von einer agilen Transformation.

c) **sie nicht als Projekt betrachtet wird, das irgendwann abgeschlossen ist.** Agilität bedeutet, sich der ständigen Veränderung, die vom Umfeld eines Unternehmens erzwungen wird, zu stellen – insofern kann eine Organisation gar nie damit aufhören, sich zu transformieren.

Gemäß dieses Definitionsversuchs einer agilen Transformation muss am Ende des Veränderungsprozesses kein in allen Teilen agil arbeitendes Unternehmen entstanden sein. Der wichtigste Punkt ist, dass signifikante – idealerweise positive – Veränderungen in der Organisation erkennbar sind und die Bereitschaft zum konstanten Wandel vorhanden ist. Auf dieser Reise ist das eigentliche Ziel also nicht der erfolgreiche Abschluss der Transformation, sondern die verbesserte Anpassungsfähigkeit der Organisation, um langfristig wettbewerbsfähig zu bleiben.

Gut, nun stehen Sie also vor dieser agilen Transformation und fragen sich vielleicht: Wie packen wir es am besten an?

 In diesem Kapitel erfahren Sie,

- welche Überlegungen vor dem Start einer agilen Transformation angestellt werden sollten,
- wie Sie die Ziele für die agile Transformation setzen,
- wie Sie Bewusstsein für die Auswirkungen des Wandels erzeugen und
- welche grundlegenden Vorgehensweisen und Szenarien es für die Transformation gibt.

1.1 Die Entscheidung für die agile Transformation treffen

Wer entscheidet, ob eine agile Transformation gestartet wird? Und wann ist dafür überhaupt der richtige Zeitpunkt?

Je nach Sichtweise gibt es den richtigen Zeitpunkt für Veränderungen nie oder es gibt ihn immer. Angesichts der dynamischen Marktsituation gibt es für Unternehmen im Wesentlichen zwei Situationen, die zu einer Entscheidung für die agile Transformation führen:

1. **Veränderungsdruck in der Branche.** Viele Unternehmen haben gar nicht mehr die Zeit, agile Arbeitsweisen zuerst in kleinen Teams zu erproben. Derzeit ist der Druck in jenen Unternehmen am höchsten, die von der Digitalisierung voll getroffen werden. Etwa bis zum Jahr 2010 fokussierte sich die Einführung agiler Methoden hauptsächlich auf Teams und Unternehmen im E-Commerce – das waren die agilen Pioniere. Schon früh entdeckte auch die Telekommunikationsbranche die Vorzüge des agilen Arbeitens und seitdem setzt sich diese Welle durch sämtliche Branchen fort: von Automotive über Energieversorger und die Medizintechnik bis in die Finanzwelt. Durch den hohen Anteil von Software an der Wertschöpfung waren agile Transformationen hier eine logische Konsequenz, sie verlaufen daher kongruent mit dem Digitalisierungsdruck in diesen Branchen (vgl. Bradley et al. 2015). Inzwischen haben aber auch weniger softwaregetriebene Unternehmen das Arbeiten nach agilen Grundsätzen für sich entdeckt und Agilität hat sich als modernes Leadership-Paradigma etabliert.

2. **Veränderungsdruck durch agile Pilotprojekte.** In vielen Unternehmen gibt es erste Erfahrungen mit agilen Methoden. Dabei reift oft die Erkenntnis, dass dieser begrenzte Einsatz das Unternehmen nicht wesentlich vorwärtsbringen wird. Schon die ersten Schritte mit agilen Methoden machen oft transparent, was die Organisation tatsächlich am Erfolg hindert oder es schwieriger macht, in Zukunft erfolgreich zu sein. So stellt sich dann die Frage, ob die Veränderung nicht umfassender gedacht und auf sämtliche Ebenen einer Organisation ausgeweitet werden muss. Die Empfehlung, aus den Erfahrungen einzelner Teams ein weitreichendes Veränderungsprogramm zu machen, kann von mehreren Seiten kommen: entweder direkt von der Unternehmensführung, aus der Strategieabteilung oder aus den Bereichen selbst, die diese Erfahrungen gesammelt haben.

Die Entscheidung für oder gegen eine agile Transformation ist am Ende eine Frage der Bedeutung, die diesen beiden Formen des Veränderungsdrucks beigemessen wird. Fällt die Entscheidung für die Transformation, ist eines aber unerlässlich: Die Unternehmensleitung muss in jeden Schritt eingebunden werden. Eine agile Transformation wird nur erfolgreich sein, wenn sie von ganz oben unterstützt wird und – noch besser – wenn Topmanager selbst so arbeiten und führen, wie sie es von anderen sehen wollen.

Daher ist es wichtig, von Beginn an klar zu machen, dass die Mitarbeit der Führungsebenen über Erfolg oder Misserfolg der Transformation entscheiden wird. Sollte es dem Topmanagement schwerfallen, die Bedeutung des eigenen Involvements zu erkennen, hat sich eines bewährt: „Geh hin und schau." Das Management wird mit bereits agil arbeitenden Teams vernetzt und kann sich vor Ort ein Bild davon machen, vor welchen strukturellen Herausforderungen diese Teams bei der täglichen Arbeit stehen. Meistens hakt es an den unternehmensweiten Prozessen und an der Aufbauorganisation. Das sind Probleme, die von einzelnen Bereichen nicht gelöst werden können und schon gar nicht von vereinzelten Teams. Sie lassen sich aber lösen, wenn das Topmanagement die entsprechenden Rahmenbedingungen schafft, damit sich die gesamte Organisation – oder zumindest ein großer Teil – entsprechend neu ausrichten kann.

Die Entscheiderinnen und Entscheider ins Boot holen

Bei einem mittelgroßen Finanzdienstleister hatten einige Projektverantwortliche agile Methoden eingeführt, vorrangig für Projekte, in denen auch Software entwickelt wurde. Die motivierten Scrum Master identifizierten in den ersten Sprints viele Impediments und konnten einige davon durch ihre Hartnäckigkeit lösen. Die ersten Erfolge waren erkennbar: Schon nach wenigen Iterationen konnten Teile der Software geliefert und produktiv eingesetzt werden.

Viele der Impediments waren jedoch größerer, organisatorischer Natur. Zu Beginn versuchten die Scrum Master noch, sich mit den Verantwortlichen zu treffen und Lösungen bilateral zu schmieden. Meist führte jedoch ein Problem zum nächsten, sodass nur selten nachhaltige Lösungen entstanden. Einmal fehlte zum Beispiel die entsprechende Entwicklungsumgebung: Zunächst sollte diese mithilfe der IT-Abteilung entstehen, doch die hatte dafür weder das Budget noch die Experten. Also mussten das verantwortliche Mitglied der Geschäftsführung, der Einkauf und HR involviert werden. Irgendwo versandete die Anfrage schlussendlich.

Verständlicherweise machte sich unter den Scrum Mastern allmählich Frust über die vielen Stolpersteine breit. Daher versuchten sie einen Befreiungsschlag: Sie sammelten die größten Hindernisse, brachten sie in eine anschauliche Darstellung und präsentierten sie der Unternehmensleitung. Die Botschaft lautete: „Wir brauchen eure Hilfe! Wenn es mehr und noch produktivere Teams geben soll, geht das nur mit einem umfassenden, strukturierten Prozess!" Geschickt nutzten die Scrum Master dabei ihre bisherigen Erfolge, um die Aussicht auf mehr Produktivität zu untermauern.

Dieser erste Workshop mit der Unternehmensleitung war der Auslöser für eine umfassende Transformation, die sich über knapp eineinhalb Jahre erstreckte und in eine teilweisen Neustrukturierung der Aufbauorganisation mündete, viele Prozesse wurden entschlackt.

Die **Inhalte eines Workshops mit dem Topmanagement** sollten also folgende Punkte umfassen:

- Was bisher in puncto Agilität geschehen ist und welche Erfolge dabei erzielt wurden
- Bereichsübergreifende Herausforderungen und welchen Nutzen deren Lösung für die agil arbeitenden Teams stiften würde
- Gemeinsame Priorisierung der aktuellen Herausforderungen mit Hilfe einer Nutzen-Aufwand- oder Nutzen-Verzögerungskosten-Matrix (vgl. Willuda 2016)
- Festlegen der nächsten konkreten Schritte wie beispielsweise die Gründung von Arbeitsgruppen für die Lösung spezifischer Themen
- Optional: ein erster Fahrplan sowie Messkriterien, um überprüfen zu können, inwieweit die Ziele erreicht wurden

Der wohl wichtigste Punkt ist, in diesem Workshop immer wieder darauf hinzuweisen, dass bereichsübergreifende Maßnahmen notwendig sind. Es geht nicht um punktuelle, sondern um nachhaltige Lösungen. Dafür wird das Engagement des Topmanagements gebraucht und idealerweise ein crossfunktionales Transformation-Team (siehe Abschnitt 1.1.2 und Kapitel 3), das die Veränderungen vorantreibt und verantwortlich begleitet.

Eine weitere Überlegung sollte in diesem Workshop angestellt werden: Steht das Unternehmen wirtschaftlich so gut da, dass es sich diesen Wandel leisten kann? Eine agile Transformation funktioniert selten ohne beachtliche Investitionen, zum Beispiel in moderne IT-Infrastruktur, neue Arbeitsumgebungen wie Innovation Labs oder teamtaugliche, kooperationsfreundliche Büros und die Unterstützung durch externe Expertinnen und Experten. Gleichzeitig wird die Produktivität kurzfristig sinken (siehe Bild 1.1). Das ist keine Besonderheit agiler Transformationen, sondern ein Phänomen, das immer auftritt, wenn sich Menschen reorganisieren und in einem neuen System formieren. Hat das Unternehmen die finanziellen Mittel, um diesen Produktivitätseinbruch zu überstehen?

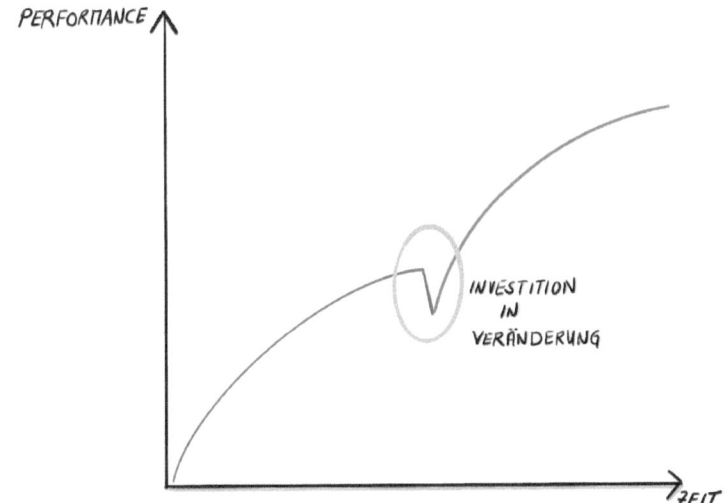

Bild 1.1 J-Kurve – der typische Produktivitätsknick in Veränderungsprozessen

Die Voraussetzungen untersuchen – Agile Assessment

Wie geeignet der Zeitpunkt für eine agile Transformation ist, lässt sich bis zu einem bestimmten Grad anhand eines Assessments herausfinden. Bei dieser Bestandsaufnahme werden die aktuellen Prozesse und Arbeitsweisen, die Kultur, aber auch „harte" Fakten wie die IT-Infrastruktur auf den Prüfstand gestellt. Bevor ein fundamentaler Wandel angestoßen wird, können auf diese Weise bereits erste Hindernisse aus dem Weg geräumt werden und es kristallisiert sich heraus, wo sich in der Organisation der beste Ansatzpunkt für erste Veränderungsmaßnahmen befindet. Wie sieht so etwas in der Praxis aus?

Für ein mittelgroßes Unternehmen mit ca. 250 Mitarbeiterinnen und Mitarbeitern führten wir im Zuge der Vorbereitung einer Transformation ein dreitägiges Assessment durch. Gemeinsam mit dem Management wählten wir einen möglichst repräsentativen Querschnitt von sechs – teilweise agilen – Teams aus, mit denen wir Retrospektiven über die letzten sechs bis zwölf Monate veranstalteten.

Die Fragen, die wir den Teams stellten, orientierten sich an den klassischen Retrospektive-Fragen:

- Welche Geschichte hat das Team und in welchen Kontext ist es eingebettet?
- Was lief in den letzten sechs bis zwölf Monaten gut?
- Was muss in Zukunft noch verbessert werden?
- Was wünschen wir uns für die Zukunft?

Parallel zur Arbeit mit den Teams führten wir Einzel- und Gruppeninterviews mit Stakeholdern, die für die agile Produktentwicklung wichtig waren. In diesem Fall waren das die folgenden Personen:

- Der Verantwortliche für die IT-Architektur (Enterprise Architect)
- Vertreterinnen und Vertreter aus dem Betrieb
- Der Chief Operating Officer
- Der Verantwortliche für die Portfolio-Roadmap und deren Budgetierung
- Das Scrum-Master-Urgestein – der erste Scrum Master im Unternehmen, der noch dazu schon viele Jahre im Unternehmen war

Die wichtigsten Aussagen aus den Workshops und Interviews dokumentierten wir sofort auf Flipcharts, um zu überprüfen, ob die Aussage dem Verständnis aller Beteiligten entsprach. Aus den unzähligen Fotoprotokollen (in Summe über 80 Flipcharts) trugen wir die signifikantesten positiven und verbesserungswürdigen Aspekte zusammen und gruppierten sie entlang der folgenden Bausteine bzw. Erfolgsfaktoren für die agile Skalierung (mehr dazu in Abschnitt 1.2.4):

- Organisations- und Produktarchitektur
- Infrastruktur
- Skills & Expertise
- Kundenorientierung
- Management-Frameworks
- Führung & Werte

Abschließend identifizierten wir noch die wichtigsten Meta-Themen für die Organisation. Dazu gehörte die geringe Wertschätzung von Erfolgen sowohl auf Team- als auch Unternehmensebene und dass kein geschlossener Feedback-Regelkreis von der Team- zur Managementebene vorhanden war. Daher gelangte das Wissen über Probleme und Hindernisse, die die operative Arbeit der Teams verlangsamten, auch nur selten an die relevanten Stellen im Management und sie wurden nicht nachhaltig gelöst.

Mit Hilfe eines Assessments gelingt es somit, einen ersten guten Überblick über den Status quo des Systems zu erhalten und sich ein Bild davon zu machen, welchen agilen Reifegrad das Unternehmen aufweist (siehe Abschnitt 1.4). Dieses Wissen hilft wiederum eine Einschätzung zu treffen, welche Art und Radikalität von agiler Transformation das Unternehmen braucht, um sich weiterzuentwickeln. Wir empfehlen, diese Überlegungen unbedingt anzustellen, bevor eine agile Transformation angestoßen wird.

1.1.1 Das Ziel für die agile Transformation setzen

Ist es notwendig, ein großes Ziel für den Wandel zu setzen, das kommuniziert wird? Schließlich soll dieses Veränderungsprojekt nicht eines von vielen werden, das nur durchgezogen wird, weil „Agile" gerade in ist.

Wie jedes andere Vorhaben sollte auch eine agile Transformation nicht gestartet werden, ohne sich darüber im Klaren zu sein, warum man es tut. Die folgenden Fragen – die meistens im Rahmen eines Workshops gestellt werden – helfen dabei, die Motivation zu durchleuchten:

- Warum wollen wir diesen Wandel überhaupt?
- Wohin soll sich das Unternehmen entwickeln und wie hilft eine agile Transformation dabei?
- Was soll durch die Veränderung anders bzw. besser werden?
- Woran erkennen wir, dass die Transformation wirksam ist?
- Was ist dezidiert nicht das Ziel der agilen Transformation?

Vor einem Workshop zum Warum und der entsprechenden Zielsetzung sollte daher abgewogen werden, wie breit die unterstützende Basis für den Wandel ist. Ein Zielsetzungsworkshop kann kleine Gruppen wie Leadership-Teams umfassen, genauso können aber auch Großgruppenveranstaltungen mit Repräsentantinnen und Repräsentanten aus sämtlichen Bereichen des Unternehmens stattfinden.

Grundsätzlich gilt: Wenn nur wenige Personen in der Belegschaft sehen, dass der Wandel notwendig ist, sollte der Prozess der Zielsetzung möglichst auf eine breite Basis gestellt werden – es sollten also viele Mitarbeiterinnen und Mitarbeiter integriert werden. Es gibt genügend Großgruppenformate, mit denen viele Personen eingebunden werden können. Ein Beispiel dafür ist die Zukunftskonferenz (vgl. Weisbord, Janoff 2010): Dabei handelt es sich um einen mehrtägigen Workshop, bei dem bis zu 100 Personen – ein Querschnitt der Organisation – gemeinsam an dem *Warum* der Transformation und dem Zielbild für die Organisation arbeiten und dieses entwerfen können. Sobald es in die Einzelheiten der Gestaltung geht, bietet sich ein Open Space an – ein Format, das auf dem Prinzip der Freiwilligkeit und des Marktplatzes aufbaut (vgl. Owen 2011).

Vision oder Zielbild oder beides?

Wir erheben in diesem Buch nicht den Anspruch einer akademischen Abgrenzung von Vision und Zielbild, sondern wollen Ihnen zum besseren Verständnis kurz unsere Sicht auf diese Säulen einer Organisationsentwicklung geben.

Die Vision ist für uns die emotionale, herausfordernde und begeisternde Formulierung des Ziels, auf das sich eine Organisation zubewegen will. Das Zielbild bezieht sich hingegen auf die konkrete Gestaltung der Organisation in der – meist näheren – Zukunft. Es umfasst mindestens eine, meistens aber mehrere Dimensionen: etwa die Aufbauorganisation, die internen Prozesse oder den Vertrieb. Solche Zielbilder definieren das Ergebnis des Veränderungsprozesses etwas näher, sie sind aber nicht in Stein gemeißelt, sondern bleiben flexibel.

Es bietet sich also an, von der ausgearbeiteten Vision eine Ebene tiefer in das Zielbild für die Organisation einzutauchen und Schritt für Schritt die ersten Merkmale einzelner Dimensionen zu entwerfen.

Gesunder Realismus ist die wichtigste Zutat in einem Zielsetzungs-Workshop. Daher wird mit einem Zielbild für die Organisation gestartet, das mittelfristig – also in der Regel innerhalb von zwei Jahren – erreichbar ist. Die Wahl der Instrumente hängt davon ab, welche Ziele im Vordergrund stehen:

- Sollen neue **Geschäftsmodelle** entwickelt werden, bieten sich Business-Modelling-Tools an. Eine umfangreiche Zusammenstellung über die verschiedensten Methoden wie das Business Model oder Value Proposition Canvas bieten Alexander Osterwalder und David J. Bland in ihrem Buch „Testing Business Ideas" (vgl. Osterwalder, Bland 2019). Ergänzend raten wir zu Kreativmethoden wie LEGO® Serious Play® oder Video-Prototyping (ein Beispiel finden Sie hier: *https://youtu.be/9yCVIrZJLn0*), um leuchtende und inspirierende Visionen und Zukunftsbilder zu erstellen. Während LEGO® erlaubt, die Vision plastisch und sogar rollenspielartig zu vermitteln, wird beim Video-Prototyping die Vision anhand der Geschichte eines Protagonisten lebendig erzählt.

- Liegt der Fokus des Wandels stärker auf der **Unternehmenskultur** und neuen Formen der Zusammenarbeit, sind ebenfalls kreative und kommunikative Methoden wie das Video-Prototyping angebracht, bei der das Management selbst eine Geschichte erzählt. Das ist wesentlich authentischer als ein zwar professioneller, aber „polierter" Image-Film. Für das Management haben sich auch Lernreisen als guter Gedankenanstoß erwiesen. Meistens wird bei diesen Besuchen in anderen Unternehmen deutlich, welche Dimension eine Transformation wirklich hat und was die Vorreiter zu Vorreitern macht. Auch hier gilt es wieder, die Ergebnisse und die damit verbundenen Auswirkungen auf die eigene Organisation festzuhalten und zu teilen, idealerweise als interaktives Video-Format. Unabhängig von der Methodik kommt es gerade dann besonders auf das Verhalten der Führungskräfte an, wenn sich die Kultur verändern soll. Sie müssen glaubwürdig die Kultur vorleben, die sie in der Organisation sehen wollen, und sich dementsprechend nahbar geben.

Ob Geschäftsmodell oder Unternehmenskultur: In beiden Fällen ist die Sicht nach außen, auf den Kunden und die Nutzer der Unternehmensleistungen, zentral. Um diese Perspektive einzubeziehen, bieten sich Werkzeuge wie Personas und Empathy Maps an (eine gute Sammlung findet sich im „Design Thinking Toolbook" von Lewrick et al. 2019). Bei beiden Methoden wird der Anwender und/oder Kunde in den Mittelpunkt gestellt: Die Workshop-Teilnehmer fragen sich, was diesen bewegt, was er fühlt, welche Probleme er hat und wie das Unternehmen ihm dabei helfen könnte.

Nach der Skizzierung des Zielbilds stellt sich die Frage: Welche unterstützenden Strukturen und Methoden werden gebraucht, um das Ziel zu erreichen? Das Stichwort lautet hier: Structure follows strategy. In diesem Teil des Workshops wird also ergründet, ob agile Methoden überhaupt das richtige Mittel sind. Eines ist klar: „Die anderen machen es auch" sollte keine Begründung für eine agile Transformation sein. Ein klares, gemeinsames grundlegendes Verständnis davon, in welchen Fällen agile Arbeitsweisen ein Erfolgsfaktor sind und wann nicht, ist eine wichtige Voraussetzung, bevor eine agile Transformation gestartet wird.

Es kann passieren, dass der Workshop bei der Frage nach dem „Warum" und „Wie" der agilen Transformation in eine Sackgasse gerät. In solchen Fällen können paradoxe Interventionen helfen, die zunächst Irritation erzeugen. Bei der Nightmare-Competitor-Methode (vgl. Tagwerker-Sturm 2018) wird zum Beispiel die Frage gestellt, was den schlimmstmöglichen Albtraum-Wettbewerber ausmacht und wie dieser das eigene Unternehmen gefährden könnte. Oft hilft schon die einfache Frage: „Was passiert, wenn nichts passiert?"

Ganz egal, wie der Workshop gestaltet wird: Wichtig ist, dass die Mitarbeiterinnen und Mitarbeiter spüren, dass diese Auseinandersetzung mit der Zukunft etwas bewirkt hat. Am Ende des Workshops sollte daher eine klare Vereinbarung zwischen den Teilnehmerinnen und Teilnehmern stehen: Welche wirksame Maßnahme wird in den kommenden Wochen gesetzt, die in der gesamten Organisation wahrgenommen wird? Die wohl wichtigste Maßnahme gleich nach dem Workshop ist das Teilen der Ergebnisse, zum Beispiel in Form eines Videos. Weitere Maßnahmen könnten etwa regelmäßige Besuche der Workshop-Teilnehmer bei agil arbeitenden Projektteams sein. Wichtig ist, dass diese Aktionen gut orchestriert von allen Teilnehmenden umgesetzt werden, um eine tatsächliche Veränderung im Verhalten sichtbar zu machen.

Falls in Ihrem Unternehmen bereits einige mehr oder weniger erfolgreiche Veränderungsprojekte laufen, die sich mit ähnlichen Fragestellungen beschäftigen, dann schließen Sie diese doch am besten mit einer Retrospektive ab und versuchen Sie, die Erkenntnisse dieser Initiativen in die geplante agile Transformation zu integrieren. Erstens erlaubt dies den Teilnehmerinnen und Teilnehmern, mit dem Alten gut abzuschließen und zweitens können so wichtige Lernerfahrungen direkt in den neuen Wandel mitgenommen werden.

1.1.2 An den Inhalten arbeiten – das Transformation Team

Wenn wir nun das Ziel kennen, ist das ja noch nicht alles. An einer Transformation muss doch inhaltlich gearbeitet werden, um zu definieren, in welche Richtung es gehen soll und um den Wandel in Gang zu setzen.

Sobald die grundsätzliche Entscheidung für eine agile Transformation gefallen und das Ziel festgelegt ist, findet idealerweise freiwillig ein Kernteam aus Menschen zusammen, die sowohl die Inhalte der Transformation als auch den Prozess planen und vorantreiben. Das passiert nicht bei jeder agilen Transformation und daher landen manche auch in einer Sackgasse, wie wir in Kapitel 2 sehen werden. Wir bezeichnen dieses Team als „Transformation Team". Wie dieses Team genau gebildet wird und wie es arbeitet, beschreiben wir in Kapitel 3 genau. Welche Personen sollten im Transformation Team vertreten sein?

- Es sollte mindestens ein **Sponsor** aus der Unternehmensleitung dabei sein, in größeren Unternehmen am besten mehrere.
- Ein Teammitglied sollte für den Prozess der Transformation verantwortlich sein, zum Beispiel als **Product Owner des Transformation Teams**.
- Wer die übrigen **Teammitglieder** sind, hängt vom Schwerpunkt der Transformation ab. Es können zum Beispiel Vertreterinnen und Vertreter aus der IT, aus dem Produktmanagement und Human Resources im Transformation Team zusammenfinden – je nachdem, welche Bündelung von Kräften das Vorhaben voranbringen kann.

Dieses Team arbeitet in weiteren Workshops an den Details der Transformation, und dafür sollte es sich genügend Zeit nehmen. Es hat sich oft als Fehler erwiesen, der Veränderungsstrategie nur halbtägige und damit halbherzige Workshops zu widmen, denn dabei wird zwar vieles angerissen, aber nur wenig entschieden. Ein geeignetes Format sind sogenannte „Bootcamps": Dabei handelt es sich um mehrere ganztägige Workshops, in denen abseits des Tagesgeschäfts fokussiert an den Inhalten der Transformation gearbeitet wird.

Die Zusammensetzung des Teams ist der eine Erfolgsfaktor – der andere ist, *wie* diese Workshops durchgeführt werden. Ein Transformation Team muss zunächst selbst erleben, was agiles Arbeiten bedeutet. Es gibt für die Workshops also ein Backlog, es wird iterativ gearbeitet, zu den Arbeitsergebnissen und zur Zusammenarbeit wird regelmäßig Feedback eingeholt. Was das Transformation Team tut und wie es das tut, wird Strahlkraft in die gesamte Organisation haben. So wird klar: Die Initiatorinnen und Initiatoren der Transformation tun selbst, wozu sie andere bewegen wollen.

Wandel aus dem Rheintal

Für ein mittleres Unternehmen organisierten wir die Strategie-Workshops des Transformation Teams immer weit abseits des Tagesgeschäfts – und das im geografischen Sinne, nämlich im hintersten Rheintal. Für diese hoch fokussierten Workshops blockierten wir jeweils ganze Freitage. Natürlich war das nicht der beliebteste Zeitpunkt in der Woche, denn die Workshops dauerten manchmal bis in den späten Abend. Doch das Team wusste, wie wichtig diese intensive Auseinandersetzung mit den strategischen Fragen der Transformation war.

Wir bedienten uns aus dem Repertoire der agilen Tools und Hilfsmittel: Über allem stand die leuchtende Vision der Transformation und wir hatten ein prall gefülltes Backlog – Pilotteams identifizieren, Schulungen organisieren, die Aufbauorganisation überdenken etc.

Im ersten Workshop versuchten wir, den Umfang des Vorhabens zumindest oberflächlich zu durchdringen, um einen ersten „Releaseplan" aufzustellen. Der Plan war, an jedem Freitag ein bestimmtes Schwerpunktthema zu behandeln. Die Freitage unterteilten wir in 60-minütige Iterationen, um überprüfen zu können, ob wir dem jeweiligen Tagesziel näherkamen. Insgesamt schafften wir oft weniger, als wir uns vorgenommen hatten. Das war aber auch nicht das Wichtigste. Wichtig war, dass wir die Eckpfeiler der Transformation definieren konnten, um uns anschließend in kleineren Gruppen um die konkrete Ausgestaltung zu kümmern.

Ein Beispiel: Für jede in Zukunft notwendige Rolle skizzierten wir, ob die Mitarbeiterinnen und Mitarbeiter dafür eine Schulung brauchten, und wenn ja, welche das sein sollte. Wir kamen zu dem Schluss: Teams in der Produktentwicklung sollten in den einzelnen agilen Methoden geschult werden, für die gesamte Belegschaft sollte es Info-Sessions geben und für die Führungsmannschaft erschienen uns modulare Workshops sinnvoll.

1.1.3 Bewusstsein für die Auswirkungen des Wandels erzeugen

Wir haben einen Plan und wissen, was wir in Angriff nehmen müssen. Doch da ist dieses Gefühl, dass die Unternehmensleitung ein paar Dinge anders sieht und versteht. Ist den Menschen an der Spitze bewusst, welche Auswirkungen der Wandel haben wird? Manche scheinen zu denken, dass es genügt, einfach ein agiles Team neben das andere zu stellen und vereinzelt Prozesse zu adaptieren, um das Leben der Teams leichter zu machen.

Den Führungsmannschaften in vielen Organisationen ist nicht bewusst, dass es sich bei der Transformation zu einem agil arbeitenden Unternehmen um eine riesige Veränderung handelt. Je nach Größe der Organisation sprechen wir nicht von Wochen oder Monaten, sondern von Jahren. Die Methoden selbst erzeugen in diesem Zusammenhang keinen Wert, wenn nicht auch das in einer Organisation vorherrschende Menschenbild und die Kultur der Zusammenarbeit neu gedacht und gelebt wird. Auch die ISO 9001 funktioniert nur mit einer entsprechenden Haltung zum Thema Qualität – genauso wird „Agile" erst dann erfolgreich sein, wenn sich das Denken mitverändert. Wenn eine Organisation ihr Heil nur in einer Methode sucht, werden die Methoden vielleicht perfekt umgesetzt, aber ohne nachhaltige Wirkung.

Der notwendige Wandel ist so tiefgreifend, dass neben neuen Methoden, einem neuen Menschenbild und Führungsstil auch die Produktarchitektur, die Infrastruktur, Governance-Prozesse und vieles mehr betrachtet, überdacht und modernisiert werden müssen. Das bedeutet eine mehr oder weniger komplette Reorganisation des Unternehmens, die nicht zu einem bestimmten Stichtag passieren kann und auch nicht soll. Sie zieht sich über einen längeren Zeitraum, wenn ein nachhaltig agiles Unternehmen das Ziel ist.

Wichtig ist zudem, dass sich auch Mitarbeiterinnen und Mitarbeiter, die nicht in agilen Teams arbeiten, die Zeit nehmen, agile Methoden durch und durch zu verstehen. Das bedeutet, dass man sich mit den Inhalten intensiv auseinandersetzt, einerseits in der Theorie, zum Beispiel durch ein Training, und andererseits, indem man agile Teams begleitet und sich ansieht, wie diese Arbeitsweise genau funktioniert und worin deren Erfolgsfaktoren liegen.

Jede Veränderung ist eine hochemotionale Angelegenheit. Auf die meisten Menschen wirkt Veränderung bedrohlich, selbst wenn sie darauf abzielt, die eigene Zukunft zu sichern. Am hilfreichsten sind in solchen Situationen die Geschichten von Menschen, die ähnliche Veränderungen bereits erlebt und erfolgreich gemeistert haben. Sofern es bereits agile Initiativen und Bewegungen im Unternehmen gibt, sollten diese vorgestellt werden. Damit wird der Wandel nicht nur von oben unterstützt, sondern auch von Menschen auf der operativen Ebene als sinnvoll bestätigt. Wir organisieren in diesem Zusammenhang meistens „Agile Days" (eine Art Mini-Konferenz) oder „Fuckup-Nights", in deren Rahmen agile Teams nicht nur von ihren Erfolgen, sondern vor allem von ihrem Scheitern und Überwinden von Problemen und Hindernissen erzählen können.

Wenn es in der eigenen Organisation noch keine agilen Erfahrungen gibt, sind Besuche bei anderen Unternehmen – auch „Learning Journeys" genannt – eine sinnvolle Option. Empfehlenswert sind Unternehmen, die bereits einen umfangreichen Wandel hinter sich haben oder solche, die durch agiles Arbeiten groß geworden sind. Dazu gehören Startups oder etablierte Technologiefirmen wie zum Beispiel sipgate in Düsseldorf oder ganze Startup-Ökosysteme wie im Silicon Valley, in Boston, Tel Aviv oder Berlin. Learning Journeys sind aber keine Ausflüge: Vor solchen Reisen sollte ein klares Ziel definiert werden, nach der Reise sollten sofort die Erkenntnisse reflektiert werden, um den Schwung mitzunehmen. Was bedeutet das Erlebte für den eigenen Kontext, ohne einfach die anderen Unternehmen zu kopieren?

Das Verständnis für ein neues Führungsparadigma schaffen

Bei einem Automobil-Zulieferer veranstalteten wir für die Führungsriege eine eigene Workshop-Reihe, um sie erleben zu lassen, was Agilität bedeutet. Dazu gestalteten wir eine Landkarte des agilen Wissens als großes Puzzle und erarbeiteten ein Puzzlestück nach dem anderen.

Zu Beginn jedes der zweistündigen Workshops stand ein Impulsvortrag, danach wurde in Kleingruppen diskutiert, welche Auswirkungen das Gehörte auf den eigenen Arbeitsbereich im Speziellen und auf das Unternehmen als Ganzes haben könnte. Abschließend sahen wir uns die Landkarte noch einmal an, um die bestehenden Themen neu zu priorisieren und gegebenenfalls neu erkannte Themen aufzunehmen.

Während in dieser Organisation ein umfassendes Verständnis von Agilität das Ziel war, haben wir in einer Bank ein anderes Konzept eingesetzt, dessen Fokus auf „Agile Leadership" lag. Wir entwickelten ein aus sechs Modulen bestehendes Curriculum, alle zwei bis drei Wochen fand eines dieser jeweils halb- oder ganztägigen Module statt (Bild 1.2). Die Teilnehmerinnen und Teilnehmer setzten sich mit den wichtigsten Aspekten der agilen Führung auseinander und kombinierten das Lernen in den Modulen mit der Vorbereitung auf die Umsetzung in ihrem Führungsalltag.

Agile Leadership Programm

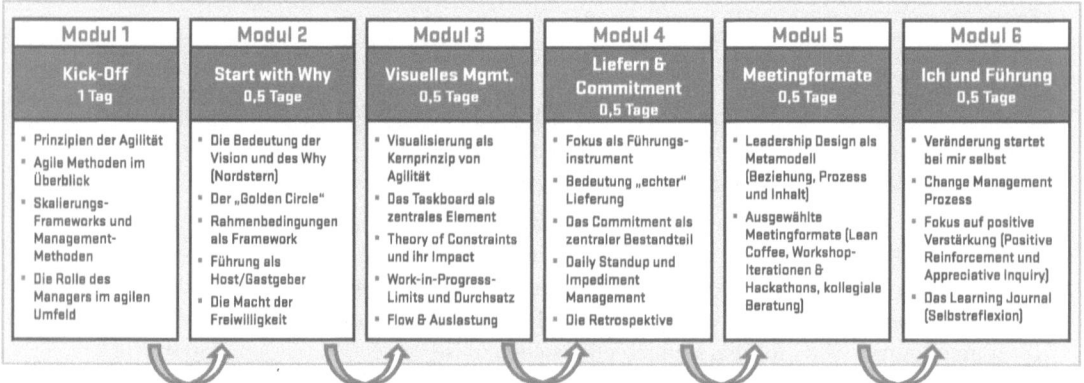

Bild 1.2 Module für die Auseinandersetzung mit dem Thema Agile Leadership

Erst wenn sich die Führung eingehend mit den Implikationen des agilen Arbeitens beschäftigt hat, sollten Entscheidungen über ein zukünftiges agiles Setup der Organisation getroffen werden: zum Beispiel über eine umfassende End-to-end-Verantwortung einzelner Bereiche und Teams für deren Produkte, Prozesse und Wirkungsfelder. Nur durch die entsprechende Beschäftigung mit den Auswirkungen wird klar, dass es mit einem organisatorischen Umbau allein nicht getan ist und eine Reihe an unterstützenden Maßnahmen notwendig ist, damit diese Verantwortung tatsächlich übernommen und autonom gearbeitet und geliefert werden kann.

Was andere brauchen, um sich verändern zu können, sehen Topmanager oft erst, wenn sie eines verinnerlicht haben: „Die Veränderung der Organisation beginnt mit mir." Frederic Laloux schreibt in „Reinventing Organizations" (Laloux 2015), dass eine Organisation nur jenen Reifegrad erreichen kann, den die Menschen der obersten Führungsebene in ihrer persönlichen Entwicklung erreicht haben. Ein schönes Beispiel für die Kraft, die eine persönliche Veränderung entwickeln kann, ist die deutsche Hotelkette Upstalboom, an deren Spitze Bodo Janssen stand (und nach wie vor steht). Ausgangspunkt für den grundlegenden Wandel in seinem eigenen Führungsverhalten war das Ergebnis einer Mitarbeiterbefragung im Jahr 2010. Eine der Antworten lautete: „Wir brauchen einen anderen Chef als Bodo Janssen." Durch intensive Arbeit an sich selbst hat Bodo Janssen es geschafft, die Stimmung im Unternehmen um 180 Grad zu drehen, neue Werte zu verankern und die Organisation auf einen wirtschaftlich äußerst erfolgreichen Weg zu bringen. Alfred Herrhausen, 1989 von der RAF ermordeter Vorstandssprecher der Deutschen Bank, hat einmal gesagt:

> „Wir müssen das, was wir denken, auch sagen.
> Wir müssen das, was wir sagen, auch tun.
> Wir müssen das, was wir tun, dann auch sein."
>
> Quelle: www.herrhausen-weiter-denken.de

Wenn Menschen in Führungspositionen einen Wandel in der Organisation sehen wollen, müssen sie die Zeit dafür einräumen, um diesen Wandel selbst zu vollziehen. Es bedeutet viel Arbeit am eigenen Tun. In der Praxis vieler Unternehmen erkennen wir leider, dass sich gerade diese Personengruppe nicht genügend Zeit nimmt. Immer wieder gewinnt das operative Geschäft – mit dem Effekt, dass strukturelle Investitionen in eine gesunde Organisation vernachlässigt werden.

Vertrauen ist gut, nachhalten noch besser

Bei einem mittelgroßen Industrieunternehmen haben wir in der Leitungsebene mit einer Diskussion über die Führungsgrundsätze gestartet, um daraus konkrete Konsequenzen für jede Einzelne und jeden Einzelnen abzuleiten. Gerade der zweite Schritt, die persönliche Implikation, ist enorm wichtig und wird trotzdem gerne vernachlässigt. Das führt oft zu dysfunktionalem und für die Mitarbeiter irritierendem Verhalten von Führungskräften, die nicht das leben, was in den Grundsätzen definiert wurde. Um genau diesen Fallstrick zu vermeiden, wurden in den Workshops persönliche Maßnahmen erarbeitet und in Follow-ups auch nachgehalten.

Wie sahen solche persönlichen Maßnahmen aus? Eine der wichtigsten Aktionen war, dass die Führungskräfte ihre eigenen Terminkalender entrümpelten, um aus der reinen Abstimmungsarbeit auszusteigen und mehr Zeit für wichtigere Themen zu haben. Aber auch den Kolleginnen und Kollegen wurde mehr Verantwortung und Autonomie übertragen, zum Beispiel durch die Aufwertung der Rolle des Product Owners: Sie waren ab sofort nicht mehr Informationszulieferer, sondern stellten die Fortschritte in der Produktentwicklung selbst dem Vorstand vor. ∎

1.2 Szenarien für die agile Transformation

Gibt es nur einen Weg, um unser Unternehmen zu einer agilen Organisation werden zu lassen oder führen mehrere Wege nach Rom?

Wenn das Ziel der Transformation definiert ist, gibt es unterschiedliche, aber ineinandergreifende Vorgehensweisen, um an dieses Ziel zu gelangen. Im Wesentlichen sind drei Entscheidungen zu treffen:

1. Mit welcher Geschwindigkeit treiben wir die Transformation voran?
2. Müssen wir die Aufbauorganisation unseres Unternehmens verändern und wenn ja, wie?
3. Wie lassen sich die Prinzipien der Zusammenarbeit *innerhalb* agiler Teams auf die Zusammenarbeit *zwischen* mehreren agilen Teams bzw. Einheiten übertragen, also „skalieren"?

1.2.1 Die passende Geschwindigkeit für die Transformation wählen

In welchem Tempo sollten wir die Veränderungen vorantreiben? Was sind die Vor- und Nachteile von verschiedenen Vorgehensweisen?

Im Wesentlichen kommen in der Praxis drei Geschwindigkeits-Szenarien zum Einsatz, die sich in der Radikalität unterscheiden, mit der sie in die bestehende Organisation eingreifen (siehe Bild 1.3, vgl. Schmiedinger 2019a):

- Einzel- bzw. Leuchtturmprojekte
- Spin-offs oder Digital Labs
- Radikale Transformation einzelner Einheiten oder der gesamten Organisation

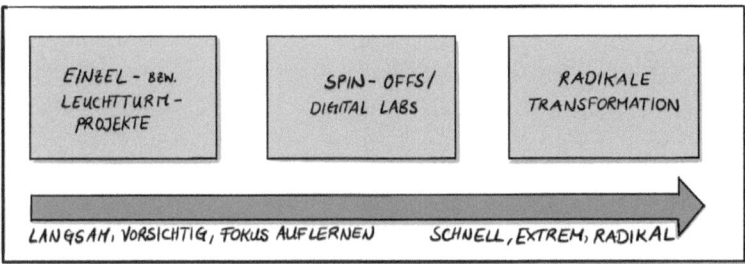

Bild 1.3 Die Geschwindigkeit von Transformationsszenarien

Welcher dieser Ansätze gewählt werden sollte, hängt unter anderem vom vorherrschenden Druck in der Branche ab. Je höher der Druck, desto eher sollte ein Ansatz gewählt werden, der auf der rechten Seite der Achse positioniert ist.

Einzel- bzw. Leuchtturmprojekte

Dieser erste Transformationsansatz hat eine begrenzte Auswirkung. Das ist schon einer der Vorteile: Im Rahmen eines klar umrissenen Vorhabens können sowohl neue Arbeitsweisen als auch neue Technologien – oder eine Kombination daraus – ausprobiert werden. Durch dieses Lernen anhand von Experimenten stehen Erkenntnisse sofort für weitere Projekte zur Verfügung. Wenn Fehler passieren, sind sie auf einen kleinen Ausschnitt des Ganzen beschränkt. Das unterstützende Management kann sich ganz auf diese Leuchtturmprojekte fokussieren und zum Beispiel Hindernisse schnell beseitigen, was in der Regel mit wenig Aufwand zu sichtbarem Erfolg führt.

Der Vorteil der Begrenztheit ist gleichzeitig ein Nachteil: Die Transformation breitet sich nur langsam aus. Natürlich hängt das davon ab, wie viele Leuchtturmprojekte neu initiiert werden. In der Regel werden solche Projekte aber nur alle paar Monate angestoßen. In großen Unternehmen ist zudem zu beobachten, dass Leuchtturmprojekte in mehreren Organisationseinheiten gleichzeitig gestartet werden. Zwar erhöht das die Ausbreitungsgeschwindigkeit, es birgt aber die Gefahr, dass die jeweiligen Ansätze stark variieren und daher nur wenig Erfahrungsaustausch zwischen den Projekten möglich ist. In solchen Fällen ist es wichtig, eine Plattform einzurichten, auf der die Projektbeteiligten zusammenfinden können.

Ein zweiter Nachteil ist der oft mangelnde Fokus der Mitarbeiterinnen und Mitarbeiter, die in Leuchtturmprojekten mitwirken. Die Matrix-Struktur der Linienorganisation bleibt von diesen Projekten unberührt, und das bedeutet, dass die Mitarbeiterinnen und Mitarbeiter ihre Zeit nicht ausschließlich dem Leuchtturmprojekt widmen können, sondern auch noch das Tagesgeschäft erledigen müssen. Ein klarer Fokus macht schneller – ein fehlender Fokus ist hingegen Gift für jedes Leuchtturmprojekt und Projekte im Allgemeinen.

Zwar liegt der Fokus bei Leuchtturmprojekten auf der operativen Umsetzung, dennoch ist die Erfolgswahrscheinlichkeit wesentlich höher, wenn das Management regelmäßig eingebunden wird, um die transparent gemachten Hindernisse aus dem Weg zu räumen und so Lernerfahrungen zu sichern. Ansonsten besteht die Gefahr, dass sich agile Denk- und Arbeitsweisen nicht ausbreiten, sondern im Sand verlaufen. Ist das Management von Anfang an involviert, kann der Boden für größere Initiativen bereitet werden.

Spin-off bzw. Digital Lab

Die zweite, progressivere Variante der Transformation ist die Einrichtung einer eigenen Einheit, zum Beispiel für die Digitalisierungsinitiativen eines Unternehmens. In dieser Einheit werden neue und innovative Lösungen entwickelt. Eine Möglichkeit, diese Einheit noch autonomer zu gestalten, ist die Ausgründung in eine eigene Gesellschaft. Der Vorteil ist, dass dieses Spin-off oder Digital Lab seine eigene Linienorganisation entwerfen kann. Die Mitarbeiterinnen und Mitarbeiter können sich moderner Ansätze bedienen, um eine flache, von lateraler Führung geprägte Struktur zu schaffen.

Gleichzeitig bleibt das Spin-off oder Digital Lab ein abgegrenztes Vorhaben, in dessen Rahmen experimentiert und gelernt werden kann. Auch die Größe der Einheit und die Geschwindigkeit der Skalierung kann eigenständig, auf Basis der Lernfortschritte gewählt werden. In einer neuen Einheit mit einem klaren Auftrag kann außerdem der notwendige Fokus entstehen, da Mitarbeiterinnen und Mitarbeiter dem Bereich neu zugeordnet werden, vielleicht sogar das Unternehmen wechseln und ihre alten Aufgaben und Verantwortlichkeiten hinter sich lassen können. Vom technischen Standpunkt aus betrachtet kann eine eigene Einheit die gewachsenen Strukturen abschütteln, moderne Strukturen aufbauen und im Kleinen erproben.

Nicht zu vernachlässigen ist bei diesem Ansatz aber das Risiko einer Parallelorganisation, die sich allmählich vom Mutterunternehmen entfernt. Das passiert oft, wenn es zwischen den Einheiten zu Konflikten kommt, die hauptsächlich durch die Unterschiede in der Geschwindigkeit, in der Arbeitsweise und im Mindset entstehen. Oft führt schlicht die schwierige Kommunikation zwischen räumlich und inhaltlich getrennten Einheiten zu Unstimmigkeiten. Manchmal spielt auch Neid oder Enttäuschung eine Rolle, weil die Kolleginnen und Kollegen im Spin-off aufgrund all der Investitionen „wohl etwas Besseres sind".

Die Gefahr von Konflikten ist umso größer, je mehr Abhängigkeiten es zwischen den Einheiten gibt, zum Beispiel wenn gemeinsame Legacy-Systeme (die in der Regel weiter durch die Bestandsorganisation gemanagt werden) oder Support-Einheiten wie die Rechtsabteilung oder der Einkauf genutzt werden. Die Herausforderung besteht darin, diese Konflikte rechtzeitig zu identifizieren, anzusprechen und zu lösen. Sonst kann es im schlimmsten Fall dazu kommen, dass das Spin-off oder Digital Lab vom Mutterunternehmen abgestoßen wird und in Isolation gerät.

Ein Spin-off oder Digital Lab sollte daher nicht ohne Strategie für eine Zusammenführung nach einer gewissen Zeit gegründet werden. Diese Strategie kann durchaus darin bestehen, die alte Organisation schrittweise trocken zu legen. Wie auch immer die konkrete Gestaltung aussieht: Um eine Transformation des gesamten Unternehmens zu erreichen, können nicht auf unbegrenzte Zeit parallele Strukturen erhalten werden.

Radikale Transformation

Der „Big Bang" ist die schonungsloseste Variante. Bei aller Radikalität sollte aber auch diese Form der Transformation – vor allem bei großen Unternehmen – in mehreren Schritten erfolgen. Es bedeutet in der Regel einen tiefgreifenden Umbau der Linienorganisation und der Geschäftsprozesse während des operativen Betriebs, sozusagen eine Operation am offenen Herzen.

Das Tempo ist der wohl größte Vorteil dieses Ansatzes: Was andere Unternehmen über Jahre hinweg schrittweise versuchen und erreichen, kann bei dieser Variante in kürzester Zeit vollzogen werden. Passiert diese radikale Transformation sehr früh, kann das einen großen Wettbewerbsvorteil gegenüber den Mitbewerbern bringen. Meistens wird bei diesem Ansatz an einem festgelegten Tag X vieles gleichzeitig umgestellt, unter anderem die Linienstruktur, die Positionierung der Führungskräfte und die Schnitte der Teams. Dieses Momentum kann genutzt werden, um frisch und mit einer gehörigen Portion Aufbruchstimmung in die Zukunft zu starten. Wichtig ist, sehr genau über die zukünftige Struktur nachzudenken, da radikale Transformationen keinen Raum für eine allmähliche Annäherung an die Zielkonstellation lassen.

Geschwindigkeit und Radikalität sind auch die wesentlichen Nachteile: Es wird einiges auf der Strecke bleiben. In der Zeit vor dem Big Bang wird es viel Unsicherheit geben, die eindeutig die Produktivität der Organisation hemmt. Ärger und Unzufriedenheit unter den Mitarbeiterinnen und Mitarbeitern können sich aufstauen, wenn der Wandel nicht sauber und transparent mit entsprechender Kommunikation begleitet wird. Das kann im schlimmsten Fall die Mitarbeiterzufriedenheit drücken und eine hohe Fluktuation auslösen.

Gleichzeitig müssen die Organisation und das Topmanagement für eine radikale Transformation selbstsicher genug und davon überzeugt sein, dass es der richtige Weg ist. Anders lassen sich aufkommende Zweifel nicht in den Griff bekommen. Das bedeutet auch enorme Investitionen in den Aufbau von Expertise rund um agile Methoden, Frameworks und Organisationen, entweder durch externen Zukauf, Recruiting und/oder Befähigung.

In Tabelle 1.1 finden Sie alle Vor- und Nachteile der einzelnen Szenarien noch einmal zusammengefasst.

Tabelle 1.1 Vor- und Nachteile von Transformationsszenarien

	Vorteile	Nachteile	Beispiel
Einzel- bzw. Leuchtturmprojekt	- Abgegrenztes Vorhaben - Lernen und Experimentieren im klar umrissenen Bereich - Fokus auf die Unterstützung der Projekte (z. B. Beseitigung von Hindernissen)	- Agilität verbreitet sich langsam - Involvierte Mitarbeiterinnen und Mitarbeiter sind zwischen Tagesgeschäft und Leuchtturmprojekt zerrissen	Projekt „Digitale Regionalbank" – Raiffeisen Bankengruppe Österreich (vgl. Schmiedinger 2016)
Spin-off/ Digital Lab	- Abgegrenztes Vorhaben mit eigener Organisationsstruktur - Fokussierte Mitarbeiterinnen und Mitarbeiter - Freiheit und Bewegungsspielraum	- Risiko einer Parallelorganisation, die im Konflikt mit den alten Einheiten steht (v. a. bei gemeinsamen Schnittstellen)	REWE Digital, Digital Campus der Commerzbank, Digital Lab der Klöckner & Co Unternehmensgruppe
Radikale Transformation	- Es ist ein klares Statement - Wenn es gelingt, katapultiert sich die Organisation schnell nach vorne - „Big Change" in einem Schritt - Momentum kann genutzt werden	- Stress und Druck für die gesamte Organisation - Gut funktionierende (informelle) Strukturen können nachhaltig zerstört werden	Axel Springer Verlag, Adidas, ING Bankengruppe

Jedes Szenario braucht andere Begleitmaßnahmen, die im Idealfall durch ein Transformation Team gesetzt und koordiniert werden. Je radikaler die Transformation, desto mehr Druck und Arbeit wird dem Transformation Team aufgelastet, weil vieles parallel angestoßen und entschieden werden muss. Eine Transformation betrifft niemals nur eine Einheit, wie zum Beispiel die IT. Je nach Ansatz werden davon mehr oder weniger große Teile der gesamten Organisation gleichzeitig betroffen sein.

Unabhängig davon, welcher Ansatz gewählt wird, gibt es bei allen Transformationsprozessen die gleichen Punkte zu klären. Die folgende Checkliste zeigt, welche das sind.

Checkliste für die agile Transformation

- Klarstellung: Warum wollen wir die agile Transformation und was ist ihr Ziel?
  - Grund und Zweck des Wandels
  - Zielbild für die zukünftige Organisation
- Entscheidung über den Start und das Ausmaß der Transformation
  - Zeitpunkt und Meilensteine
  - Auswahl erster Projekte, Bereiche, Produkte oder Dienstleistungen
  - Abwägung zwischen Freiwilligkeit und Dringlichkeit: Kritische Projekte eignen sich gut als agile Pilotprojekte, allerdings müssen allfällige kurzfristige Liefertermine immer berücksichtigt werden.
- Mögliche Änderungen an der Aufbauorganisation (bis hin zu einem vollständigen Re-Design)
  - Bewerbungs- und Nominierungsprozesse (bei organisatorischen Restrukturierungen)
- Schulungs- und Weiterbildungsmaßnahmen (vor allem für Mitarbeiterinnen und Mitarbeiter)
  - für das Übernehmen neuer Rollen wie Führungskraft, Product Owner, Scrum Master oder Agile Coaches
  - für die Aufgaben in technologisch anspruchsvollen Initiativen wie beispielsweise Data Analytics, Cloud-Infrastruktur usw.
- Erarbeiten eines Arbeitsmodells für
  - die Entwicklung neuer Produkte und Dienstleistungen
  - die operative Arbeit mit den Kunden (beispielsweise Kundenservice, Sachbearbeitung, Vertrieb)
  - das Daily Business der Supporteinheiten (beispielsweise HR, Einkauf oder Recht & Compliance)
- Überarbeitung der Support-Prozesse wie beispielsweise
  - Governance für die Finanzierung, das Controlling und das Reporting von Initiativen
- Mehr Flexibilität für Einkaufs- und Recruitingprozesse
  - Schnelle Bereitstellung von externen Ressourcen
- Erneuerung der arbeitsunterstützenden Infrastruktur
  - IT-seitig: Kollaborations- und Wissensmanagement-Tools
  - Gebäudeseitig: Meeting- und Teamräume, Begegnungszonen
- Stellenprofile und Karrierewege für agile Rollen
  - Erarbeiten von Anreizen und Perspektiven, wenn neue Rollen und somit Verantwortlichkeiten übernommen werden

- Kommunikations- und Konfliktlösungskonzepte
    - Konzept für die Kommunikation von Zweck und Zielbild des Wandels an die unterschiedlichen Zielgruppen
    - Ideen zur Lösung von Konflikten zwischen unterschiedlichen Interessengruppen
    - Abstimmung mit dem Betriebsrat über die Auswirkungen der Veränderung auf bestehende Vereinbarungen

Alle diese Detailfragen zur neuen Organisation werden – sofern es eines gibt – vom Transformation Team ins Backlog übernommen und in weiteren Workshops ausgearbeitet, für die sich wieder das bereits erwähnte Bootcamp-Format anbietet. Einem größeren Kreis von Mitarbeiterinnen und Mitarbeitern wird ein erster, wirklich grober Plan für die Transformation vorgestellt: Das umfasst einen ersten Zeitplan, Vorschläge für Pilot-Teams, die größten aktuellen Impediments und erste Lösungsstrategien dazu und möglicherweise einen Entwurf für eine neue Aufbauorganisation. Wichtig ist, dass die Information nur grob und einfach modelliert wird, sodass es dazu schnelles Feedback geben kann. Für das Feedback bietet es sich an, sowohl direkt betroffene als auch am Rande beteiligte Mitarbeiterinnen und Mitarbeiter zu befragen, da diese sehr unterschiedliche Perspektiven auf das Veränderungsvorhaben haben werden.

Welches Szenario auch immer für die jeweilige Organisation gewählt wird: Wichtig ist selbst bei der radikalen Transformation das Definieren kleiner Schritte – das kann zum Beispiel die Umstellung von einem Bereich nach dem anderen sein. Bewusst gesetzte Meilensteine machen es möglich, den Fortschritt zu überprüfen. So wie bei der Arbeit in einem agilen Team gilt auch für eine agile Transformation: in inkrementellen Schritten liefern – inspect & adapt!

1.2.2 Agile Aufbauorganisationen

Ein agiles Unternehmen hat doch sicher auch einen völlig anderen strukturellen Aufbau. Welche Varianten gibt es?

Setzt man sich intensiver mit Beispielen für agile Aufbauorganisationen auseinander, kann man im Wesentlichen zwei Kategorien erkennen: produkt- bzw. serviceorientierte Ansätze sowie Netzwerkansätze.

Die erste Kategorie segmentiert eine Organisation in **produkt- oder serviceorientierte Geschäftseinheiten** und setzt auf der operativen Ebene auf laterale Führung (siehe Bild 1.4). Das bekannteste Beispiel dafür ist das oft referenzierte „Spotify-Modell" (vgl. Kniberg, Ivarsson 2012). Bereiche mit maximal 150 Mitarbeiterinnen und Mitarbeitern werden produkt- oder serviceorientiert zu sogenannten Tribes zusammengefasst, für die es jeweils eine end-to-end-verantwortliche Führungskraft gibt. Innerhalb dieser Tribes arbeiten crossfunktionale agile Teams an Teilthemen des jeweiligen Produkts oder der Dienstleistung. In der Regel haben diese Teams jeweils einen Product Owner, der das Team lateral führt. Mitarbeiterinnen und Mitarbeiter der gleichen Funktion (z. B. alle Datenbankentwickler oder alle Marketingexperten) werden in sogenannten Chapters teamübergreifend innerhalb eines Tribes zusammengefasst. In einem Tribe gibt es je nach Ausprägung eine laterale oder disziplinarische Führungskraft.

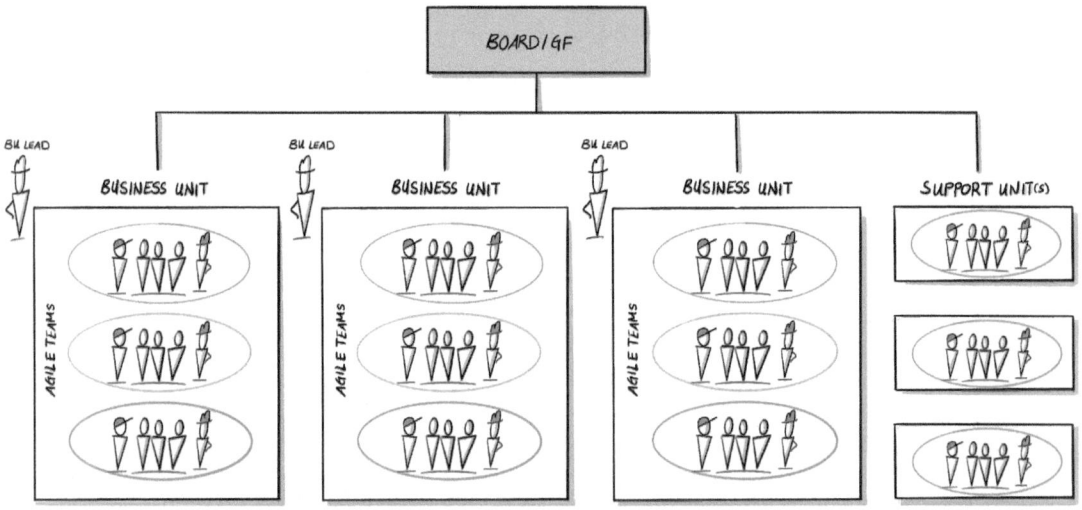

Bild 1.4 Produkt- bzw. serviceorientierter Ansatz für die agile Aufbauorganisation

Diese Struktur ist der klassischen, produktzentrierten Business Unit sehr ähnlich, neu ist aber die Integration von Fach- und IT-Expertinnen und-Experten in einer Einheit (in der Vergangenheit wurde die IT oft zentral als Supporteinheit definiert). Ein Unterschied zur Business Unit ergibt sich auch durch die systematische Zusammenfassung der funktionalen Einheiten in Chapters, um eine entsprechende Durchgängigkeit in den jeweiligen Expertisen sicherzustellen.

Auch das Skalierungsframework LeSS von Bas Vodde und Craig Larman vertritt einen stark produktorientierten Organisationsansatz. In diesem Framework werden die aus crossfunktionalen Teams bestehenden, produktfokussierten Einheiten als „Product Groups" oder Produktgruppen bezeichnet (vgl. The LeSS Company 2020). Nähere Informationen dazu finden Sie auch in Abschnitt 1.2.3.

In die zweite Kategorie agiler Aufbauorganisationen fallen jene Ansätze, die eine **Organisation in Kreisen und/oder Netzwerken** segmentieren. Kreise bilden sich dabei in der Regel selbstorganisiert und eigenverantwortlich rund um spezifische Themen, denen sich Kolleginnen und Kollegen mit entsprechendem Interesse und passender Expertise anschließen, um das Thema voranzubringen. Manche Ansätze erlauben durchaus Hierarchien zwischen solchen Kreisen; Entscheidungen können also je nach Auswirkung in nächsthöhere Kreise gegeben werden. Bekannte Ansätze dieser Kategorie sind die Holokratie (siehe Bild 1.5, vgl. Oliver 2017) und die Soziokratie (vgl. Oestereich 2016). Unternehmen wie Zappos, Medium, Buurtzorg und Morning Star Farms sind Beispiele für Organisationen, die sich diesen Konzepten verschrieben haben.

Selbstverständlich gibt es zahlreiche Mischvarianten, bei denen beispielsweise die Geschäftseinheiten in Tribes strukturiert sind und innerhalb der Tribes in Netzwerkstrukturen und Kreisen gearbeitet wird. Genauso gibt es zahlreiche Unternehmen, die in der Produkt- und Serviceentwicklung auf Tribes und in den Service- und Supporteinheiten auf Kreisstrukturen setzen.

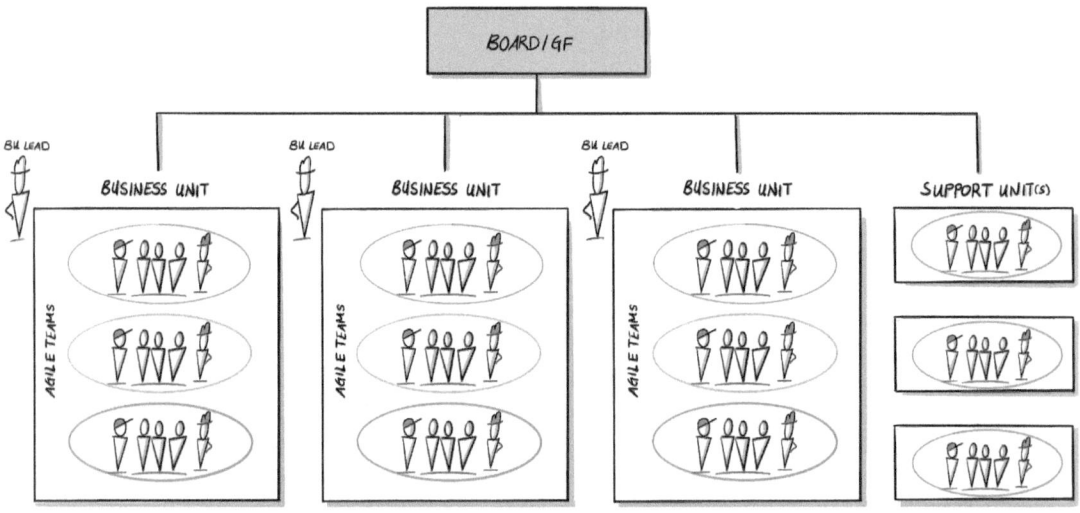

Bild 1.5 Holokratische Organisationsstruktur von Zappos

Egal, wie radikal die Transformation ausfallen soll: Es bleibt nicht erspart, alte Zöpfe abzuschneiden. Das passiert selten ohne Widerstände in der Organisation, die ernst genommen und gezielt adressiert werden müssen. Was allerdings schlecht funktioniert, sind Kompromisse. Wenn ein breiter Querschnitt der Organisation selbst nach Prüfung aller Widerstände zu dem Schluss gelangt, dass die Veränderung unumgänglich ist, sollte diese auch umgesetzt werden.

Das Loslassen ist meistens schwierig, dennoch ist es oft zwingend notwendig. Eine neue IT-Plattform ist manchmal einfach nötig, selbst wenn die bestehende noch gar nicht so alt ist und mehrere Millionen Euro an Entwicklungskosten verschlungen hat. Mitunter muss man sich auch von Mitarbeiterinnen und Mitarbeitern trennen, die keine Motivation zeigen, den Wandel aktiv zu gestalten, obwohl ihnen mehrere Perspektiven und Möglichkeiten aufgezeigt wurden.

Wichtig ist, getroffene Entscheidungen sogar dann mit aller Konsequenz zu verfolgen, wenn die Auswirkungen zunächst weh tun. Wir beobachten oft das Gegenteil: Revolutionäre Entscheidungen werden nicht durchgesetzt und frühzeitig mit faulen Kompromissen ad absurdum geführt. Gewonnen hat dann niemand – es ist lediglich ein schlechter Kompromiss auf Kosten des zukünftigen Unternehmenserfolgs.

1.2.3 Skalierungsframeworks

Garantiert eine agile Aufbauorganisation bereits, dass die agile Zusammenarbeit über die Teamgrenzen hinweg reibungslos funktioniert? Denn gerade in den Abhängigkeiten zwischen einzelnen Einheiten bzw. im Umgang damit stecken die größten Herausforderungen.

Richtig vermutet: Viele Modelle für agile Organisationen, wie zum Beispiel das Spotify-Modell, sagen wenig darüber aus, wie sich Teams miteinander synchronisieren sollten. Parallel zu solchen Strukturmodellen wurden in den letzten Jahren daher auch verschiedene „Skalierungsframeworks" entwickelt. Sie erweitern die Prinzipien der Zusammenarbeit innerhalb eines agilen Teams auf die Zusammenarbeit zwischen mehreren agilen Teams – sie „skalieren" zum Beispiel die Meetings und Artefakte von Scrum entsprechend. Diese Frameworks bieten also Schemata an, um auch große und komplexe Projektvorhaben nach agilen Prinzipien abwickeln zu können. Manchmal gehen damit strukturelle Blaupausen für die Aufbauorganisation einher, aber nicht zwingend. Gerade die beliebtesten Skalierungsframeworks LeSS und SAFe® sagen sehr wenig über die Aufbauorganisation aus – sie beschränken sich auf das Zusammenspiel von Menschen, die gemeinsam an einem Produkt arbeiten.

Natürlich ist es schwer, auf einem leeren Blatt Papier eine Idee, und noch dazu eine so große wie eine agile Transformation, zu starten. Ein paar Unternehmen haben es bereits gewagt und aus deren Erfahrungen sind die Skalierungsframeworks entstanden, die anderen Unternehmen als Vorlage für ihr Change-Vorhaben dienen sollen.

Aber es ist wichtig, sich nicht blind für eines dieser Frameworks zu entscheiden, sondern zu versuchen, sie tiefgehend zu verstehen, um den Zweck einzelner Elemente des Konstrukts zu erkennen. Erst dann sollte auf Basis der aktuellen Situation im Unternehmen und anhand des entwickelten Zielbilds (siehe Abschnitt 1.1.1) entschieden werden, welche Elemente aus welchem Framework sinnvollerweise eingesetzt werden sollen. Wir haben Transformationsprojekte als wesentlich erfolgreicher erlebt, wenn dieser Weg gegangen wird, statt ein ganzes Framework ohne diese Vorarbeit einfach anzuwenden.

Grundsätzlich lassen sich Skalierungsframeworks danach unterscheiden, ob sie den Fokus auf die reine Steuerung mehrerer agil arbeitender Teams, auf den Schnitt der Aufbauorganisation oder auf beides legen. Jene Frameworks und Modelle, die sich auf die Aufbauorganisation konzentrieren, wurden bereits in Abschnitt 1.2.2 beschrieben. Zu den wichtigen teamzentrierten Frameworks gehören Scrum of Scrums (SoS), SAFe®, LeSS und Nexus. Manche dieser Frameworks, unter anderem LeSS, beschäftigen sich auch ein wenig mit der notwendigen Aufbauorganisation. In Tabelle 1.2 sind zentrale Eigenschaften dieser Frameworks im Kurzüberblick aufgeführt.

Das für die eigene Organisation passende Skalierungsframework zu finden, beginnt damit, sich mit den verschiedenen Frameworks intensiv auseinanderzusetzen. Wie die Tabelle zeigt, hat jedes einen bestimmten Fokus sowie Vor- und Nachteile. Unsere Empfehlung ist, immer mit einer organischen Skalierung zu starten – zum Beispiel, indem man sich der relativ einfach umzusetzenden Skalierungselemente aus Scrum of Scrums bedient. Das bedeutet, ein Team nach dem anderen in ein skaliertes System zu heben und mit einfachen Skalierungselementen auszustatten, die kein Team überfordern (zum Beispiel aus dem Scrum-of-Scrums-Ansatz). Ein Beispiel könnte die Einführung regelmäßiger Treffen der Scrum Master und Product Owner der einzelnen Scrum-Teams sein. Der nächste Schritt kann die Ergänzung um effizientere, übergreifende Planungsverfahren sein, wie es zum Bei-

Tabelle 1.2 Skalierungsframeworks im Vergleich

	Fokus	Anwendungsmöglichkeit
SoS	(Einfache) Formate für die Abstimmung zwischen mehreren, am selben Produkt arbeitenden Teams.	Geeignet für den Start in die schrittweise Skalierung und kleinere Skalierungsansätze für 5 bis 6 Teams.
SAFe®	Umfassender Skalierungsansatz (sehr hoher Detailgrad) von der Strategie- und Portfolio- bis zur Teamebene mit starkem Fokus auf Abstimmung und Koordination, inklusive technischer Good Practices.	Geeignet für große Skalierungen in tendenziell eher zentralistisch und top-down geführten Unternehmen.
LeSS	Schlanker Skalierungsansatz (wenige zusätzliche, mit Koordination betraute Rollen) mit dem Fokus auf Ganzheitlichkeit agiler Praktiken, ergänzt um Good Practices für die zu erzeugenden Rahmenbedingungen.	Geeignet für große Skalierungen in reifen agilen Organisationen, die sich auf das Wesentliche beschränken wollen.
Nexus	Schlanker Skalierungsansatz, der sich ebenso wie LeSS stark auf die Abstimmung von mehreren (bis zu 9) Teams fokussiert.	Geeignet für kleinere und mittlere Skalierungen, bei denen für die ganzheitliche Einführung einiges an Eigenleistung eingebracht werden muss.

spiel LeSS mit seinen Sprint Plannings und Multi-Team Product Backlog Refinements (vgl. The LeSS Company 2020a) vorschlägt. Wenn sämtliche Frameworks vollständig verstanden sind, besteht das größte Potenzial darin, Elemente der einzelnen Ansätze so zu kombinieren, dass sie die einzigartigen Herausforderungen der eigenen Organisation perfekt adressieren.

Wird hingegen ein umfassendes Konstrukt mit klar definierten Verantwortlichkeiten gebraucht, dann sind vielleicht Elemente aus SAFe® hilfreich, beispielsweise Teile des Portfolio-SAFe-Prozesses (vgl. Scaled Agile 2020). Natürlich ist es ebenso möglich, gleich auf ein komplettes Skalierungsframework zu setzen und dieses vollumfänglich und schnell einzuführen. Unseres Erachtens ergibt dies jedoch nur Sinn, wenn eines dieser Frameworks mit allen seinen Elementen die Antworten auf die aktuellen Herausforderungen und Bedürfnisse des Unternehmens gibt.

1.2.4 Die 6 Bausteine der agilen Organisation

Gut, Modelle zur Aufbauorganisation sagen nichts über die skalierte Zusammenarbeit aus; umgekehrt sagen Skalierungsframeworks wenig bis gar nichts über die Aufbauorganisation. Also müssen wir uns wohl mit beidem auseinandersetzen. Oder müssen wir unseren Blick sogar noch stärker weiten und es geht in der agilen Organisation sogar noch um viel mehr?

Agile Frameworks, ob für die Produktentwicklung in einem Team oder in skalierter Form für das Management großer agiler Projekte, werden auf Dauer nicht genügen. Agilität bedeutet, nicht einfach eine neue Arbeitsmethode anzuwenden und sie in die Organisation hinein zu multiplizieren. Genauso wenig zaubert eine „installierte" agile Aufbauorganisation jene Agilität herbei, die wir uns wünschen. Beides ist in vielen Fällen notwendig und ein wichtiger Teil der agilen Transformation, doch das Ziel sollte sein, in der Organisation eine umfassende Wendigkeit im Denken und Handeln zu erreichen. Boris Gloger empfiehlt daher, sich mit insgesamt sechs zentralen Bausteinen einer agilen Organisation auseinanderzusetzen (siehe Bild 1.6).

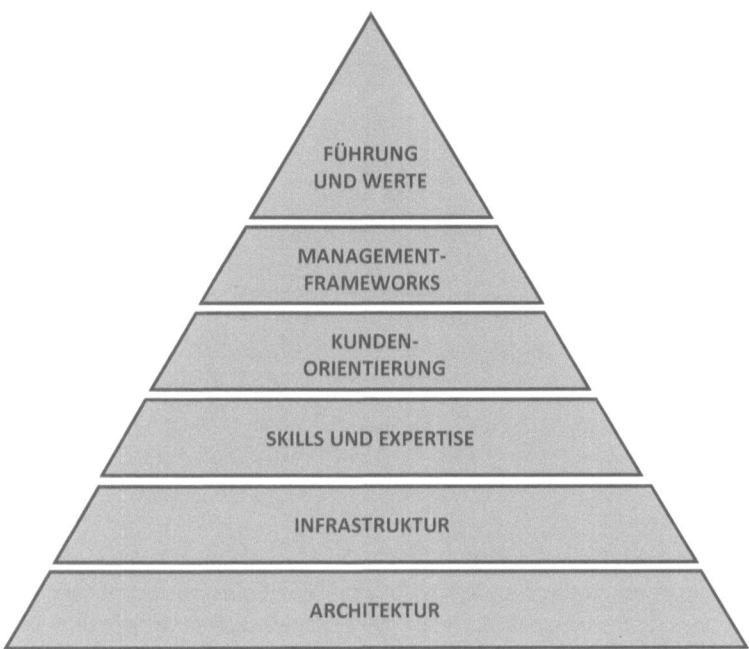

Bild 1.6 Die sechs Bausteine der agilen Organisation

Organisationen sind immer ein Spiegel ihrer Kommunikationsstrukturen. Die Kommunikation und der Informationsfluss sind die Basis des agilen Arbeitens, deshalb kommt der **Organisations- und Produktarchitektur** eine besondere Rolle zu. Darauf aufbauend muss agil arbeitenden Teams durch eine **unterstützende Infrastruktur** ermöglicht werden, untereinander reibungslos Informationen auszutauschen und am modernsten Stand der Technik arbeiten zu können. Erst dadurch werden schnelle Lieferungen möglich. Essenziell für qualitativ hochwertige Lieferungen sind natürlich die notwendigen **Skills und die Expertise**, um ein Vorhaben zu bewältigen. Widerstand entwickelt sich in der Regel dort, wo sich Angst und Bedenken wegen des Nicht-Könnens sammeln. Die Stärken gilt es im Sinne der **Kundenorientierung** auszurichten, um die Bedürfnisse der Nutzer von Produkten und Leistungen optimal zu erfüllen. Gelingen kann das mit Hilfe von **Management-Frameworks** wie Skalierungsmethoden, um das Gesamtsystem der Organisation zu steuern und im Auge zu behalten. Abschließend kann eine Transformation nur gelingen, wenn sich **Führung und Kultur** des Unternehmens weiterentwickeln und agile Werte und Prinzipien in ein modernes Leadership integriert werden.

Wenn nun die Entscheidung für eine agile Transformation fällt, muss die Organisation in allen diesen Bausteinen auf den Prüfstand gestellt und weiterentwickelt werden. Welche Fragen dafür zu klären bzw. welche Aufgaben zu lösen sind, listen wir hier auf:

Organisations- und Produktarchitektur
- Etablierung von flexiblen produkt- und serviceorientierten und/oder netzwerkartigen Organisationsstrukturen mit dem Fokus auf flache Hierarchien
  - Forcierung eines produktorientierten Schnitts der Einheiten zur Stärkung von Autonomie, Crossfunktionalität und End-to-end-Verantwortlichkeit
  - Bilden zentraler Supporteinheiten als Unterstützung für interne Kunden
- Entwickeln von flexiblen und modularen Produktarchitekturen mit dem Fokus auf Entkopplung der Abhängigkeiten und Stärkung der Resilienz
- Abstimmung der Kommunikationsstruktur auf die Organisations- und Produktarchitektur

Infrastruktur
- Implementierung einer State-of-the-Art-Infrastruktur für die optimale Unterstützung der Produktentwicklung
  - Continuous Delivery Toolchain, automatisierte Tests und Self-Provisioning für die Softwareentwicklung
  - 3D-Druck, Simulations- und „Maker"-Tools für die Hardwareproduktentwicklung
- Moderne Kollaborations- und Kommunikationstools (Systeme für das Wissensmanagement, Video- und Chat-Tools)
- Anregende und motivierende Kreativräume (offene und freundliche Gestaltung, Rückzugs-, Meeting- und Begegnungszonen, moderne Arbeitsmittel wie Whiteboards und Flipcharts)
- Moderne Arbeitsplätze und -geräte (Mobile Working, „Free seating", freie Gerätewahl)

Skills & Expertise
- Etablieren und Sichern von Wissen in allen für die Digitalisierung notwendigen Dimensionen
  - Fachliches Wissen (Branchenkenntnisse, Veränderung der Geschäftsmodelle, Trends)
  - Technologisches Wissen (aktuelle Technologien, Technologie-Agnostik, moderne Entwicklungs-Infrastrukturen)
  - Methodisches Wissen (moderne Entwicklungs- und Steuerungsmethoden, Facilitation, Workshop-Designs)
  - „Soft Skills" (Teams zur besten Performance führen, Kommunikation, Konfliktlösung)

Kundenorientierung
- Kontinuierliche Verbesserung der Customer Experience und Identifikation innovativer Lösungen durch die Nutzung von datenvalidierten Personas und Customer Journeys
- Sicherstellen regelmäßiger und früher Lieferung durch konsequentes Denken in Minimum Viable Products
- Etablieren regelmäßiger Lernzyklen durch das kontinuierliche Testen erster Ergebnisse mit realen Anwenderinnen und Anwendern

Management-Frameworks
- Einführung iterativer und datengetriebener Steuerungsinstrumente mit dem Fokus auf kürzere Entscheidungs-, Liefer- und Lernzyklen
  - z. B. Objective and Key Results (OKRs) als Instrument für die strategische Steuerung
  - z. B. Scrum und Kanban als Methoden für die operative Ebene

- Anwendung eines engpassorientierten Portfolio-Managements und flexiblerer Varianten der Budgetallokation
- Einführung von agilen Methoden für operative Teams und zur Steuerung größerer Vorhaben mit dem Fokus auf Abstimmungs- und Abhängigkeitsmanagement

Führung & Werte

- Fokussierung des Managements auf die Markt- und Ergebnisausrichtung des Unternehmens mit Hilfe einer klaren Vision und strategischer Prioritäten
- Leben eines modernen Menschenbilds durch agile Führungsprinzipien und das entsprechende Auftreten als Führungskraft (vom Management zum Leadership)
- Fördern einer offenen, Vertrauen schaffenden und transparenten Unternehmenskultur, um die Bereitschaft zur Eigenverantwortung und Selbstorganisation zu stärken

1.2.5 Alles Scrum in der agilen Organisation?

Gut, das heißt also, wir sollten unser eigenes, für unsere Herausforderungen passendes Transformations-Menü aus den Frameworks zusammenstellen, statt blind Strukturen zu kopieren. Aber rollen wir das auf jeden Teil des Unternehmens aus? Müssen dann alle Mitarbeiterinnen und Mitarbeiter nach einer einzigen agilen Methode arbeiten?

Ist es das Ziel, dass in einer agilen Organisation alle mit Scrum bzw. ausschließlich mit agilen Methoden arbeiten? Natürlich nicht. Eine agile Transformation bedeutet, dass die Organisation in ihrer Gesamtheit mehr Wendigkeit und Reaktionsfähigkeit erlangen soll. Eine einzige agile oder konventionelle Methode allein kann diese Wendigkeit aber nie garantieren. Genauer gesagt beginnt die Wendigkeit einer Organisation damit, dass sie eine Methode nicht wählt, weil sie „agil" oder gerade en vogue ist, sondern weil sich damit bestimmte Herausforderungen in der Organisation am besten bewältigen lassen. Dementsprechend darf und soll es in einer agilen Organisation alle Ansätze geben, die auf dem Weg zum Ziel hilfreich sind.

Was allerdings einheitlich sein sollte, ist das Verständnis über die verschiedenen Methoden. Wenn keine Einigkeit darüber herrscht, was ein Scrum Master tut und was er nicht tut, lähmt sich die Organisation mit ständigen Konflikten. Wenn „Agile" zum Einsatz kommt, muss allen Beteiligten klar sein, wie agile Teams arbeiten, um deren oft dringliche Anfragen zu verstehen und das eigene Verhalten darauf einzustellen, auch wenn man selbst nicht mit agilen Methoden arbeitet. Auch sollte es normal werden, agile Elemente in die täglichen Arbeitsabläufe zu integrieren. Dazu gehören Backlogs, Taskboards und Dailys, aber auch das Arbeiten in Iterationen mit Plannings, Reviews und Retrospektiven. Nicht alle müssen das gesamte Spektrum agiler Tools einsetzen, denn abseits der echten Produktentwicklung ist es oft sinnvoller, zum Beispiel Scrum dem bestehenden Kontext anzupassen und nicht umgekehrt.

Übrigens ist Scrum in der Produktentwicklung kein Allheilmittel. Ganz im Gegenteil: Meist ist – über den gesamten Lebenszyklus eines Produkts betrachtet – ein gut durchdachter Methodenmix wesentlich effektiver. Für die Einschätzung, welche Methode angemessen ist, wird gerne die Matrix von Ralph Stacey herangezogen (vgl. Stacey 1996). Mit dieser Matrix wird ein Vorhaben anhand seiner Anforderungen und der eingesetzten Technologie bewertet (Bild 1.7), beide Parameter bewegen sich zwischen „bekannt" und „unbekannt".

Anhand der Schnittpunkte kann eingeschätzt werden, wie komplex ein Vorhaben ist. Die Bewertung muss dabei immer aus der Perspektive des handelnden Systems erfolgen, da eben für dieses eine geeignete Methode gesucht wird.

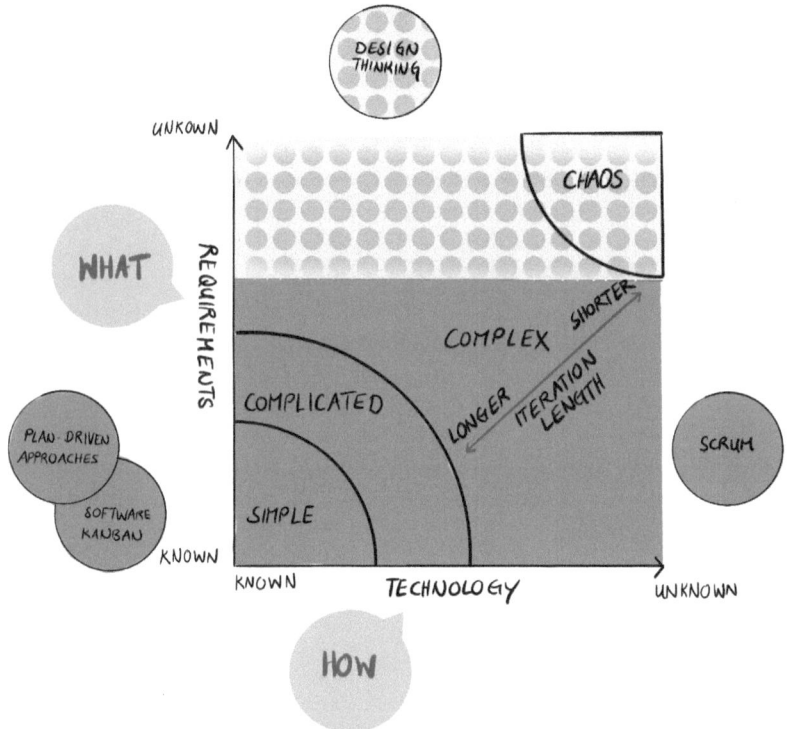

Bild 1.7 Stacey-Matrix

Innovative Produktentwicklung bedeutet daher, dass sich die Methoden verändern – je nachdem, in welcher Phase des Lebenszyklus sich ein Produkt befindet (siehe Bild 1.8): Sind zum Beispiel weder die Anforderungen an ein Produkt bekannt noch die Technologien, mit denen man diese Anforderungen in ein passendes Produkt übersetzen könnte, empfiehlt sich Design Thinking (vgl. Lewrick et al. 2018). Damit lässt sich der noch dunkle und komplexe Raum der Möglichkeiten in kleinen Schritten ausleuchten. Ist die Idee konkretisiert, bietet sich die Entwicklung eines ersten „Minimum Testable Products"[1] in einwöchigen Scrum-Iterationen an. Ist die Resonanz entsprechend positiv, kann das Produkt in zweiwöchigen Iterationen weiterentwickelt werden, bevor schließlich am Ende des Produktlebenszyklus der Fokus auf der Wartung liegt und Kanban für die Verbesserung der Prozesse eingesetzt werden kann (vgl. Leopold 2016).

---

[1] Der Begriff wurde bereits 2001 von Frank Robinson geprägt, in der Agile Community wurde er aber erst durch das Buch „Lean Startup" von Eric Ries bekannt.

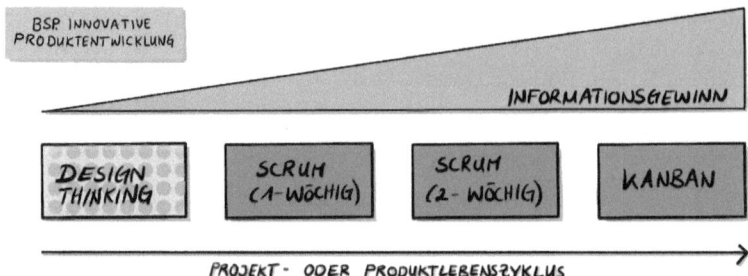

Bild 1.8 Zusammenhang zwischen vorhandener Information und eingesetzter Methode

 Experimentell das passende Framework finden

Ein Kunde hatte in den letzten Jahren bereits mehrere Produkt- und Service-Entwicklungsteams in agile Organisationseinheiten überführt. In diesen Einheiten wurde mit einem LeSS-nahen Arbeitsmodell und damit hauptsächlich mit Scrum gearbeitet. Nun stellte sich die Frage, wie das agile Mindset und Arbeiten auch in anderen Abteilungen und Bereichen sinnvoll eingesetzt werden könnte. In einem ersten Schritt wurden freiwillige Teams gefunden, die Interesse daran hatten, agiles Arbeiten als Experiment zu wagen. Mit dabei waren ein Team aus der Rechtsabteilung, zwei Teams aus der Personalabteilung und ein Team aus dem Rechnungswesen. Schnell wurde klar, dass der LeSS-nahe Scrum-Ansatz aus den Entwicklungsbereichen nur bedingt auf die Arbeit dieser Support-Teams übertragbar war.

Über mehrere Wochen hinweg experimentierten wir mit diversen Methoden. Zuletzt fassten die Teams den Entschluss, mit Kanban-Boards zu arbeiten, inklusive WIP-Limits, Messungen der Durchlaufzeit, Daily Standups sowie regelmäßigen Queue Replenishment Meetings, Reviews und Retrospektiven. Die Kombination der einzelnen Elemente half den Mitgliedern dieser Teams, besser zusammenzuarbeiten und Transparenz zu schaffen. Alle waren nun motivierter, gemeinsam die gesteckten Ziele zu erreichen.

Die Quintessenz dieses Beispiels ist: Für weniger komplexe Einheiten – wie es oft auf Supportbereiche zutrifft – sind agile Frameworks wie Scrum oder gar Skalierungs-Frameworks wie LeSS oder SAFe® in ihrem vollen Umfang typischerweise völlig überdimensioniert. Es kommt in diesen Bereichen darauf an, agile Elemente einzubauen, die den Teams helfen, fokussierter und vor allem geschlossener an den Zielen des Bereichs zu arbeiten und ein Gespür für die agile Arbeitshaltung zu entwickeln, die ihnen zum Beispiel in der Zusammenarbeit mit Abteilungen für die Produktentwicklung begegnet. ∎

1.3 Interne und externe Unterstützung der agilen Transformation

Wer ist innerhalb einer Organisation auf welche Weise von der Transformation betroffen? Wer muss informiert und wer muss eingebunden werden? Vor allem: Wer kann bei welchen Themen wie unterstützen?

Bei der agilen Transformation handelt es sich um einen Veränderungsprozess, der das gesamte Unternehmen betrifft. Es gibt also eine Vielzahl von Bereichen und Supporteinheiten, die aktiv in diesen Prozess eingebunden werden müssen. Sofern es einen Betriebsrat gibt, ist das ein besonders wichtiger Stakeholder, der gemeinsam mit HR sehr früh in die Pläne involviert werden muss, da agiles Arbeiten nach wie vor viele arbeitsrechtliche Fragen aufwirft.

Es geht aber nicht um Einbahnkommunikation, sondern um die aktive Mitarbeit dieser Bereiche in der Transformation. Das kann zum Beispiel durch die Entsendung eines Kollegen in das Transformation Team passieren oder durch die Mitwirkung in Arbeitsgruppen, die sogenannten Pilotgruppen (siehe dazu Kapitel 3). In Tabelle 1.3 haben wir die wichtigsten Klärungspunkte zusammengestellt, die in den verschiedenen Bereichen eines Unternehmens im Zuge einer Transformation auftreten können.

Tabelle 1.3 Fragen, die eine agile Transformation in verschiedenen Unternehmensbereichen aufwirft

Bereich	Fragestellungen
Human Resources/ Personal	▪ Karrieremodelle und -wege für neue Rollen (Scrum Master, Product Owner und ggf. Chapter Leads) ▪ Zielvereinbarungen und Incentivierung auf Bereichs-, Team- und Personenebene ▪ Prozesse für Performance Reviews und Feedbackgespräche ▪ Befähigungs- und Schulungsmaßnahmen
Einkauf	▪ Prozesse für die Unterstützung durch externe Lieferanten und Berater ▪ Frühzeitige Einbindung in Entwicklungsprojekte (vor allem, wenn ein hoher Anteil an externen Leistungen zugekauft werden muss)
Recht/ Compliance/ Audit	▪ Prozess für rechtliche Anfragen aus agil arbeitenden Teams ▪ „Prüfungsverfahren" (z. B. erforderliche Ergebnistypen) für agile Projekte und Organisationseinheiten
IT Operations (sofern dies nicht in den einzelnen agilen Teams verantwortet wird)	▪ Bereitstellung einer Self-Provisioning-Infrastruktur (z. B. aus einem Cloud-Angebot können benötigte Services selbst ausgewählt und aktiviert werden) ▪ Bereitstellung von Dash-Boards und Monitoring-Möglichkeiten ▪ Möglichkeiten zur eigenverantwortlichen Produktivsetzung bzw. des Transfers in produktivnahe Umgebungen
Sonstige Bereiche (z. B. Projekt-Management-Office, Qualitätsmanagement)	▪ Definition der neuen Ausrichtung, Verantwortlichkeiten und Aufgaben dieser Bereiche ▪ Diskussion über (teilweise) Integration dieser Experten in produkt-, service- oder themenbezogene Organisationseinheiten

Wenn man sich ansieht, wie viele Aufgaben die Transformation aufwirft, stellt sich natürlich die Frage nach den Kapazitäten. Gibt es überhaupt so viele im agilen Arbeiten erfahrene Kolleginnen und Kollegen im Unternehmen und können diese von ihren sonstigen Tätigkeiten freigestellt werden? Haben diese Kolleginnen und Kollegen ausschließlich in diesem Unternehmen agile Methoden kennengelernt oder haben sie damit auch in anderen Organisationen Erfahrungen gemacht (idealerweise im Transformationskontext)?

Gibt es diese Expertise im Unternehmen nicht, sollte die temporäre externe Unterstützung durch Beraterinnen und Berater und/oder Agile Coaches in Erwägung gezogen werden. Das hilft ganz gut, die blinden Flecken in der Organisation aufzudecken und wirklich den eigenen Weg zu gehen. Ein guter externer Anbieter wird nicht darauf aus sein, möglichst viele Trainings für agile Methoden zu verkaufen. Gute Anbieter erkennen die Stärken und Schwachstellen einer Organisation und können die Auswirkungen des Wandels auf die Kultur und die Führung vorausdenken. Sie scheuen nicht davor zurück, Tatsachen klar und deutlich anzusprechen, auch wenn sie unangenehm sind.

Abseits von Consultants und Coaches gibt es natürlich noch andere Möglichkeiten, um aus dem Tunnelblick auszubrechen. Es gibt unzählige Agile- und Digital-Konferenzen, außerdem ist die Agile Community seit jeher sehr aktiv. Sie werden viele Meetups und sonstige Veranstaltungen finden, wo Sie Gleichgesinnte treffen, um sich auszutauschen und Wissen zu teilen.

■ 1.4 Kommunikation und Zeitplanung

Na gut, wir wissen, was wir wollen und wie wir es umsetzen wollen. Ein kleiner Kreis weiß bereits Bescheid – doch wie kommunizieren wir am besten mit allen übrigen Kolleginnen und Kollegen? Und welche Antwort geben wir auf die Frage, wie lange es dauern wird?

Eines vorweg: Jegliche Kommunikation vor und während der Transformation muss klar und transparent erfolgen. Genauso sollte deutlich gemacht werden, dass es zwar einen groben Zeithorizont für die Veränderungsinitiative gibt, der jedoch erst mit Inhalten gefüllt werden muss. Die Transformation selbst geht – zumindest nach unserem Ansatz – „agil" vonstatten, das heißt, dass jeder weitere Schritt zum Teil auf Erkenntnissen aus den vorhergehenden Schritten aufbaut (inspect & adapt). Daher können nicht alle Schritte im Voraus bis ins letzte Detail spezifiziert werden.

Es ist absolut in Ordnung, in der Kommunikation Demut vor der großen Veränderung zu zeigen. Diese Demut ist sogar notwendig, weil die Initiatorinnen und Initiatoren der Transformation – und damit der Kommunikation – keine allwissenden Instanzen sind; was genau passieren wird, ist einfach nicht vorhersagbar. Dennoch kann dieser Personenkreis ein hohes Maß an Orientierung geben – das ist die Aufgabe von Führung.

Der Kommunikationsmix umfasst das gesamte Spektrum interner Maßnahmen. Tabelle 1.4 zeigt einige Beispiele für Instrumente in der breitflächigen und persönlichen Kommunikation. Der Absender bzw. der Hauptakteur ist dabei in der Regel, bis auf bewusst gewählte Ausnahmen, die Unternehmensleitung oder die Hauptverantwortlichen für den Change.

Tabelle 1.4 Instrumente für die interne Change-Kommunikation

	Schriftlich	Mündlich
Breitflächig	▪ Intranet-News mit Kommentarmöglichkeit ▪ Memos an die gesamte Belegschaft (z. B. Information über den aktuellen Fortschritt)	▪ Town-Hall-Meetings für Fragen der Belegschaft an die Change-Verantwortlichen ▪ Webinar-Formate mit Frage-Antwort-Möglichkeit
Persönlich	▪ Memos an die Führungskräfte (z. B. Information über ihre weitere Einbindung)	▪ Persönliche Q&A-Sessions in kleiner Runde (eventuell mit spezifischem Themenfokus)

Die Wirkung der internen Kommunikation kann durch den bewussten Einsatz externer Kommunikationskanäle noch verstärkt werden. Das heißt, gegenüber externen Stake- und Shareholdern sowie gegenüber den Medien wird der Wille zum Wandel bekräftigt. Damit wird einerseits der Druck, tatsächlich in die Veränderung zu gehen, aufrechterhalten und andererseits präsentiert sich das Unternehmen nach außen als modern, innovativ und zielstrebig. Gelungene Beispiele für die externe Kommunikation während des Veränderungsprozesses sind der Axel Springer Verlag[2], die Daimler AG[3] unter der Führung von Dieter Zetsche und die deutsche ING Bank[4].

Das wichtigste Kommunikationsinstrument ist aber das Involvement der Führungsebenen. In Abwandlung des 1. Axioms der menschlichen Kommunikation nach Paul Watzlawick kann eine Führungskraft „nicht nicht kommunizieren". Alles, was sie – auch ohne große Worte – tut, sendet ein Signal. Eines der erfolgreichsten Formate ist bei vielen unserer Kunden daher immer wieder der direkte, offene und ehrliche Austausch zwischen Mitarbeitenden und Unternehmensführung. Dabei geht es nicht darum, Parolen auszugeben. In diesem Austausch geht es darum, die Ängste der Mitarbeiterinnen und Mitarbeiter zu verstehen und darauf einzugehen. Das Format selbst kann ganz unterschiedlich gestaltet sein: In einem mittelständischen Unternehmen haben diese Gespräche mit Teilen der Unternehmensführung im Foyer stattgefunden, eine Großbank wiederum hat alle Niederlassungen mit Hilfe von Webinaren einbezogen. In beiden Fällen beruhte die Teilnahme auf Freiwilligkeit und es gab die Möglichkeit, ohne Voranmeldung persönliche und kritische Fragen zu stellen.

Wie lange wird der Veränderungsprozess dauern?

In dieser direkten Kommunikation wird mit Sicherheit die Frage nach dem „Wie lange?" auftauchen. Die eigentliche Antwort darauf würde lauten: Der Veränderungsprozess endet nie – das macht erfolgreiche Unternehmen aus, und das nicht erst seit „Agile". Agilität wird aber gerne auch in eine andere Richtung missverstanden: Agil zu arbeiten bedeutet nicht, keinen Plan zu haben. Vielmehr basiert agiles Arbeiten auf dem Bewusstsein, dass Pläne umso unsicherer sind, je weiter sie in die Zukunft geschrieben werden. Unsicherheit bedeutet wiederum, dass auf kurzfristige Änderungen jeglicher Art reagiert werden muss. Genau diese kontinuierlichen Notwendigkeiten zur Veränderung sind elementarer Bestandteil agiler Methoden.

---

[2] Recruiting-Kampagne – *https://bit.ly/2NiOxcn*
[3] Öffentliche Kommunikation des Vorstandsvorsitzenden Dieter Zetsche, z. B. *https://bit.ly/2c05UP0*
[4] *https://www.presseportal.de/pm/59133/4513329*

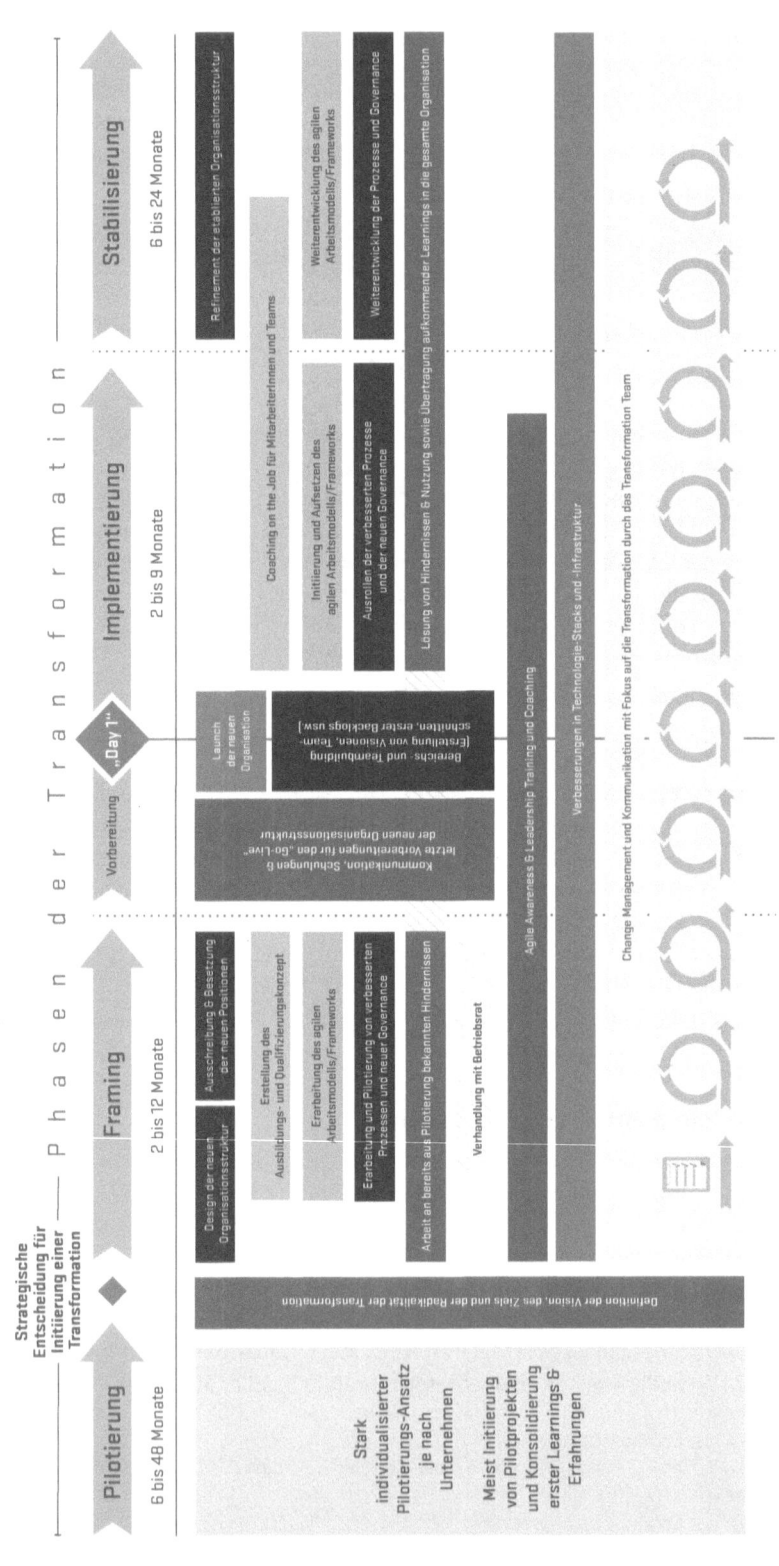

Bild 1.9 Roadmap für den Veränderungsprozess

Für den Transformationsprozess eines Unternehmens kann also durchaus eine Roadmap entwickelt werden, die gewisse Zeiträume abbildet und den Mitarbeiterinnen und Mitarbeitern die notwendige und gewünschte Orientierung gibt. Meistens folgen umfassende Transformationsprozesse dem in Bild 1.9 gezeigten Schema. Diesen prototypischen Zeitplan haben wir auf der Grundlage von Transformationsvorhaben aus verschiedenen Branchen abgeleitet, er beschreibt die Phasen der Transformation und die Inhalte dieser Phasen. Klar ist, dass sich jede Organisation intensiv mit ihrem eigenen Transformationsvorhaben beschäftigen muss, um einen passenden Plan abzuleiten. Unsere Version, die den großen Rollout einer neuen Struktur über weite Teile eines Unternehmens enthält, soll daher lediglich als Anregung dienen. Dieser Plan ist keine Vorgabe, sondern lediglich ein Bild dessen, was im Rahmen der Transformation in welcher Ordnung getan werden sollte.

Was sehen Sie auf dieser Roadmap?

Wie schon besprochen, haben sich viele Organisationen in den letzten Jahren bereits in irgendeiner Form mit Agilität auseinandergesetzt. Einzelne Teams haben zum Beispiel mit agilen Praktiken wie Kanban-Boards experimentiert, IT-Teams arbeiten oft schon einige Zeit aus eigenem Interesse mit Scrum. Diese Phase nennen wir Pilotierung und sie variiert von Organisation zu Organisation sehr stark (ein halbes Jahr bis vier Jahre). Die Erfahrungen aus diesen Pilotanwendungen münden aber letzten Endes – sofern Agilität für die Organisation Vorteile bietet – in die strategische Entscheidung für eine Transformation.

Ab diesem Zeitpunkt beginnt die **Framing-Phase**, in der idealerweise ein repräsentatives Team aus allen Betroffenen – das Transformation Team (mehr dazu in Kapitel 3) – die Vision, die Ziele und die Radikalität für die Transformation festlegt (siehe Abschnitt 1.2). Anschließend wird ein Zielbild für ein neues agiles Organisationsmodell entwickelt und am besten in einzelnen Teams getestet, um es auf dieser Basis weiterzuentwickeln. In diese Phase fallen auch mögliche Abstimmungen mit Gremien, wie dem Betriebsrat, und die Vorbereitungen für die schrittweise Einführung des neuen Organisationsmodells.

In der **Vorbereitungsphase** vor dem Launch der neuen Organisation werden neue Rollen ausgeschrieben und besetzt. In Schulungen und Workshops werden die Mitarbeiterinnen und Mitarbeiter auf ihre neuen Rollen vorbereitet. Außerdem wird viel Zeit in die Kommunikation investiert, damit sich nicht einfach nur Jobtitel ändern, sondern die besonderen Aufgaben in diesen Rollen verstanden werden.

Nach dem Launch beginnt die **Implementierung**: Größere Teile einer Organisation (z. B. ein Bereich) beginnen in der neuen Struktur zu arbeiten. In dieser Phase zeigt sich, wie gut die Mitarbeitenden in der Vorbereitung mit dem Neuen vertraut gemacht wurden und in welchem Ausmaß die organisationalen Rahmenbedingungen schon zum agilen Arbeiten passen. Verwirrung wird in diesem Stadium fast zwangsläufig auftreten, einzelne Mitarbeiterinnen und Mitarbeiter gehen möglicherweise in den Widerstand. Besonders wichtig ist in dieser Zeit daher, dass Teams und Führungskräfte gleichermaßen durch Coaching begleitet werden. Verändern darf sich in dieser Phase aber auch das ursprünglich angestrebte Organisationsmodell: Erst durch das Gehen des Wegs wird klar, an welchen Stellen falsche Annahmen getroffen wurden.

Meistens innerhalb von zwei bis neun Monaten nach dem „Day One" entscheidet sich, wie schnell das System in die **Stabilisierungsphase** übergeht. Allmählich werden die neuen Prozesse nicht nur gelebt, sondern kontinuierlich weiterentwickelt und verbessert. Die Bereiche probieren Dinge aus, um die Effektivität des Systems zu verbessern. Häufig werden die Erkenntnisse über das, was gut funktioniert, an andere Teile der Organisation weitergegeben, die möglicherweise noch nicht mit der Transformation begonnen haben.

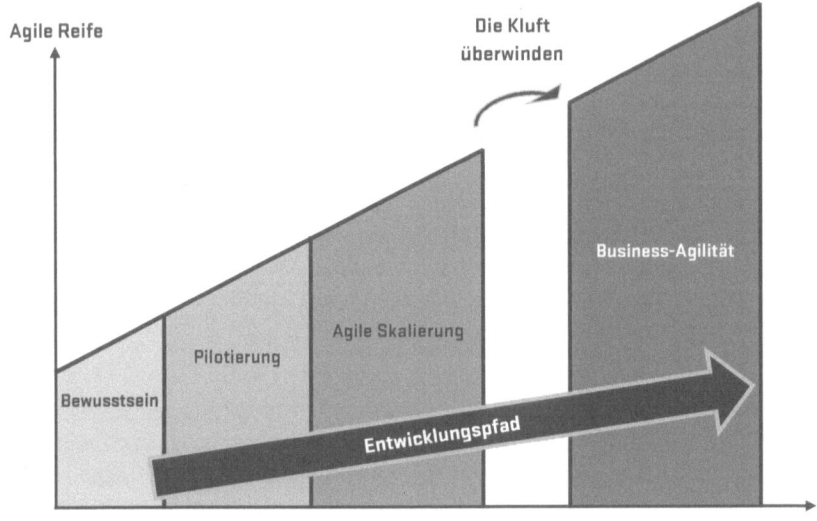

Bild 1.10 Entwicklung zur agilen Reife

Was wie lange dauert, variiert natürlich von Unternehmen zu Unternehmen und hängt unter anderem von der Größe und Reife der Organisation ab. Als Anhaltspunkt für die Reife einer Organisation verwenden wir in der Regel die Einteilung in vier Phasen (siehe Bild 1.10), die wir aus einer Vielzahl von begleitenden Transformationsprozessen konsolidiert haben:

1. **Bewusstsein:** Erste Überlegungen zur Agilität und zur Frage, inwieweit die neue Arbeitsweise für das eigene Unternehmen geeignet ist.
2. **Pilotierung:** Um Erfahrungen zu sammeln und Wissen zu generieren, werden erste Experimente mit agilen Methoden gestartet – typischerweise im IT-Umfeld.
3. **Agile Skalierung:** Die Arbeit mit agilen Methoden wird auf ganze Unternehmensbereiche ausgeweitet und es wird überlegt, welche Rahmenbedingungen geschaffen werden müssen (z. B. agiles Portfolio-Management, Umbau der IT).
4. **Business-Agilität:** Teams übernehmen End-to-end-Verantwortung über alle Funktionsbereiche hinweg, Business und IT verschmelzen.

Die in Bild 1.9 für den Transformationsplan erwähnten Minimaldauern beziehen sich auf reife Unternehmen mit weniger als 100 Personen, die Maximaldauern auf Großunternehmen mit mehr als 10.000 Mitarbeiterinnen und Mitarbeitern.

Im Rahmen der Kommunikationsstrategie ist es sinnvoll, diesen Zeitplan auch für die Mitarbeiterinnen und Mitarbeiter zugänglich zu machen – immer mit dem Hinweis, dass der Plan ständig aktualisiert wird, um auf aktuelle Gegebenheiten zu reagieren. Es geht dabei weniger um den konkreten Zeitplan selbst, als um die Transparenz im Prozess, die ein grundlegender Wert des agilen Arbeitens ist.

Zusammenfassend lässt sich also sagen: Das Wichtigste an einer agilen Transformation sind die vielen Entscheidungen, die im Vorfeld zu treffen sind. Dieses Kapitel hat Ihnen hoffentlich einen guten Überblick über all jene Dinge gegeben, über die Sie sich Gedanken machen sollten. Zentral ist: Sie bestimmen, wie sanft oder rau eine Transformation verlaufen wird. Am Ende jedes Kapitels wollen wir daher auflisten, welche Stolpersteine den weiteren Weg der Transformation versperren können und wie Sie diese Hindernisse umgehen.

Die Gefahren

Das „Warum" des Wandels ist nicht klar

Eine schlüssige Antwort auf die Frage, weshalb der Wandel für das Unternehmen notwendig ist, ist die erste und wichtigste Voraussetzung für jede Form von Veränderung. Dieses Warum muss aktiv in die Organisation kommuniziert werden.

Die Strategie für die Transformation ist nicht ausgereift

Mal eben nebenbei eine agile Transformation durchführen? Es wird oft auf diese Weise versucht, aber damit wird die Transformation schnell zur Frustration. Nehmen Sie sich bewusst Zeit für die Erarbeitung der Strategie – dazu gehören eine Vision, ein Ziel und die Vorgehensweise. Neben dem Topmanagement müssen dabei auch wichtige Stakeholder einbezogen werden, um eine ganzheitliche Sicht zu entwickeln. Außerdem kostet die Strategie Zeit: Planen Sie bewusst Klausuren mit Topmanagement und Stakeholdern ein, um die Strategie fokussiert zu erarbeiten.

Die Auswirkungen der Transformation werden unterschätzt

Suchen Sie Kontakt zu Unternehmen, die sich bereits auf diesem Weg befinden. So können Sie sich ein besseres Bild machen, was wirklich auf die Organisation zukommen wird. Nutzen Sie Modelle und Checklisten, die aufzeigen, wer und was bei einer Transformation zu berücksichtigen ist.

Es ist zu wenig Wissen über agile Organisationen, agiles Arbeiten und Skalierung im Unternehmen vorhanden

Jene Expertinnen und Experten, die es im Unternehmen gibt, müssen freigespielt und für die Arbeit an der Transformationsstrategie gewonnen werden. Außerdem gibt es genügend externe Unterstützung: Holen Sie sich Agile Coaches ins Unternehmen, die Mitarbeiterinnen und Mitarbeiter in dieser Rolle ausbilden.

Nur ein kleiner Kreis wird in die Pläne für die Transformation einbezogen

In Kapitel 3 werden wir die beste Lösung vorstellen: Ein crossfunktionales Transformation Team, in dem sich nicht nur relevante Stakeholder wiederfinden, sondern auch Transformationskritiker. Binden Sie außerdem wichtige Support-Funktionen in die Gestaltung ein.

Alle Bereiche werden über einen Kamm geschert

Agilität heißt nicht, dass alle Methoden für jeden Bereich und für jedes Team passend sind. Die Möglichkeiten sind aber so vielfältig, dass jeder Bereich aus den agilen Werten, Prinzipien und Methoden ein passendes Arbeitsmodell entwickeln kann.

Es wird zu wenig und/oder auf den falschen Kanälen kommuniziert

Setzen Sie auf möglichst offene Kommunikationsformate, damit die Mitarbeiterinnen und Mitarbeiter Fragen stellen können (die auch beantwortet werden!). Zeigen Sie in regelmäßigen Updates offen, was gerade passiert und geplant ist und was nicht gut funktioniert hat.

■

Literaturtipps

Gerstbach, I.: Design Thinking im Unternehmen. Ein Workbook für die Einführung von Design Thinking. Gabal 2016.

Gloger, B.: Scrum Think B!g. Scrum für wirklich große Projekte, viele Teams und viele Kulturen. Carl Hanser Verlag 2017.

Häusling, A.: Agile Organisationen. Transformationen erfolgreich gestalten – Beispiele agiler Pioniere. Haufe 2017.

Laloux, F.: Reinventing Organizations. Ein Leitfaden zur Gestaltung sinnstiftender Formen der Zusammenarbeit. Vahlen 2015.

Lasnia, M.; Nowotny, V.: Agile Evolution. Eine Anleitung zur agilen Transformation. Business Village 2018.

Leopold, K.: Kanban in der Praxis. Vom Teamfokus zur Wertschöpfung. Carl Hanser Verlag 2016.

Lewrick, M.; Link, P.; Leifer, L. (Hrsg.): Das Design Thinking Playbook: Mit traditionellen, aktuellen und zukünftigen Erfolgsfaktoren. 2., überarb. Aufl. Vahlen 2018.

Schmiedinger, C.: Die digital-agile Transformation – 3 Wege in die Zukunft. Whitepaper, borisgloger consulting 2019.
https://www.borisgloger.com/publikationen/whitepapers/

Sinek, S.: Start with Why. How Great Leaders Inspire Everyone to Take Action. Portfolio/Penguin 2011.

2 Abzweigung 1: Wie verirrte Transformationen auf den richtigen Weg zurückfinden

Vielleicht gehören Sie zu den Leserinnen und Lesern, die sich in Kapitel 1 an manchen Stellen gedacht haben: „Tja, hätten wir machen sollen." Die tröstliche Nachricht, falls die agile Transformation in Ihrem Unternehmen gerade feststeckt: Das passiert sehr oft. Die wirklich gute Nachricht: Es gibt Wege, die aus dieser Krise führen.

Es scheitert oft gar nicht daran, von der Geschäftsleitung ein Bekenntnis zur Transformation zu bekommen – das ist in vielen Fällen sogar die leichteste Übung. Ein typischer Verlauf nach dem Go der Geschäftsführung kann folgendermaßen aussehen: In einem Bereich wird ein großes Pilotprojekt gestartet, das von einer Kerngruppe agilitätsbegeisterter Menschen und dem Management in mehreren Workshops vorbereitet wird. Nach den ersten positiven Erfahrungen der involvierten Teams mit dem agilen Arbeiten einigt man sich schnell darauf, den gesamten Bereich agil aufzustellen. Es werden crossfunktionale Teams gebildet, Scrum ist die Methode der Wahl für die operative Arbeit und es werden geeignete Meetingformate etabliert, damit der Austausch zwischen den Teams funktioniert. Die neue Struktur sieht dann etwa so aus wie in Bild 2.1.

Was passiert dabei? Abteilungen werden aufgelöst, die Mitarbeiterinnen und Mitarbeiter werden den einzelnen Produkten zugeordnet oder müssen sich für eines der Produktteams entscheiden, wenn sie an mehreren Produkten beteiligt sind. Diese Produktteams haben jeweils einen Product Owner und sind unterschiedlich groß, weil die Produkte unterschiedlich komplex sind.

Dann tauchen auch schon die ersten Schwierigkeiten auf: Wenn wir, wie in Bild 2.1, Produktteams mit 20 Mitgliedern sehen, lässt das vermuten, dass größere Produkte nicht konsequent auf mehrere kleine Teams aufgeteilt wurden. Natürlich gibt es einige Spezialistinnen und Spezialisten, die aufgrund ihres Know-hows in drei verschiedenen Teams mitarbeiten müssten, aber nur einem Produktteam zugeordnet sind. Zusätzlich zu diesen fachlichen Diskrepanzen gibt es unterschiedliche Wissensstände zum agilen Arbeiten, weil in den Jahren zuvor unkoordiniert mit agilen Methoden experimentiert wurde. Entweder haben sich die Mitarbeiterinnen und Mitarbeiter das Wissen selbst angeeignet oder sie haben Schulungen bei verschiedenen Anbietern absolviert. Dementsprechend beherrschen manche Product Owner und Scrum Master ihr Handwerk gut, andere weniger gut, weil sie die neue Rolle gerade erst übernehmen mussten. Immer wieder flackern zwischen diesen Gruppen daher Diskussionen darüber auf, wie denn nun der „richtige" agile Weg aussieht.

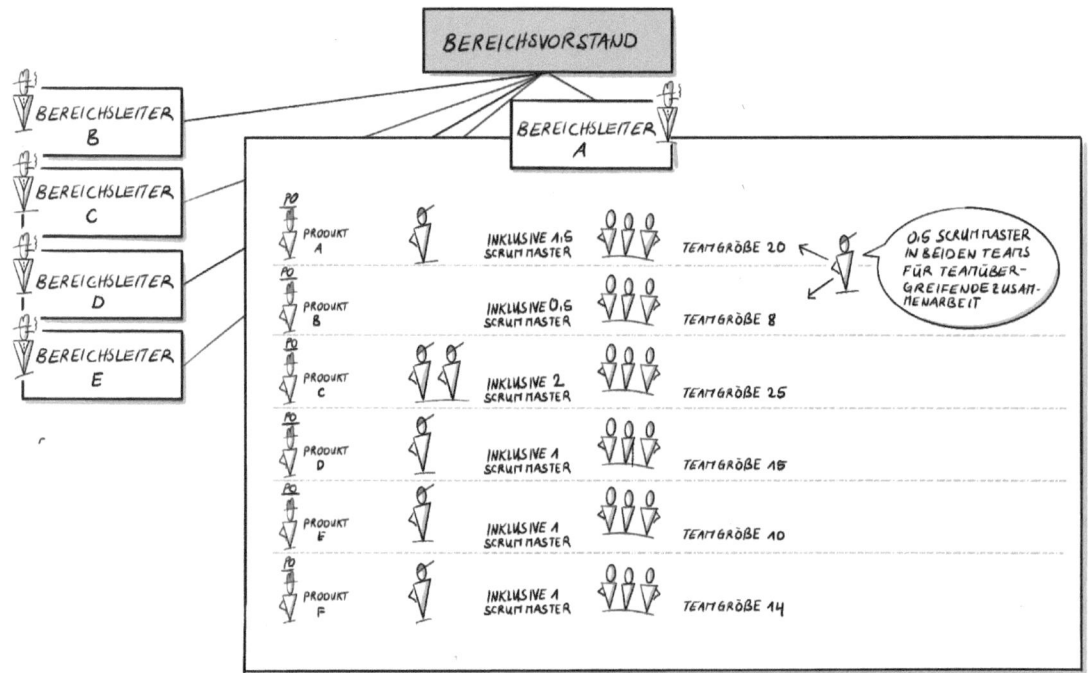

Bild 2.1 Häufig anzutreffende Bereichsstrukturen in agilen Transformationen

Damit es wirklich unangenehm wird, wird ein straffer Zeitplan vorgegeben und gemeinsame Einführungstrainings oder Kick-offs für die Teams fallen flach. Jetzt sind die neuen Product Owner und Scrum Master erst recht frustriert und überfordert. Wenn überhaupt, gibt es ein Townhall-Meeting, bei dem betont wird, wie wichtig das Pilotprojekt für die Organisation ist. Die Scrum Master fangen schon mal an, Hindernisse transparent zu machen, damit sie vom Management gelöst werden.

Die Transformation wird also mit viel Schwung und Begeisterung gestartet, doch nach ein paar Monaten ist die Luft raus, weil die Vorbereitungszeit viel zu knapp war. Statt zu liefern, beschäftigen sich einige Teams noch immer mit den Strukturen. Andere Teams erzielen wiederum tolle Ergebnisse. Die Abstimmung zwischen den Teams und mit der Führung braucht viel Zeit, weil die Zusammenarbeit teilweise chaotisch ist. Manche verlaufen sich in unwichtigen Details, während massive Hindernisse unangetastet bleiben.

Die Geschäftsführung wird langsam nervös. Einen Fehlschlag kann sich niemand leisten. Und jetzt?

 In diesem Kapitel erfahren Sie,
- wie Sie Ordnung in die Abstimmung mehrerer agiler Teams bringen,
- wie Sie Abhängigkeiten managen können,
- wie Sie die Menschen in verschiedenen agilen Rollen dabei unterstützen können, ihre Rollen richtig zu leben und
- die verirrte agile Transformation so neu ausrichten, dass es weitergehen kann.

2.1 Organisation und Struktur

2.1.1 Den Skalierungsansatz anpassen

Wie können wir mehr Struktur in das aktuelle Setup bringen und damit dem wahrgenommenen Chaos entgegenwirken? Gleichzeitig wollen wir den Abstimmungsaufwand und die Zeit, die wir dafür aufbringen, reduzieren.

Mit mehreren Teams gleichzeitig ein Produkt oder mehrere Produkte parallel zu entwickeln, ist in den meisten größeren Organisationen eine hochkomplexe Angelegenheit. Die Teams müssen sich mit vielen anderen Akteuren abstimmen und sich an aufwendige Prozesse halten. Meistens fehlt – sowohl technisch als auch in den Abläufen – eine Struktur, die es den Teams ermöglicht, eigenständig neue Produkte zu releasen oder größere Änderungen vorzunehmen. Die einfachen Regeln eines Rahmenwerks wie Scrum reichen in diesen Fällen nicht aus. Daher greifen Unternehmen auf Skalierungsmodelle zurück, die klare Vorgaben für die Gestaltung der Abstimmungsstrukturen liefern. Gleichzeitig plädieren diese Skalierungsframeworks aber auch dafür, Strukturen zu vereinfachen und mehr Verantwortung in die einzelnen Teams zu geben (siehe Kapitel 1).

Unsere Faustregel ist: Sobald mehr als drei bis vier Teams in den Prozess involviert sind und eines der Ziele darin besteht, eine ähnliche Struktur auf größere Teile der Organisation zu übertragen, wird es komplexer. Um in diesem Prozess nicht die Kontrolle zu verlieren, sind zwei Dinge nötig:

- Erfahrungen sammeln
- Zeit

Für die Agilisierung größerer Organisationseinheiten oder ganzer Organisationen gibt es nicht „das eine richtige Modell". Natürlich ist es nicht verkehrt, sich Inspirationen bei einem der in Abschnitt 1.2.3 angesprochenen Skalierungsframeworks zu holen – doch die Skalierung ist für jede Organisation eine höchst individuelle Sache.

Das Wichtigste ist, dass es in jedem Schritt eine übergreifende Gruppe gibt, die diese Veränderung vorantreibt und begleitet, sonst geht die Orientierung sehr rasch verloren. Diese Gruppe – wir nennen sie das Transformation Team – gibt die gemeinsame Richtung vor (mehr dazu in Kapitel 3). Sie legt fest, womit begonnen wird und beseitigt die Schwierigkeiten, die bei der Umsetzung auftreten.

Der Abstimmungsaufwand zwischen den Teams sowie zwischen dem Transformation Team und dem Management sollte nicht zu komplex sein. Ideal sind geregelte Abstimmungsmeetings, in denen mögliche Team-Abhängigkeiten rechtzeitig adressiert und gelöst werden. Mit welchen Meetings startet man hier am besten?

In einer sogenannten skalierten agilen Umgebung, wenn also mehrere agile Teams koordiniert zusammenarbeiten sollen, ist es zudem sinnvoll, wenn sich jeweils die Repräsentantinnen und Repräsentanten gleicher Rollen jedes Teams untereinander austauschen. Das heißt:

- Die **Product Owner** treffen sich, um die Lieferungen zu priorisieren und gegebenenfalls auf die einzelnen Teams aufzuteilen.
- Die **Scrum Master** tragen Impediments zusammen, die den gesamten Bereich betreffen, und arbeiten an Lösungsansätzen.

- Die **Entwicklungsteams** treffen sich, um abzustimmen, wie sie mit inhaltlichen Abhängigkeiten umgehen und am Ende des Sprints gemeinsam liefern können.

In der Struktur, wie wir sie am Beginn dieses Kapitels beschrieben haben, gibt es zum Beispiel sechs voneinander abhängige Teams. Hier bietet es sich an, mit dem Ansatz **Scrum of Scrums** zu starten (siehe Bild 2.2).

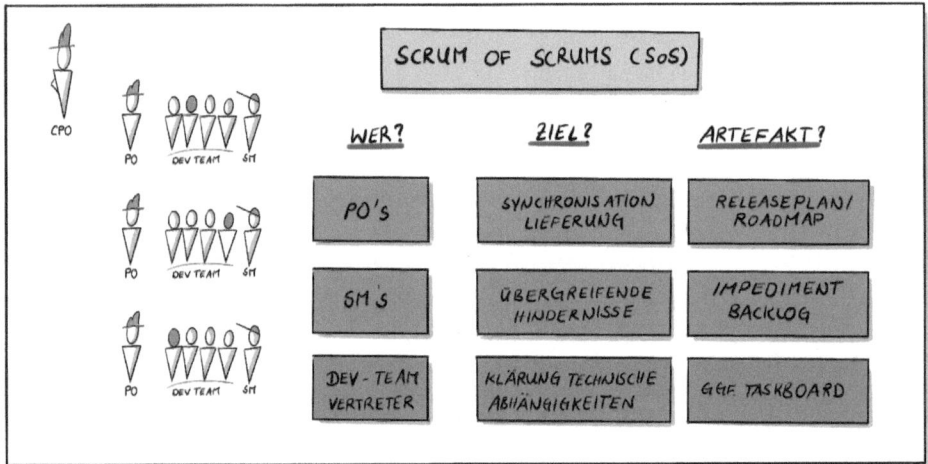

Bild 2.2 Skalierung auf Teamebene – beginnen Sie simpel!

Der Ansatz Scrum of Scrums beinhaltet wiederum ein Meeting, das ebenfalls als „Scrum of Scrums" (SoS) bezeichnet wird. Dabei handelt es sich um nichts anderes als eine auf mehrere Teams ausgeweitete (skalierte) Version des Daily Standups (oder Daily Scrums), das üblicherweise in den einzelnen Teams stattfindet.[1] Vertreterinnen und Vertreter der einzelnen Teams bringen Themen ins SoS mit, die wichtig für die Zusammenarbeit sind und vielleicht auch nur auf dieser koordinativen Ebene gelöst werden können. Es gibt keine Vorgaben dafür, wie oft ein SoS stattfinden sollte. Als Faustregel gilt aber: Je stärker die Überschneidungen zwischen den einzelnen Teams sind, desto häufiger sollte das Meeting stattfinden. Eng zusammenarbeitende Teams treffen sich täglich zum SoS, für andere reicht ein Treffen jeden zweiten Tag oder einmal pro Woche.

Auch die Product Owner sollten sich regelmäßig treffen. In vielen Organisationen kommen sie zu einem **Product Owner Weekly** zusammen, um zu planen und die nächsten Lieferungen abzustimmen. Das Meeting wird dazu genutzt, den Releaseplan und gegebenenfalls die Storymap auf den neuesten Stand zu bringen. Wenn der Abstimmungsbedarf sehr hoch ist, kann dieses Meeting auch mehrmals pro Woche oder täglich stattfinden (Product Owner Daily).

Im **Scrum Master Weekly** formieren sich die operativen Treiber der Veränderung – die Scrum Master. Sie sammeln die Probleme der einzelnen Teams und suchen organisationsweit nach Lösungen. Die Quelle dafür ist das Impediment Backlog, das jeder Scrum Master in seinem Team führt, also eine Liste der aufgetretenen Hindernisse. Wir haben die Erfahrung

---

[1] Der Begriff „Scrum of Scrums" wird in der agilen Community unterschiedlich verwendet. Wir verstehen darunter das skalierte Daily Standup, wie es Jeff Sutherland beschreibt (vgl. Sutherland 2001).

gemacht, dass ein wöchentlicher Rhythmus am Anfang ideal ist. So wie das Product Owner Weekly kann aber auch das Scrum Master Weekly enger getaktet werden, wenn es notwendig und sinnvoll ist.

Vor allem am Anfang sollten die Verantwortlichen für die Transformation bei den wöchentlich stattfindenden Meetings dabei sein. Wenn die Verantwortlichen direkt involviert sind, bekommen sie ein präzises Bild der Probleme im Transformationsprozess und können effektive Maßnahmen setzen.

Mehr übergreifende Meetings als die genannten sind am Beginn in einem skalierten Umfeld aus unserer Erfahrung nicht notwendig. Ganz im Gegenteil: Zu viele Meetings verwirren nur. Starten Sie simpel! Ziel sollte sein, zuerst diese wenigen Meetings zu etablieren und effektiv zu nutzen. Danach können immer noch weitere Meetings zur Koordination angesetzt werden.

Alle Meetings sollten übrigens einen

- spezifischen Kreis von Teilnehmerinnen und Teilnehmern,
- eine detaillierte Agenda und
- fixe Start- und Endzeitpunkte

haben.

Neben einem erkennbaren Rhythmus im Meetingplan ist das Timeboxing ein wesentlicher Erfolgsfaktor für das fokussierte Arbeiten in Meetings. Innerhalb eines festen Zeitrahmens werden die wichtigsten Themen besprochen. Alles, was darüber hinausgeht, wird auf das nächste Meeting verschoben. Idealerweise übernimmt einer der Scrum Master die Strukturierung und Moderation des Scrum of Scrums sowie des Product Owners und Scrum Master Weekly. Er oder sie priorisiert die zu besprechenden Themen am Beginn des Meetings gemeinsam mit den Teilnehmenden und versieht sie jeweils mit einem zeitlichen Rahmen. Diskussionen, die am Ziel vorbeigehen, führt der Scrum Master wieder in die richtige Richtung.

Prinzipien für die Arbeit in einem skalierten Teamumfeld

Menschen, die in Teams plötzlich agil arbeiten, kommen in der Regel aus klassischen Unternehmens- und Projektstrukturen. In diesen Strukturen gab es Projektleiterinnen und Projektleiter, die Entscheidungen getroffen haben und fixe Projektpläne, die wenig Raum für Diskussionen ließen. In diesen plötzlich agilen Teams gibt es nach wie vor die Tendenz, Probleme und Situationen auf eine bestimmte, gewohnte Art zu lösen. Zum Beispiel ist es in einem klassisch strukturierten Umfeld einfacher, mit großen Teams zu arbeiten, da der Fokus nicht auf der Selbstorganisation der Teams liegt.

Diese Prägungen verleiten dazu, selbst einfache Prinzipien der Skalierung nicht anzuwenden. Dazu gehört etwa das Bilden kleiner Teams, die für ein ganzes Produkt oder Feature die Verantwortung tragen, oder das gemeinsame Festlegen von klaren Strukturen, wenn mehr als drei Teams in einen Prozess involviert sind. Das wichtigste Prinzip bei der Skalierung agiler Arbeitsweisen lautet: Es geht nicht um eine neue Organisationsstruktur, sondern um bestimmte Praktiken, die in der Organisation gelebt werden sollen. Die wichtigsten Prinzipien der Skalierung und deren Vorteile haben wir im Kasten am Ende dieses Abschnitts zusammengefasst.

Den Abstimmungsaufwand durch Gruppenmeetings verringern

Je mehr Einzelpersonen bilateral über einzelne Themen kommunizieren, desto höher ist der Abstimmungsaufwand und desto niedriger ist die Übertragungsgeschwindigkeit von Informationen. Gleichzeitig sinkt die Qualität der Information – erinnern Sie sich einfach, welcher Kauderwelsch am Ende einer Runde „Stille Post" entstanden ist.

Wichtige Themen sollten sofort mit den entsprechenden Stakeholdern besprochen werden. Das setzt natürlich voraus, dass Strukturen für regelmäßige Meetings etabliert sind und Meetings zu Spezialthemen mit allen Beteiligten schnell einberufen werden können. Bei diesen Meetings werden die Themen nicht zuvor in Einzelgesprächen behandelt und die Informationen müssen auch nicht erst über die Product Owner an das Management herangetragen werden. Was zu besprechen ist, wird sofort in die Gruppe eingebracht.

Dieses Vorgehen funktioniert nicht immer sofort. Es braucht etwas Übung und setzt das Vertrauen in die Entscheidungsfähigkeit von anderen Personen voraus, da möglicherweise Entscheidungen dann getroffen werden müssen, wenn bestimmte Rollenträger nicht anwesend sind.

Exkurs: Autonomie und Strukturen

In agilen Organisationen ist es wichtig, dass jedes Team in der Lage ist, seine eigenen Entscheidungen zu treffen. Bei IT-Teams betrifft das zum Beispiel nicht nur die Entscheidung, an welchen Features gearbeitet wird, sondern auch Entwicklungsmodelle, Infrastruktur und Implementierung. Jede Entscheidung, die außerhalb des Teams getroffen werden muss, bedeutet eine Verzögerung und damit Geschwindigkeitsverlust. Zentral getroffene Entscheidungen bergen außerdem immer die Gefahr, dass sie nicht zur tatsächlichen Arbeitsweise eines Teams passen oder dass ein Team einige Anstrengungen unternehmen muss, um die eigene Vorgehensweise an das vorgegebene Modell anzupassen.

Als Nachteil ließe sich ins Feld führen, dass bei autonomen Team-Entscheidungen die Kosten für Redundanzen im Code und in der Datenqualität ansteigen. Allerdings: Will man Redundanzen zwischen verschiedenen agilen Teams vermeiden, dann entstehen neue, teilweise enorme Abstimmungskosten. Die Teams müssen im ständigen Austausch über die Details sein, damit am Ende alles zusammenpasst. Will man entscheiden, wie viel Autonomie gerade richtig ist, muss man das Optimum zwischen den Abstimmungskosten und den Redundanzkosten finden.

In der Praxis haben wir die Erfahrung gemacht, dass der Aufwand für die Einheitlichkeit sehr schnell anwachsen kann. Daher geht unsere Empfehlung immer dahin, Systeme aufzubauen, in denen Teams ihre eigenen Entscheidungen treffen können.

Der Austausch zwischen den Teams gestaltet sich dann in der Praxis weniger kritisch. Durch Strukturen wie Chapter und Gilden (siehe Abschnitt 2.3.1), Schnittstellen zwischen den Teams oder durch die Rotation von Teammitgliedern zwischen verschiedenen Teams breiten sich die besten Vorgehensweisen und Technologien in der Organisation netzwerkartig aus. Am Ende entscheiden die Teams selbst, was sie verwenden und wann sie auf eine neue Technologie umstellen wollen. Dabei sollte das Ausprobieren erlaubt sein, Teams sollten aber auch schnell wieder aufgelöst werden können, wenn sie ihre Mission nicht erfüllen. Am Ende werden sich die passenden Vorgehensweisen und Technologien für die Organisation durchsetzen und die weniger zielführenden werden nicht fortgeführt – es ist der gleiche evolutionäre Prozess wie in der Natur. Dieser Prozess kann aber nur stattfinden, wenn es in der Organisation autonome Strukturen gibt.

Prinzipien für die koordinierte Arbeit mehrerer agiler Teams

Kleine Teams haben die alleinige Verantwortung für ein komplettes Produkt oder Feature

- Die optimale Teamgröße liegt bei 7 Personen (±2).
- Die Einbindung von Querschnittsfunktionen (z. B. Legal & Compliance, Security oder Business Continuity Management) wird aktiv gemanagt.
- Falls Teams zu groß werden, kann das Feature-Team-Konzept eingesetzt werden. Die Vorteile und eine Erklärung finden Sie auf der Website zum Skalierungskonzept LeSS (https://less.works/less/structure/feature-teams.html).

Vorteile

- Alle Teammitglieder haben Zugriff auf relevante Informationen.
- Jedes Teammitglied kann direkten Einfluss auf die Entwicklung des Produkts nehmen, an dem er oder sie arbeitet.

Strukturen werden gemeinsam festgelegt, wenn mehr als drei Teams in einen Prozess involviert sind

- Zwei bis drei voneinander abhängige Teams können ihre Zusammenarbeit selbst steuern. Bei mehr als drei Teams ist es schwieriger, eine gemeinsame Grundlage zu finden. Der Prozess dauert länger und es gibt seltener Lösungen, die von allen getragen werden. Im Vorfeld sollten daher klare Strukturen festgelegt werden, um schnelle Abstimmungen und Entscheidungen zu ermöglichen. Häufig geschieht diese Abstimmung anfangs über einen Scrum-of-Scrums-Ansatz oder durch ein Center of Expertise (siehe Abschnitt 2.1.1). Zu den möglichen Themen gehören die gemeinsame strategische Ausrichtung des Backlogs, übergreifende Impediments oder technische Abhängigkeiten.
- Die Prozesse sollten kontinuierlich evaluiert und verbessert werden.

Vorteile

- Klare und eingespielte Routinen reduzieren die Unsicherheit darüber, wer für welche Themen verantwortlich ist.
- Es wird keine unnötige Zeit damit verschwendet, den richtigen Prozess und das richtige Vorgehen untereinander abzustimmen.

Schnelles Feedback durch kurze, synchronisierte Sprint-Zyklen

- Wenn mehrere Teams am selben Produkt arbeiten, muss sichergestellt sein, dass sie auch gemeinsam liefern können.
- Es muss die richtige Balance zwischen Iterationslänge und produzierten Ergebnissen gefunden werden. Unsere Empfehlung:
  - Sprintlängen von einer Woche oder weniger sind sinnvoll, wenn die Produktentwicklung gerade erst gestartet wurde und die Anforderungen daher noch unklar sind oder wenn das Umfeld eine längerfristige Planung nicht zulässt.
  - Nur in relevanten Ausnahmen sollten Sprintlängen von drei Wochen zugelassen werden, etwa in Ausnahmefällen bei der Hardware-Entwicklung. In der Regel beträgt die sinnvollste Länge zwei Wochen.

Vorteile

- Kurze Sprint-Zyklen machen es einfacher, auf Veränderungen schnell zu reagieren.
- Durch festgelegte Sprint-Zyklen und davon abgeleitete Sprint Meetings bekommen andere Teams schnell einen Überblick, wo sich das jeweilige Team gerade befindet – der Abstimmungs- und Organisationsaufwand sinkt.

Arbeit in crossfunktionalen Teams

- Mitarbeiterinnen und Mitarbeiter aller Funktionen, die für die Entwicklung eines Produkts notwendig sind, arbeiten in einem Team zusammen (z. B. in einem Softwareentwicklungs-Team: Business, Entwicklung, Design/UX und Betrieb).
- Sollte ein solches Team zu groß werden, bietet sich entweder die Teilung in Feature-Teams oder ein Vertreter-Teamkonzept an. Im zweiten Fall planen Vertreterinnen und Vertreter aller Funktionen in einem Kernteam den nächsten Sprint.

Vorteile

- Wenn alle Funktionen von Beginn an involviert sind, steigt die Entwicklungsgeschwindigkeit.
- Die unterschiedlichen Blickwinkel schaffen ein größeres Innovationspotenzial.
- Sollte es Impediments geben, ist es einfacher, sich im Team darüber auszutauschen, als über Abteilungsgrenzen hinweg.

Es gibt für jedes Team bzw. Produkt nur einen Product Owner

- Der Product Owner muss von der Organisation legitimiert sein: Er oder sie darf die notwendigen Entscheidungen für das Produkt treffen.
- Die Rolle des Product Owners ist herausfordernd, daher muss der Product Owner
  - durch Training und Coaching unterstützt werden;
  - sich auf die Priorisierung fokussieren können, statt Detailpläne zu erstellen;
  - die strategische Weiterentwicklung des Produkts mitdenken.

Vorteile

- Die klare Priorisierung von Anforderungen wird möglich.
- Entscheidungen können schnell getroffen werden, da es keine langen Abstimmungsschleifen gibt.

Transparentes Management von Abhängigkeiten

- Damit die Abstimmung gut funktionieren kann, müssen die Abhängigkeiten zwischen den Teams offengelegt werden, um sie entweder aufzulösen oder effizient zu handhaben.
- Tools wie eine Abhängigkeitstabelle und/oder Abhängigkeitsmatrix (siehe Abschnitt 2.1.2) machen die Verbindungen sichtbar und helfen beim strukturierten Abarbeiten und Auflösen.
- Abhängigkeiten können auch am Task- bzw. Kanban-Board verwaltet werden.

Vorteile
- Abhängigkeiten werden erkannt und aufgelöst, bevor sie zu Lieferverzögerungen führen.
- Die Abhängigkeiten können genutzt werden, um den Schnitt der Teams und/oder Produkte anzupassen.
- Langfristig führt das Management der Abhängigkeiten dazu, dass sich die Organisationsstrukturen anpassen.

Fokus auf inkrementelle Veränderungen im System
- Veränderungen in agilen Organisationen passieren durch viele kleine Anpassungen des Systems.
- Auch für kleine Veränderungen müssen die Voraussetzungen geschaffen werden. Ein Transformation Team (siehe Kapitel 3) kann die Veränderungsmaßnahmen in kurzen Zyklen planen, durchführen und auf ihre Effektivität überprüfen.

Vorteile
- Hindernisse werden aus dem Weg geräumt, bevor andere Teams in ähnliche Probleme laufen.
- Das Wissen zum agilen Arbeiten breitet sich in der gesamten Organisation aus.

Strukturen schaffen, die autonome Entscheidungen unterstützen
(siehe auch Exkurs zu „Autonomie und Strukturen")
- Teams bekommen die Befugnis, Entscheidungen in allen Domänen zu treffen, die sie selbst betreffen.

Vorteile
- Teams gewinnen an Geschwindigkeit, weil die Entscheidungen keine langwierigen Prozesse auf anderen hierarchischen Ebenen durchlaufen müssen.
- Teams können optimale Entscheidungen für ihren Kontext treffen, den nur sie selbst am besten kennen.
- Zwischen den Teams- und Führungskräften entsteht Vertrauen.

■

2.1.2 Abhängigkeiten managen

Auch wenn wir bessere Wege finden, damit sich unsere Teams abstimmen können: Es wird immer Abhängigkeiten zwischen den Teams geben – vor allem, wenn wir die Teams in Zukunft kleiner schneiden. Wie machen wir die Abhängigkeiten transparent und wie lösen wir sie gemeinsam auf?

Natürlich ist es das Ziel, immer so wenige Abhängigkeiten wie möglich zwischen den Teams zu haben und vor allem jene Abhängigkeiten zu eliminieren, die bremsen oder blockieren. Fakt ist aber auch: Es wird immer Abhängigkeiten geben. Das Ziel ist, die Organisation so umzugestalten, dass auf bestehende und entstehende Abhängigkeiten schnell reagiert und die Zusammensetzung von Teams schnell verändert werden kann. Dementsprechend ist das Management von Abhängigkeiten eine der größten Herausforderung im skalierten Umfeld.

Folgende Abhängigkeiten sind in Organisationen am häufigsten anzutreffen:
- Strukturelle Abhängigkeiten (z. B. auf der Team- oder Bereichsebene)
- Technische Abhängigkeiten (z. B. Delivery-Einheit, fachliche Anforderung vs. Umsetzer in der IT, DevOps, Release-Management)
- Abhängigkeiten zu externen Parteien (z. B. Tochtergesellschaften, Lieferanten, Behörden)
- Produktabhängigkeiten (mehrere Teams arbeiten am selben Produkt)
- Release-Abhängigkeiten (z. B. aufgrund fest getakteter Release-Zyklen)
- Gesetzlich bedingte Abhängigkeiten

Es gibt verschiedene Möglichkeiten, mit diesen Abhängigkeiten umzugehen. Das Wichtigste ist, dass sich wichtige Beteiligte (häufig die Product Owner) regelmäßig zu einer gemeinsamen Vorausplanung treffen und sich über Abhängigkeiten und Lösungsmöglichkeiten austauschen. Hierfür eignen sich bestehende Meetings, in denen über die aktuelle Roadmap oder Releaseplanung gesprochen wird (zum Beispiel das Product Owner Weekly). Abhängigkeiten müssen aber auch auf Teamebene bearbeitet werden. Drei Tools für das Management der Abhängigkeiten wollen wir hier kurz vorstellen.

Die Abhängigkeitstabelle

Eine Abhängigkeitstabelle gibt allen Beteiligten Auskunft darüber, welche Abhängigkeiten zwischen den einzelnen Teams bestehen und welche Auswirkungen diese auf die anderen Parteien haben (Tabelle 2.1). Der Unterstützungsbedarf der einzelnen Teams kann aus der Tabelle abgelesen werden. Die Scrum Master und/oder Agile Coaches sind als Lösungsfinder gefragt: Die möglichen Lösungsansätze reichen von einer Repriorisierung des Product Backlogs durch den Product Owner über die Reorganisation von Teams bis zu Veränderungen der Organisationsstruktur.

Tabelle 2.1 Abhängigkeitstabelle am Beispiel einer Bank

Squad	Abhängig von	Kategorie	Notiz	Gleicher Tribe?
Zahlungsverkehr	IT-Analyse	Auswertung	Anzeige der Umsatzauswertung im Onlinebanking fehlerhaft, Umsätze < 50 Euro werden nicht angezeigt	Nein
Nationale Wertpapierprodukte	Marketing	Konzept	Abstimmung Marketingkonzept erfolgt	Nein
KYC	Kontoführung	Integration	Onlinestrecke KYC kann nicht integriert werden, Schnittstelle fehlerhaft	Ja
Audit	IT-Analyse	Prüfprozess	Datenquelle fehlerhaft, Aktualisierung nicht möglich	Nein

Die Abhängigkeitsmatrix

Eine Abhängigkeitsmatrix visualisiert die Abhängigkeiten, die zum Beispiel Produkte in unterschiedlichen Stadien der Entwicklung in verschiedenen Entwicklungsbereichen untereinander haben (siehe Bild 2.3). Zusätzlich werden in diesem Format die Abhängigkeiten zwischen den Release-Meilensteinen der einzelnen Entwicklungsbereiche oder auch der Abteilungen abgebildet, die an der Produktentwicklung beteiligt sind. In der Regel verwenden Product Owner diese Darstellungsform als strategisches Instrument, um die einzelnen Abhängigkeiten besser steuern zu können. Wenn sich die Bereiche alle zwei Wochen abstimmen, genügt das meistens, um rechtzeitig Probleme zu identifizieren, die einen Release beeinflussen. Damit funktioniert auch die langfristige gemeinsame Planung von Releases verschiedener Produktbereiche recht gut.

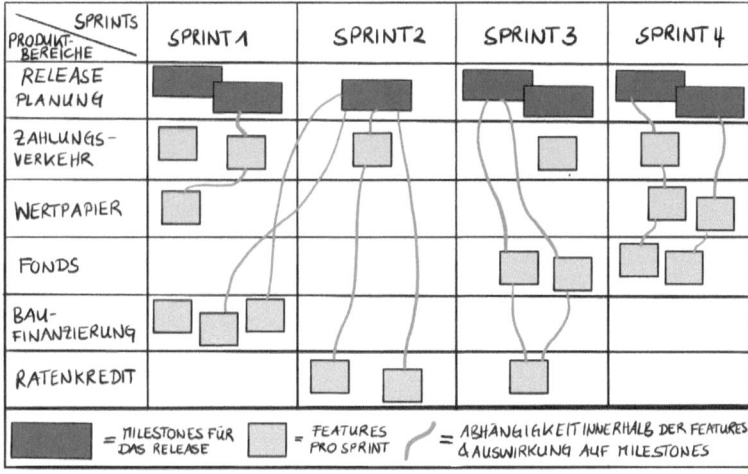

Bild 2.3 Abhängigkeitsmatrix

Taskboard und Kanban-Board

Wie bereits erwähnt, sollte auch auf der operativen Ebene, also in den einzelnen Teams, aktives Abhängigkeitsmanagement betrieben werden. Je nachdem, mit welcher agilen Methode ein Team hauptsächlich arbeitet, können Abhängigkeiten unterschiedlich visualisiert werden.

Arbeiten Teams zum Beispiel mit Scrum, kann am Taskboard eine zusätzliche Spalte mit dem Titel „abhängig von" gezogen werden (Bild 2.4). Dort werden alle Tasks „zwischengelagert", die nicht erledigt werden können, weil die weitere Bearbeitung von einer anderen Instanz abhängt. Um genau analysieren zu können, wie lange die Tasks dadurch blockiert sind, wird das Startdatum auf dem Task notiert oder es wird für jeden Tag Wartezeit ein Punkt aufgeklebt.

Arbeiten die Teams mit Kanban, kann die Darstellung der Abhängigkeiten wie in Bild 2.5 aussehen. Tickets, die wegen einer Abhängigkeit oder einer Störung nicht weiterbearbeitet werden können, werden mit einem „Blocker" gekennzeichnet (z. B. ein Magnet oder kleines Post-it). So wie bei der Taskboard-Variante sollten die Blockadegründe immer wieder analysiert werden, um herauszufinden, mit welchen Maßnahmen die Abhängigkeiten gelockert oder eliminiert werden können.

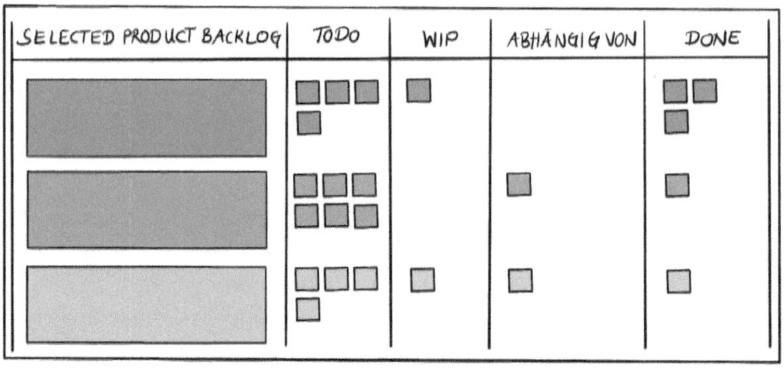

Bild 2.4 Darstellung von Abhängigkeiten auf dem Taskboard

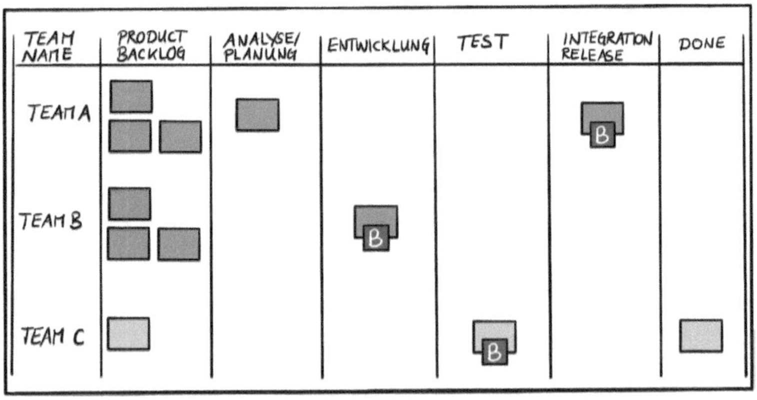

Bild 2.5 Darstellung von Abhängigkeiten in Form von Blockaden auf einem Kanban-Board

Die vorgestellten Werkzeuge sollen nur Mittel zum Zweck sein, um die bestehenden Abhängigkeiten sichtbar zu machen und besser damit umgehen zu können. Im Rahmen einer Transformation sollte das Hauptaugenmerk aber immer darauf liegen, so viele Abhängigkeiten wie möglich aufzulösen, damit die einzelnen Teams autonom arbeiten und Entscheidungen treffen können.

Das kann bedeuten, dass bestehende Teams aufgelöst und mit einem anderen Spektrum von Kompetenzen neu aufgestellt werden. Damit geht in den meisten Fällen die Neuverteilung von Verantwortlichkeiten für Produkte und Bereiche einher. Um auf der technologischen Ebene eine möglichst abhängigkeitsfreie Umgebung herzustellen, kommen Organisationen nicht um Microservice-Architekturen umhin. Microservices haben den Vorteil, dass jeder Service eine Aufgabe erledigt und durch diese Entkopplung Abhängigkeiten weitgehend reduziert werden. Teams können ihre eigenen Services ohne hohen Kommunikationsaufwand mit anderen Teams entwickeln oder bereitstellen.

Wer erreichen will, dass Teams möglichst autonom arbeiten können, sollte sich auch mit DevOps auseinandersetzen. Diesem Ansatz für die Prozessverbesserung liegt eine engere Zusammenarbeit zwischen den Bereichen Development (Entwicklung), IT-Operations (IT-Betrieb) und Qualitätssicherung zu Grunde. Indem Entwickler mit Mitarbeiterinnen und

Mitarbeitern aus dem IT-Betrieb direkt in einem Team zusammenarbeiten, können Abhängigkeiten schlagartig reduziert werden.

2.1.3 Agile Assessment der Organisation

Mit den Abhängigkeiten bewusster umzugehen, ist wahrscheinlich ein guter Anfang, um aus der verfahrenen Situation herauszukommen. Wie können wir uns aber einen Überblick darüber verschaffen, wo wir in puncto Agilität überhaupt stehen?

In Kapitel 1 haben wir Ihnen bereits für die Entscheidungsphase pro/contra agile Transformation das Agile Assessment kurz vorgestellt. Dieses Instrument können Sie auch nutzen, wenn Veränderungsbemühungen ins Stocken geraten und Sie eine Bestandsaufnahme machen wollen.

Bei einer agilen Organisation geht es um weit mehr als um Strukturen und Werte. Boris Gloger beschreibt sechs Bausteine, mit denen gearbeitet werden sollte, um eine Organisation agil bzw. agiler zu machen (vgl. Gloger 2017): Architektur, Infrastruktur, Skills, Kundenorientierung, Management-Frameworks sowie Führung und Werte. Das Modell eignet sich hervorragend als strukturierendes Element für die Transformation. Es hilft aber auch dabei, sich einen Überblick über die aktuelle Situation im Unternehmen zu verschaffen und die agile Reife von Teams, Bereichen oder der gesamten Organisation festzustellen.

Bei einem unserer Kunden hatten wir zum Beispiel den Auftrag, ein Assessment für die Abteilung „Softwareentwicklung" durchzuführen. Am Beginn der Zusammenarbeit stimmen wir mit dem Auftraggeber in der **Auftragsklärung** immer die konkreten Fragestellungen ab. In dieser Organisation waren es die folgenden:

- Warum kann die Zeitplanung in den wenigsten Projekten eingehalten werden?
- Warum fallen die Kosten für Projekte immer höher aus als veranschlagt?
- Warum scheitert die Einbindung externer Dienstleister?

Für die **Durchführung** des Assessments suchten wir Interviewpartnerinnen und -partner aus möglichst unterschiedlichen Teams und Querschnittsfunktionen. Wichtig war uns auch, Personen in verschiedenen Rollen zu interviewen, um ein umfassendes Bild zu erhalten. Je nach Bereichsgröße empfehlen wir, mit mindestens zwei bis drei Teams und mehreren Stakeholdern zu sprechen (Alternative: ein Großgruppenformat, das sich an den Abläufen der Retrospektive orientiert – siehe Abschnitt 3.2.1). Pro Interview planten wir ca. 45 Minuten ein. In der Vorbereitung und Durchführung des Interviews orientierten wir uns an den Unterpunkten der sechs Bausteine, wie sie in Bild 2.6 dargestellt sind. Im Vorfeld waren uns bereits einige Themen genannt worden, die besonders unter die Lupe genommen werden sollten – diese bauten wir in den Interviewleitfaden ein.

Das Zusammentragen und **Auswerten** der Informationen ist der aufwendigste Teil eines Assessments – dafür sollten Sie mindestens einen halben Tag einplanen. Wir unterteilten die Ergebnisse in positive und negative Beobachtungen und ordneten sie den entsprechenden Bausteinen der Pyramide zu. Im letzten Schritt präsentierten wir den Bericht vor Stakeholdern, die einen Einfluss darauf hatten, Dinge zu verändern. Wir fokussierten uns auf drei bis vier kurz-, mittel- und langfristige **Empfehlungen**, für die wir die Stakeholder gewinnen wollten.

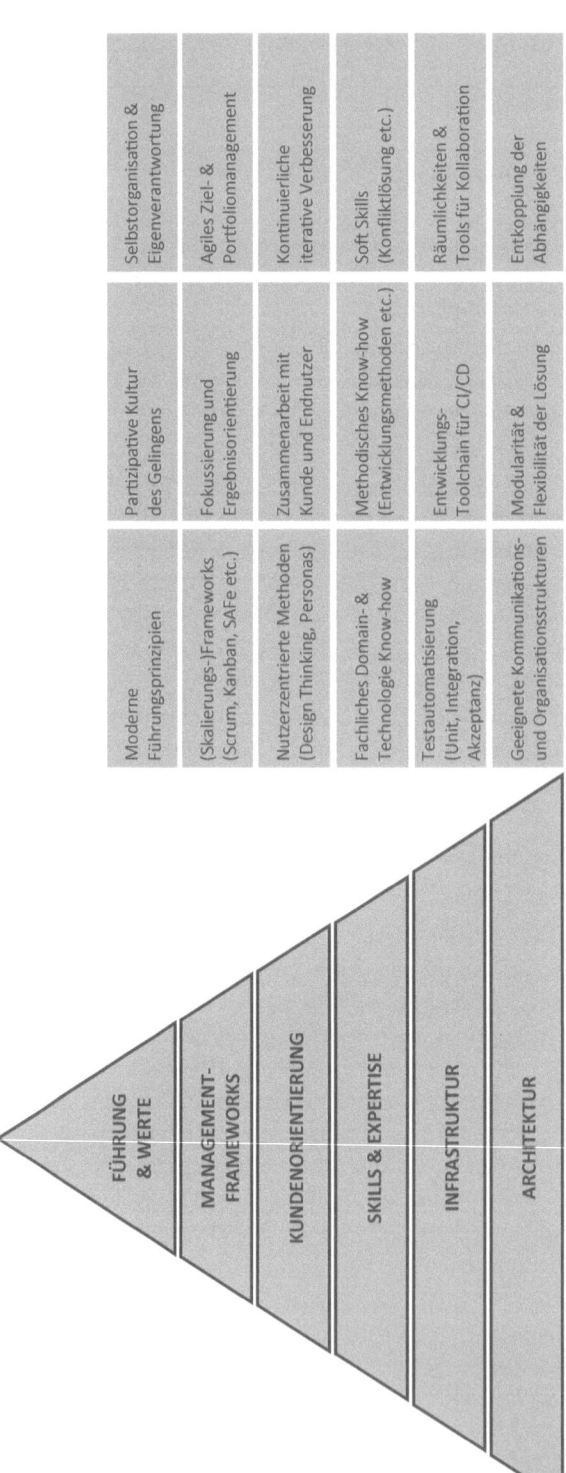

Bild 2.6 Die sechs Bausteine der agilen Organisation im Detail

In Summe sollten Sie für ein solches Assessment zwei bis drei Tage einplanen, damit Sie genügend Zeit für die Interviews, das Sammeln der Informationen und die Auswertung haben. Die folgende Tabelle zeigt beispielhaft unsere Beobachtungen zum Baustein Kundenorientierung und unsere darauf aufbauenden Empfehlungen.

Positive Beobachtungen zur Kundenorientierung	Negative Beobachtungen zur Kundenorientierung
<ul><li>Product Owner kommunizieren kontinuierlich mit Stakeholdern/Kunden</li><li>Interne Kunden werden bei Bedarf zu den Reviews eingeladen</li><li>Gestaffelte Rollout-Strategie vorhanden – aufgeteilt in Alpha-, Beta-, Friendly User Test & Go-Live</li></ul>	<ul><li>Minimum Viable Products (MVP) funktionieren nicht<ul><li>Business bekommt nicht, was es braucht oder will</li><li>Lange Updatezyklen nach erster Version</li><li>Wechsel der Prioritäten nach Go-Live</li></ul></li><li>Einbindung von Nutzern in die Entwicklung passiert noch selten</li></ul>
Empfehlungen	
Kurzfristig	<ul><li>Durchführung regelmäßiger User Tests während der Entwicklung</li><li>Schärfung des MVP-Verständnisses durch Workshops. Das MVP ist erst der Anfang eines erfolgreichen Produkts.</li></ul>
Mittelfristig	<ul><li>Aufbau eines User-Pools, der für Tests herangezogen werden kann</li><li>Einsatz des Agilen Festpreises in der Zusammenarbeit mit Dienstleistern</li></ul>
Langfristig	<ul><li>Aufbau eines User Experience Labs, in dem Tests durchgeführt werden können</li></ul>

Die Ergebnisse des Assessments deckten sich mit den Beschwerden, die der Abteilungsleiter immer wieder von seinen Mitarbeiterinnen und Mitarbeitern zu hören bekam. Daher war er interessiert an den Empfehlungen, die er mit uns vor den relevanten Stakeholdern präsentierte – danach ging es auch wirklich in die Umsetzung.

Es brauchte nur zwei kurze Workshops, um den Product Ownern und einigen Mitarbeitern genügend Wissen über das Minimum Viable Product zu vermitteln und darüber, wie es in der agilen Produktentwicklung eingesetzt wird. Für die Zusammenarbeit und die Verträge mit den Dienstleistern musste zuerst ein Projekt gefunden werden, um die Ideen zu erproben. Die positiven Erfahrungen aus diesem Projekt haben die Verantwortlichen in der Organisation aber dazu bewogen, die Zusammenarbeit mit Dienstleistern in Zukunft nur noch so zu gestalten.

2.1.4 Umgang mit Querschnittsfunktionen

Es gibt in unserer Organisation Maintenance-Einheiten, die sich um die Infrastruktur kümmern und daher den meisten Teams und Abteilungen zur Verfügung stehen. Sollen diese Aufgaben in Zukunft von jedem Produkt- oder Entwicklungsteam eigenständig übernommen werden und wenn ja, wie gehen wir am besten vor?

Bei größeren Transformationen beobachten wir im Bereich der Softwareentwicklung häufig, dass Infrastruktur- und Maintenance-Teams noch einige Zeit in der gewohnten Struktur verbleiben. Es kann sogar mehrere Jahre dauern, bis die Entwicklungsteams in der Lage sind, Produkte wirklich Ende zu Ende zu entwickeln und selbst zu warten.

Wichtig ist: Wie schnell Entwicklungsteams alle Aufgaben für ihre Produkte übernehmen, sollte nicht vom Management bestimmt werden. Die Organisation und ihre Komplexität bestimmen das Tempo. Effektiver als jede Vorschrift ist das spür- und sichtbare Commitment des Managements zur Veränderung. Es kann die Erweiterung der Kompetenzen in den Teams nur beschleunigen, indem es die entsprechenden Voraussetzungen schafft. Dies gilt im Übrigen nicht nur für die Entwicklung von Softwareprodukten, sondern auch für jedes andere Produkt.

Woran aber sofort gearbeitet werden kann, ist der Wissensaustausch zwischen den Supportbereichen und den Entwicklungsteams. Die größten Geschwindigkeitsverluste passieren zum Beispiel in der Softwareentwicklung immer dann, wenn ein Entwicklungsteam sein Produkt an ein Operations Team übergibt. Diese Geschwindigkeitsverluste lassen sich abfedern, indem die Operations Teams die Entwicklungsteams dabei unterstützen, den Code selbst zu releasen. So bauen die Entwicklungs- und Operations Teams gemeinsam und kontinuierlich eine passende Release-Struktur auf. Zentral ist bei dieser Zusammenarbeit, dass die Unterstützung pragmatisch statt bürokratisch gewährt wird. Das Ziel ist, sukzessive Know-how aus dem Betrieb in die einzelnen Entwicklungsteams fließen zu lassen und damit die Selbstorganisation zu stärken, genauso wie die Fähigkeit, Probleme selbst zu lösen. Alles zielt darauf ab, so viele Aufgaben wie möglich aus den Bereichen Infrastruktur und Maintenance in die Teams zu geben, die mit der funktionalen Entwicklung eines Produkts einhergehen. Infrastruktur und Maintenance setzen die notwendigen Rahmenbedingungen, damit zum Beispiel die Softwarearchitektur von den Entwicklungsteams eigenständig weiterentwickelt werden kann, ohne dass es zu einem Wildwuchs kommt.

Idealerweise werden alle nichtfunktionalen – also nicht direkt produktbezogenen – Aspekte der Produktentwicklung in übergreifenden Support-Teams gebündelt. Diese Teams sind für Themen wie allgemeine Entscheidungen zur Softwarearchitektur, Einführung spezieller Automatisierungsprogramme oder allgemeiner Updates verantwortlich, die alle Teams betreffen. Es sollte allerdings darauf geachtet werden, dass die Anzahl der Support-Teams so gering wie möglich gehalten wird und sie nur bestehen bleiben, solange sie Aufträge von den Produktteams erhalten. Wenn es zu wenige Aufträge gibt, sollte die Zahl der Support-Teams reduziert werden, zum Beispiel indem die Teammitglieder direkt in den Produktteams mitarbeiten. Wir haben auch sehr gute Erfahrungen damit gemacht, die Teammitglieder regelmäßig für ein bis zwei Monate zwischen Produkt- und Service-Teams rotieren zu lassen, damit sich das Wissen in beiden Teams verbreitern kann. Das hilft auch zu vermeiden, dass die Support-Teams zum Engpass der Organisation werden, weil zum Beispiel alle Architekturentscheidungen nur von bestimmten Personen getroffen oder abgenommen werden dürfen.

Oft tritt die Frage auf, wie mit der Qualitätssicherung und dem Bugfixing umgegangen werden soll. Wer ist dafür verantwortlich? Die Antwort ist einfach: Wenn agil gearbeitet wird, ist immer das Entwicklungsteam für die Qualität verantwortlich. Die Qualitätssicherung sollte also erst gar nicht an ein Support-Team ausgelagert werden. Dementsprechend muss jedes Entwicklungsteam die technischen Voraussetzungen und das Wissen haben, um Tests durchführen zu können. Support-Teams haben die Aufgabe, diese Voraussetzungen zu schaffen und das Wissen in die Entwicklungsteams zu transferieren.

2.2 Rollen und Führung

2.2.1 Ein besseres Rollenverständnis schaffen

Schwierigkeiten gibt es nicht nur mit der neuen Struktur. Einzelne Product Owner und Teammitglieder wissen noch nicht, wie sie ihre neuen Rollen richtig ausüben sollen. Wie können wir ihnen helfen?

Auf den ersten Blick ist es meistens Unsicherheit und Unwissenheit über das „Wie" einer agilen Rolle. Das ist eine durchaus verständliche Situation, wenn in einer Organisation keine Erfahrung mit agilen Rollen vorhanden ist und es keine internen Vorbilder gibt. Noch schwieriger wird es, wenn Mitarbeiterinnen und Mitarbeiter einfach in die neuen Rollen gedrängt, aber nicht adäquat begleitet werden. Diese Kolleginnen und Kollegen bringen in erster Linie ihr fachliches Wissen mit und wollen das auch in Zukunft bestmöglich für die Organisation einbringen, agile Rollen und Vorgehen sind dabei nur Randthemen. Abgesehen davon fällt es Menschen im Arbeitskontext schwer, zuzugeben, dass sie sich in manchen Bereichen (noch) nicht so gut auskennen.

In diesem Fall heißt die Devise: Die Sicherheit muss wiederhergestellt werden. Das bedeutet, in verschiedenen Formaten über die Verantwortungen in den neuen Rollen zu sprechen: In den einzelnen Scrum-Teams sollten Product Owner, Scrum Master und die Mitglieder des Entwicklungsteams darüber Klarheit schaffen, in Trainings und Communities sollten zum Beispiel Product Owner spezifisch über ihre Rolle mehr lernen. Es sollte aber nicht nur darum gehen, was in der Theorie von den einzelnen Rollen verlangt wird. Wichtig ist die Frage: „Wie wollen und können wir diese Rollen in unserem Unternehmen leben?"

Der zweite Effekt gemeinsamer, rollenspezifischer Trainings und Workshops für Scrum Master, Product Owner und Mitglieder der Entwicklungsteams ist, dass sich die Rollenträgerinnen und -träger als Team finden können. Wenn jahrzehntelang in klassischen Kommandostrukturen gearbeitet wurde, braucht es Zeit, bis Menschen verinnerlicht haben, dass Teamarbeit auch selbstorganisiert und selbstgesteuert funktionieren kann. Diskussionen sind also kein schlechtes Zeichen, sondern eine Chance für den Wandel. Die kritische Auseinandersetzung hilft, die neuen Rollen besser zu verstehen, mögliche zusätzliche Aufgaben der Rolle in der jeweiligen Organisation zu identifizieren und sie letzten Endes leben zu können.

Egal, für welche Formate Sie sich entscheiden: Laden Sie zu Workshops, Trainings und Austauschrunden immer Vertreterinnen und Vertreter des Managements ein, denn auch sie müssen ihre neue Rolle in der Organisation finden. Im folgenden Abschnitt finden Sie Anregungen für einen Workshop, bei dem Sie mit einem neuen oder bestehenden Team die Aufgaben und Verantwortungen von Rollen klären können.

Workshop: Klären der Rollen und Verantwortungen im Team und im Projekt

Gebraucht werden:
- Verschiedenfarbige Klebezettel
- Stifte
- Eine freie Wand oder ein großes Whiteboard

Vorbereitung und Einladung

Im ersten Schritt werden die Teilnehmerinnen und Teilnehmer für den Workshop identifiziert. Prinzipiell sollten alle Personen eingeladen werden, die innerhalb des betreffenden Teams oder Projekts direkt oder indirekt an der Produktentwicklung mitwirken. Bei kleineren Gruppen bis 15 Personen können alle Personen eingeladen werden. Bei größeren Gruppen empfiehlt es sich, mit Vertretern der einzelnen Gruppen zu arbeiten.

Wenn sich das Team zum ersten Mal in dieser Konstellation trifft, sollten mindestens eineinhalb bis zwei Stunden eingeplant werden.

Schritt 1: Analyse

Als Grundlage für die weitere Arbeit wird zunächst beleuchtet, welche Rollen es innerhalb des Teams und/oder des Projekts gibt, wer die wichtigsten Stakeholder sind und wie sie die Arbeit beeinflussen.

Am einfachsten funktioniert das auf einem großen Whiteboard. Eine Person schreibt die verschiedenen Rollen und Stakeholder klar und gut verteilt auf (Bild 2.7). Falls kein Whiteboard zur Verfügung steht, können natürlich auch Flipcharts und Haftnotizen verwendet werden.

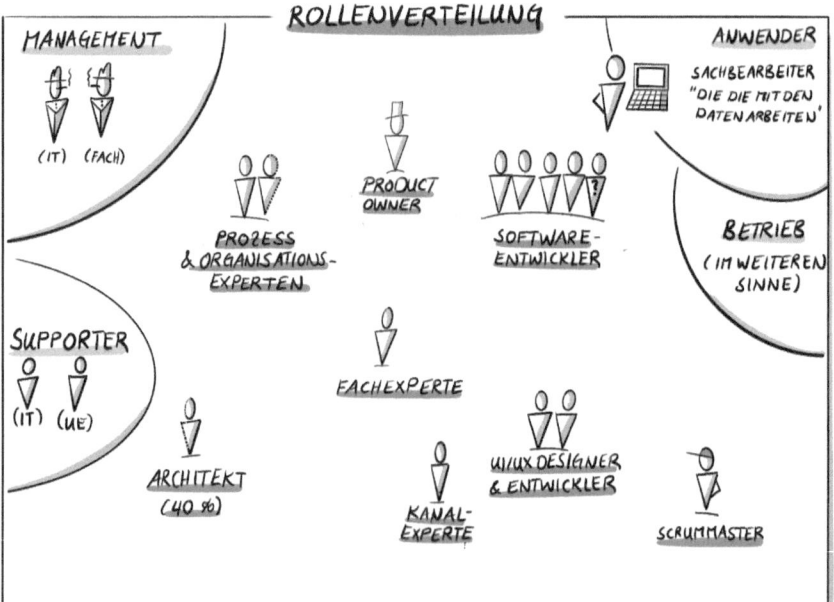

Bild 2.7 Abbildung der aktuellen Rollenverteilung

Schritt 2: Erwartungen

Jeder der Anwesenden bekommt nun Klebezettel in zwei verschiedenen Farben. Der Arbeitsauftrag lautet: „Schreibt auf die gelben Zettel die Erwartungen, die ihr an die anderen Rollen habt. Auf die blauen Zettel schreibt ihr die Erwartungen an eure eigene Rolle." Die Timebox, um sich darüber Gedanken zu machen, beträgt zehn Minuten. Bei größeren Gruppen können sich Personen mit den gleichen Rollen auch zusammenschließen und die Aufgabe gemeinsam bearbeiten.

Schritt 3: Rollenbilder aushandeln

Die verschiedenen Erwartungen werden nun Rolle für Rolle im Plenum geteilt und diskutiert. Zuerst stellen jene Personen ihre Erwartungen vor, die aktuell die diskutierte Rolle *nicht* innehaben. Nachdem alle diese Personen ihre Klebezettel an das Whiteboard gehängt haben, stellen die tatsächlichen Rollenträger ihre Erwartungen vor und gleichen sie mit jenen der anderen ab: Stimmen die Erwartungen überein oder gibt es wesentliche Auffassungsunterschiede?

Die Unterschiede und der daraus entstehende Aushandlungsprozess sind der Kern dieses Workshops: Die Teammitglieder müssen die Punkte finden, auf die sie sich verständigen können. Falls der Moderator oder die Moderatorin in diesem Prozess den Eindruck gewinnt, dass Punkte noch unklar sind oder bewusst nicht angesprochen werden, muss darauf aufmerksam gemacht werden. Die Ergebnisse werden dokumentiert, indem nichtzutreffende Punkte, die als Erwartungen genannt wurden, auf den Klebezetteln durchgestrichen oder neue Punkte, die während der Diskussion aufgekommen sind, notiert werden.

Wichtig ist in diesem Schritt das Zeitmanagement. Wenn viele Rollen besprochen werden sollen, muss es für jede Rolle einen klaren zeitlichen Rahmen geben – sonst ufern die Diskussionen aus.

Schritt 4: Dokumentation

Alle Ergebnisse des Workshops werden entweder durch Fotos und/oder schriftliche Zusammenfassungen dokumentiert (Bild 2.8). Möglicherweise wurden im Workshop Erwartungen an bestimmte Stakeholder geäußert, die aber nicht anwesend waren. Mit diesen Stakeholdern sollte der Product Owner nach dem Workshop Termine vereinbaren, um diese Punkte zu klären.

Bild 2.8 Dokumentation der Ergebnisse

2.2.2 Die Verantwortlichkeiten eines agilen Teams

Tatsächlich haben wir die Rollen bisher nicht deutlich geklärt. Bei neuen Teams bietet sich das natürlich für die Kickoff-Veranstaltungen an. Was sind die Aufgaben und Verantwortlichkeiten eines agilen Teams und wie sieht ein möglicher Entwicklungsfahrplan aus?

Ein agiles Team

- besteht aus allen Expertinnen und Experten, die für die Entwicklung eines Produkts oder einer Dienstleitung benötigt werden (es ist crossfunktional);
- liefert kontinuierlich fertige Produktinkremente;
- sorgt für eine hohe Qualität des Produkts;
- trifft eigenständig eine Einschätzung, wie viel es in einem Sprint liefert, und gibt dazu ein Commitment ab;
- arbeitet selbstorganisiert und so autonom wie möglich.

Die Teammitglieder tragen die volle fachliche Verantwortung für die Bearbeitung ihrer Aufgaben und sind für die Qualität des zu erstellenden Produkts zuständig.

Wie viel Unterstützung ein agiles Team braucht, hängt von den bisherigen Erfahrungen mit agilen Arbeitsweisen ab. Je nach Reifegrad bieten sich in den einzelnen Entwicklungsphasen des Teams spezifische Themen an, in denen die Teammitglieder vom Scrum Master oder Agile Coach unterstützt werden (siehe Tabelle 2.2).

Tabelle 2.2 Idealtypische Entwicklungsphasen von agilen Teams

Phase	Entwicklungsschritt

0–4 Monate	- Das Team arbeitet nach einer agilen Methode.
	- Das Team hat eine klare Mission, der die Teammitglieder folgen.
	- Die Zusammenarbeit im Team festigt sich:
	  - Aufgaben werden gemeinsam statt von Einzelpersonen bearbeitet.
	  - Das Team lernt aus den gemachten Erfahrungen im Sinne der kontinuierlichen Verbesserung.
	  - Die Teammitglieder tauschen Wissen aus und lernen voneinander.

5–12 Monate	- Die Vertreterinnen und Vertreter weiterer Disziplinen werden im Team aufgenommen, um größtmögliche Crossfunktionalität zu schaffen und autonom Produkte liefern zu können. - Methoden wie Pairing (zwei Personen arbeiten gemeinsam an einer Aufgabe) und Peer-Reviews sind Teil der täglichen Arbeitsweise. - Es gibt einen regelmäßigen Austausch mit den Kunden, Anwenderinnen und Anwendern.
Ab 12 Monate	- Zwischen dem Team und den Führungskräften findet eine intensive Auseinandersetzung darüber statt, wie Entscheidungen in Zukunft noch autonomer getroffen werden können. - Das Team hilft weniger erfahrenen Teams bei der Weiterentwicklung.

2.2.3 Integration von Expertinnen und Experten in agile Teams

Immer wieder brauchen die Entwicklungsteams die Unterstützung von Expertinnen und Experten – aber nicht ständig, sondern sporadisch. Das Problem dabei ist: Es gibt nicht genug davon für alle Teams. Wie können wir diese Kolleginnen und Kollegen dennoch gut in die Teams integrieren?

Eine oft genutzte Möglichkeit sind sogenannte Centers of Expertise (CoE). Diese dienen als Hafen für Expertinnen und Experten, die in der Produktentwicklung punktuell gebraucht werden. Ein CoE unterscheidet sich in seinen Aufgaben nicht so stark von Querschnittsabteilungen. Dennoch bedeutet das nicht, dass im Zuge einer Transformation bestehende Querschnittsfunktionen wie IT, Marketing oder Recht automatisch zu Centers of Expertise werden sollten. Denn wenn bei agilen Arbeitsweisen von crossfunktionalen Teams die Rede ist, ist damit primär gemeint, dass die Expertinnen und Experten Vollzeitmitglieder eines Teams sind, um fokussiert an der Produktentwicklung mitzuwirken. Das kann auf zwei Arten organisiert werden:

1. Die Expertinnen und Experten sind nicht mehr der Querschnittsabteilung oder dem Center of Expertise zugeordnet, sondern werden Teil des Bereichs, in dem ihre Expertise gebraucht wird. Dort sind sie zum Beispiel für juristische Fragen aller Teams in diesem Bereich zuständig. Die Expertinnen und Experten in den einzelnen Bereichen bleiben mit ihren „alten" Kolleginnen und Kollegen weiterhin über eine Gilde oder ein Chapter im Austausch (mehr dazu lesen Sie in Abschnitt 2.3.1).
2. Die Expertinnen und Experten werden von ihrer Abteilung oder einem Center of Expertise für eine bestimmte Zeit an ein Projekt „verliehen".

Centers of Expertise bieten sich aber auch an, wenn es zu wenige Expertinnen und Experten in der Organisation gibt, um sie auf alle Bereiche aufzuteilen oder wenn es auf einem bestimmten Gebiet in der gesamten Organisation eine klare Ausrichtung geben muss. Wenn wir die Banken-IT heranziehen, muss zum Beispiel sichergestellt sein, dass die Kernbankensysteme funktionieren. Ein anderes Beispiel ist das Brand Marketing, das nach außen einen konsistenten Markenauftritt gewährleisten muss. Wichtig ist, dass ein Center of Expertise einen Arbeitsmodus findet, mit dem es seine internen Kunden am besten bedienen kann: Das kann zum Beispiel Kanban für das Handling der Aufträge sein sowie Scrum und Design Thinking für die Entwicklung eigener Produkte und Services.

Anhand der drei folgenden Beispiele sehen Sie, wie die Arbeit eines Centers of Expertise in unterschiedlichen Situationen organisiert werden kann.

Praxisbeispiel 1: Center of Expertise für das Brand Marketing

Ein Kunde hatte uns damit beauftragt, gemeinsam mit dem Expert Lead für Brand Marketing ein neues Arbeitsmodell für dessen Center of Expertise zu erarbeiten. In seinem ursprünglichen Bereich, der umgestellt werden sollte, gab es rund 25 Mitarbeiterinnen und Mitarbeiter, verteilt auf die drei Teams Employer Branding, Research und Text.

Gemeinsam mit dem Expert Lead und einigen Teammitgliedern erarbeiteten wir folgendes Modell (Bild 2.9): Die drei Teams Employer Branding, Research und Text sollten bestehen bleiben und jeweils einen Product Owner bekommen. Diese Teams bearbeiteten in der Regel direkte Anfragen und Aufträge aus den jeweiligen Fachabteilungen und verwendeten Kanban für die Organisation ihrer Arbeit. Die Product Owner der drei Bereiche stimmten gemeinsam mit dem Expert Lead die Priorisierung ab.

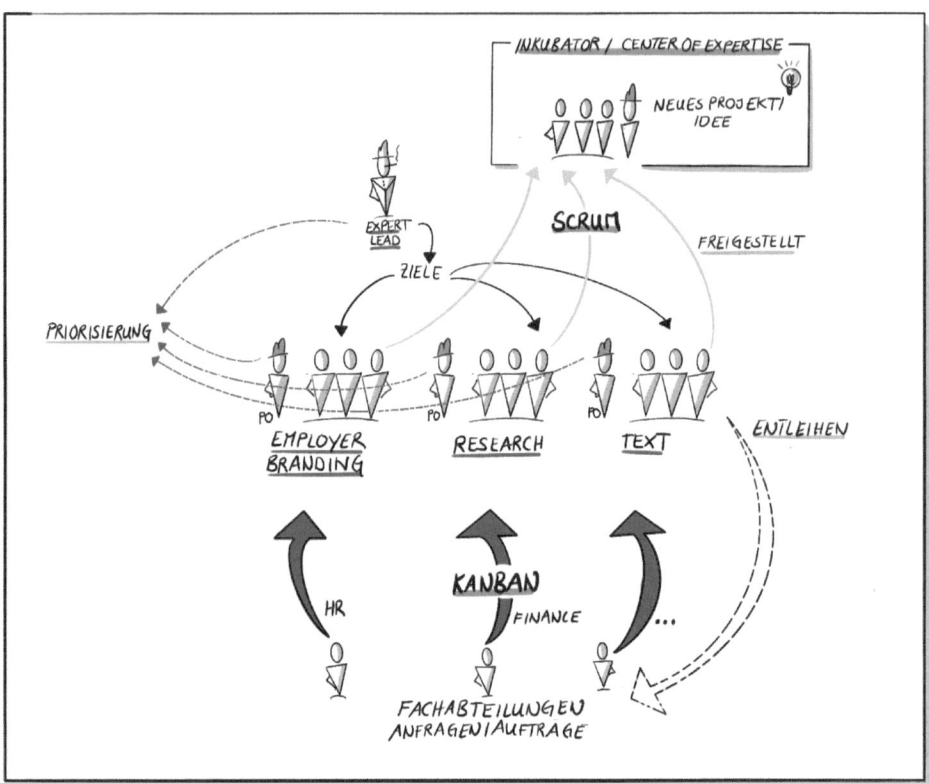

Bild 2.9 Aufstellung des Centers of Expertise Brand Marketing

Damit die Mitarbeiter möglichst nahe an ihren Kunden – den beauftragenden Fachabteilungen – sein konnten, regten wir an, einzelne Mitarbeiterinnen und Mitarbeiter regelmäßig für kleine Projekte an die Fachabteilungen zu verleihen. Zusätzlich sah das Arbeitsmodell einen Inkubator innerhalb des Centers of Expertise vor: Hier sollten Mitglieder aus allen drei Teams neue Projekte und Themen entwickeln. Für diese Zeit würden die Kolleginnen und Kollegen aus ihren Teams freigestellt, um sich mit voller Aufmerksamkeit dem Projekt widmen zu können.

Praxisbeispiel 2: Speed-Dating mit der Rechtsabteilung

Damit ein agiles Organisationsmodell funktionieren kann, müssen alle im Unternehmen die agilen Prozesse verstehen – auch wenn es sich dabei um Bereiche handelt, die selbst nicht mit agilen Methoden arbeiten. In einem Fall betreuten wir ein Entwicklungsteam, das für den Launch neuer Produkte die intensive Beratung durch die Rechtsabteilung benötigte. Die Abteilung konnte aber keinen Juristen als Vollzeitmitglied des Entwicklungsteams abstellen, stattdessen sollten zwei Mitarbeiter das Projekt betreuen. Doch die Zusammenarbeit lief holprig an. Aus den bisherigen Projekten waren die Juristinnen und Juristen gewohnt, fertige Konzepte zum Review zu bekommen, die sie kommentierten und ergänzten. Allmählich fühlten sie sich von den vielen Anfragen bombardiert und wussten gar nicht, in welcher Form sie am besten antworten sollten.

Um die Zusammenarbeit zu verbessern, vereinbarten wir einen Termin mit den Mitgliedern des Entwicklungsteams und der Rechtsabteilung. Zunächst erklärten wir den Juristen, dass die Entwicklungsteams nun mit Scrum und daher in Sprints arbeiteten, an deren Ende jeweils ein Stück des Produkts geliefert wurde. Jetzt verstanden die Juristen, weshalb sie plötzlich so viele kleine Anfragen bekommen hatten.

Auf dieser Grundlage konnten wir eine Lösung suchen. Im gemeinsamen Brainstorming gelangten wir zu folgendem Arbeitsmodus: Das Entwicklungsteam arbeitete mit einwöchigen Sprints und würde immer bis zum Dienstagabend alle rechtlichen Fragen für die jeweilige Woche in einer Liste notieren. Die Kolleginnen und Kollegen aus der Rechtsabteilung würden die Fragen an jedem Mittwoch durchgehen und die Antworten für einen gemeinsamen, maximal eineinhalb Stunden dauernden Termin an jedem Donnerstag vorbereiten. Natürlich würde der Termin entfallen, wenn es in einer Woche keine Fragen geben sollte.

Der neue Arbeitsmodus funktionierte auf Anhieb. Die Kolleginnen und Kollegen aus der Rechtsabteilung waren zufrieden damit, dass sie die Fragen nun gebündelt bekamen und fixe Zeiträume für das Team reservieren konnten. Auch vom Entwicklungsteam kam die Rückmeldung, dass es den Prozess sehr schätzte. Er brachte Ordnung in den Ablauf des Entwicklungsteams, denn jetzt wusste jeder genau, bis wann es eine Antwort geben würde.

Praxisbeispiel 3: Center of Expertise für IT-Architektur

Einer unserer Kunden hatte es sich zur Aufgabe gemacht, mit der Abteilung für IT-Architektur parallel zum Altsystem eine moderne, auf Microservices basierende Softwarearchitektur aufzubauen. Sehr schnell standen wir vor der Herausforderung, dass es schwierig war, sowohl die bisherigen Anforderungen als auch die neuen Architektur-Anforderungen und dann noch die Unterstützungsanfragen der Scrum-Teams abzuarbeiten. Innerhalb kürzester Zeit häuften sich die Überstunden der Softwarearchitekten und wir suchten nach Lösungen, um die Belastung zu reduzieren. Dabei entstand folgendes Modell:

Jedem neu startenden Scrum-Team wurde in den ersten sechs Wochen ein Softwarearchitekt als fixer Ansprechpartner zugeordnet. Dieser sollte das Team mit allem vertraut machen, was es wissen musste – unter anderem damit, wer im Architekturteam der richtige Ansprechpartner für welche Themen war. Während dieser sechs Wochen wurden die Entwickler der Scrum-Teams darauf vorbereitet, die Softwarearchitektur innerhalb der gesetzten Rahmenbedingungen selbstorganisiert weiterzuentwickeln.

Diese Lösung hatte den großen Vorteil, dass wir die Architekturabteilung um rund 50 Entwicklerinnen und Entwickler erweitern konnten, die in ihren Teams die Architektur vorantrieben. Um die Abstimmung mit der Architekturabteilung zu gewährleisten und zu vereinfachen, ergriffen wir folgende Maßnahmen:

- Es wurde ein Sharepoint eingerichtet, auf dem alle wichtigen Dokumente, Vereinbarungen etc. für Entwickler, Tester und DevOps abgelegt wurden.
- Einmal im Monat wurde ein Architekturtreffen einberufen. Die Mitglieder der Architekturabteilung luden dazu alle Entwickler ein und stellten die Neuerungen vor. Bis heute ist es das mit Abstand meistbesuchte Meeting.
- Zweimal pro Woche nahmen zwei Vertreter aus der Architekturabteilung am Scrum of Scrums (SoS) teil, um dringende Fragen der Entwickler entweder sofort oder im Anschluss mit dem richtigen Ansprechpartner klären zu können.

2.2.4 Das Führungsverständnis des Product Owners

Vor allem bei den frisch gebackenen Product Ownern beobachten wir, dass sie schwer in ihrer neuen Rolle ankommen. Auch wenn sie etwas eigenverantwortlicher agieren, verhalten sie sich teilweise noch wie klassische Führungskräfte.

Sehen wir uns zunächst an, welche Aufgaben ein Product Owner hat:

- Er ist dafür verantwortlich, die Produktvision zu kommunizieren und zu leben. Außerdem vertritt der Product Owner die Belange der Kunden und internen Stakeholder.
- Der Product Owner verantwortet das Product Backlog und entscheidet für die Organisation und den Kunden, wie die Einträge priorisiert werden.
- Im wirtschaftlichen Sinne maximiert der Product Owner den Business Value sowie den Return on Investment (ROI), den das Produkt der Organisation und dem Kunden liefert.
- Er arbeitet eng mit dem Entwicklungsteam, dem Scrum Master und den Agile Coaches zusammen und nimmt an den Scrum Meetings aktiv teil: vor allem am Backlog Refinement, an den Sprint Plannings und am Review.
- Er nimmt während eines Sprints fertige Produktinkremente ab.
- Der Product Owner ist kein User-Story-Autor oder Requirements Engineer. Er ist vielmehr das Bindeglied zwischen den Stakeholdern und dem Scrum-Team, das Bedürfnisse übersetzt.
- Ein guter Product Owner versteht den Markt für sein Produkt, das Produkt als solches und die Strategie der Organisation.
- Er treibt die Weiterentwicklung des Produkts kontinuierlich voran, indem er kontinuierlich Hypothesen aufstellt und sie validiert.
- Er stimmt sich regelmäßig mit den internen Stakeholdern ab und holt ihr Feedback ein. Der Product Owner hat aber auch das Mandat der Organisation, „Nein" zu Anforderungen zu sagen – unabhängig davon wie einflussreich der Stakeholder ist.

Das ist eine beeindruckende Liste und klingt nach einer großen Verantwortung. Welche Personen eignen sich überhaupt für die Rolle des Product Owners?

Für einen wirklich guten Product Owner gibt es nicht das eine richtige Kompetenzprofil. Wer die große Verantwortung für den Erfolg eines Produkts bzw. eines Projekts trägt, braucht aber zwei sehr wichtige Fähigkeiten:

- Er oder sie muss konsequent nein sagen können. Von außen werden ständig Anfragen, Bitten und Anforderungen von Stakeholdern und Kunden an den Product Owner herangetragen. Dieses Feature noch und jenes Detail bitteschön – nein!
- Die Aufgaben müssen vom Product Owner kontinuierlich priorisiert werden.

Aus unserer Erfahrung wissen wir: Nicht jeder fühlt sich in dieser fordernden Rolle wohl, und das ist in Ordnung. Es kann für neue Product Owner schwierig sein, mit so viel Autonomie und Entscheidungsfreiheit zurecht zu kommen. Alle neuen Product Owner sollten daher auf jeden Fall ein Training absolvieren, in dem sie sich mit ihren Aufgaben auseinandersetzen können. Selbstverständlich kann aber nicht erwartet werden, dass ein- bis zweitägige Trainings zu einer 180-Grad-Kehrtwende führen, wenn Menschen bisher einem anderen Schema gefolgt sind. Daher ist es nicht ungewöhnlich, dass Product Owner, die neu in ihrer Rolle sind, immer wieder die Rückversicherung des Managements einholen, wenn sie Entscheidungen treffen sollen. Manchmal delegieren sie die Entscheidungen überhaupt an das Management.

In beiden Fällen ist es sinnvoll, den Product Owner mit einem Coaching zu unterstützen, damit er oder sie besser in die Rolle hineinwachsen kann. Dieses Coaching übernimmt entweder der Scrum Master oder ein Agile Coach. Falls sich aber auf diesem Weg herausstellt, dass Aufgabenprofil und Person einfach nicht zusammenpassen, zögern Sie nicht zu lange damit, eine andere Besetzung zu finden.

Coaching-Themen für einen neuen Product Owner

- Verständnis für die eigene neue Rolle entwickeln
  - Den Ist-Stand erfassen und den Entwicklungsbedarf erheben
- Der Product Owner als Unternehmer
  - Unternehmerisches Denken und Handeln
  - Ausrichtung der Arbeit an den strategischen Zielen des Unternehmens
  - Intensive Auseinandersetzung mit dem Produkt
  - Aufbau eines priorisierten Product Backlogs anhand des Business Value
- Arbeit mit dem Product Backlog
  - Was ist das Minimum Viable Product, das auf dem Markt getestet werden kann?
  - Wie werden Backlog Items weiter aufgeteilt und User Storys formuliert?
  - Durchführung des Backlog Refinements
- Releaseplanung auf Team- und Organisationsebene
  - Entscheiden, was als Erstes geliefert wird
  - Einen Releaseplan und eine Product Roadmap erstellen
- Stakeholder-Management
  - Stakeholder identifizieren und Netzwerke aufbauen
  - Plattformen für den regelmäßigen Austausch ins Leben rufen
- Skalierung
  - Die Aufgaben des Product Owners im skalierten Umfeld und die Zusammenarbeit mit anderen Product Ownern
  - Eine Product Owner Community aufbauen
  - Ein Product Backlog auf Unternehmensebene aufbauen

Überforderung ist das eine Problem, das wir bei neuen Product Ownern oft beobachten. Das andere ist der Rückfall in das Verhalten eines klassischen Projekt- oder Abteilungsleiters. Die Product Owner planen im Detail, welche Aufgaben erledigt werden müssen, und verteilen sie an die Teammitglieder. In regelmäßigen Einzelmeetings lassen sie sich dann berichten, wie der aktuelle Stand der Dinge ist und das Team hat wenig bis gar keine Möglichkeit, selbstorganisiert Entscheidungen zu treffen.

Solchen Product Ownern fehlen häufig die Tools und das Wissen dazu, was Selbstorganisation überhaupt bedeutet und wie sie funktionieren kann. Das hat meistens eine der folgenden Ursachen:

- Der Product Owner hat davor noch nie ein Team geführt und will durch übertriebene Kontrolle sicherstellen, dass alles richtig gemacht wird.
- Der nunmehrige Product Owner hat auch in seiner ursprünglichen Funktion einige Teams auf diese Weise geführt. Alles, was sich geändert hat, ist der Jobtitel.

Beide Typen von Product Ownern sollten sich auf jeden Fall damit auseinandersetzen, welche Führungsprinzipien mit der Selbstorganisation von Teams zusammenpassen (vgl. Gloger, Rösner 2017). Falls Sie mehr darüber erfahren wollen, woher bestimmte Denk- und Verhaltensweisen von klassischen Führungskräften kommen, sollten Sie das nächste Fallbeispiel lesen.

Plötzlich Product Owner:
Führungskräfte mit dem inneren Team in ihre neue Rolle begleiten

Ein ehemaliger Abteilungsleiter hatte bisher 15 Mitarbeiter geführt, im neuen Organisationsmodell war seine Stelle aber nicht mehr vorgesehen. Doch er wollte weiterhin eine verantwortungsvolle Aufgabe in der Organisation haben und so entschied er sich dazu, Product Owner zu werden. Mit den Themen „Agilität" und „Selbstorganisation" hatte er sich bisher nicht auseinandergesetzt und persönlich hielt er davon auch nicht viel. So wie er Teams in der Vergangenheit geführt hatte, hatte es doch funktioniert, und so wollte er es auch in Zukunft machen. Seine Meinung war: „Agile ist ein Hype, der nach ein bis zwei Jahren wieder verschwindet."

Vielleicht ist es ein extremer Fall, aber diesem Typus von Product Owner begegnen wir in unterschiedlichen Facetten durchaus. Bevor Sie sich Gedanken darüber machen, wie Sie mit diesen Kolleginnen und Kollegen umgehen sollen, kann es helfen, das sogenannte „Innere Team" dieses Product Owners aufzuzeichnen. Diese Methode wurde vom Kommunikationspsychologen Friedemann Schulz von Thun entwickelt (vgl. Schulz von Thun 1998) und folgt der Annahme, dass die Persönlichkeit aufgrund der Lebenserfahrung eines Menschen immer mehrere Facetten hat. Es sind unterschiedliche Sichtweisen oder „Stimmen", die sich lauter oder leiser zu einem Thema zu Wort melden und manchmal widersprüchlich sind. Wenn man mit diesen Facetten arbeiten oder sie verändern will, müssen sie zuerst sichtbar gemacht werden.

Im Fall des beschriebenen Product Owners handelte es sich bei den inneren Stimmen um den klassischen Chef und den Statusbewussten, der ihn als Person ausgezeichnet und angetrieben hat. Wenn wir intensiver mit solchen Product Ownern arbeiten, stellen wir aber schnell fest, dass es neben der dominanten Stimme des Chefs ganz andere Stimmen im inneren Team gibt. Da ist zum Beispiel die interessierte Stimme, die dem agilen Arbeiten nicht abgeneigt, aber unsicher ist, wie es funktionieren kann. Der „Ahnungslose" weiß nicht so recht, was ein Product Owner eigentlich macht. Diese Stimmen kann der Product Owner wegen seines klassischen Rollenverständnisses als Chef, der immer alles weiß, nicht laut artikulieren. Er hat auch kaum Zeit, sich damit auseinanderzusetzen, weil er in seiner Arbeit so stark gefordert ist.

Falls Sie es mit einem solchen Product Owner zu tun haben, kann das Aufzeichnen eines inneren Teams dabei helfen, die Person und ihre Beweggründe besser zu verstehen. Wenn Sie eine tragfähige Beziehung zum betroffenen Product Owner aufgebaut haben, können Sie das innere Team gemeinsam erarbeiten (Bild 2.10). Achten Sie aber darauf, dem Product Owner nicht mehr innere Stimmen anzudichten als Sie tatsächlich beobachten können. Alleine die intensive Auseinandersetzung mit der neuen Rolle löst bei vielen Product Ownern etwas aus. Gemeinsam können Sie dann identifizieren, welche Stimmen eher leise sind und wie sie mehr Gehör bekommen könnten.

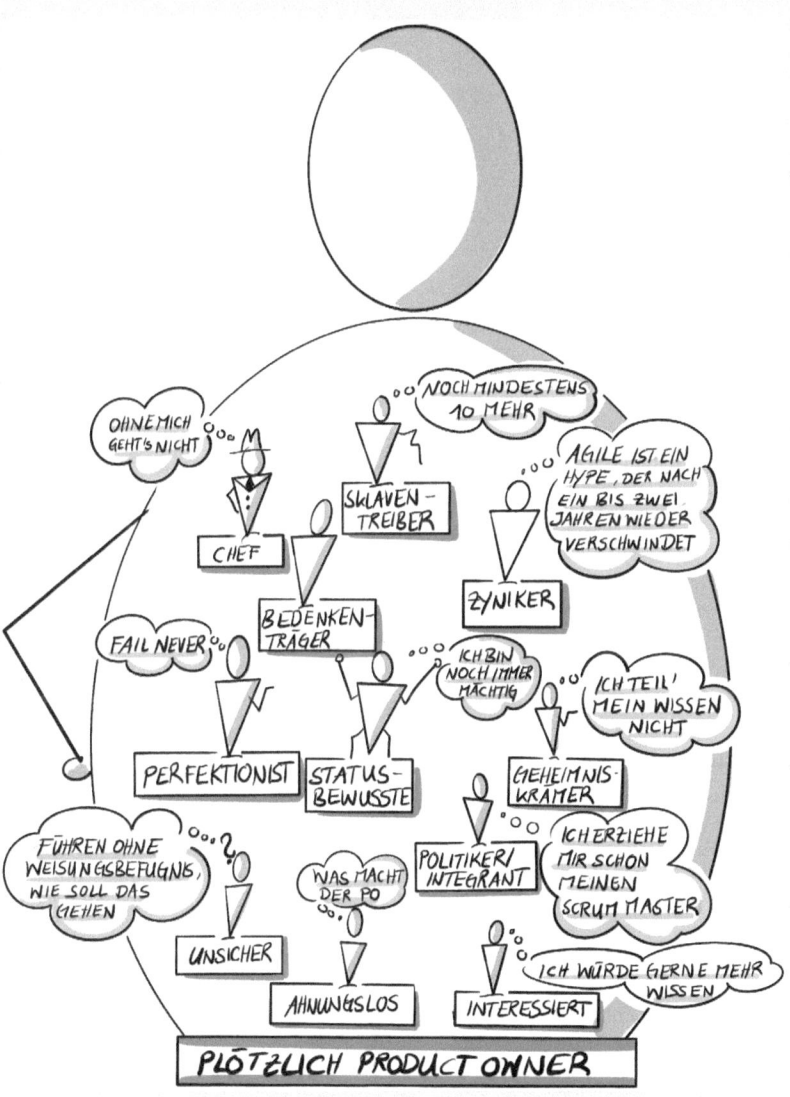

Bild 2.10 Das innere Team des Product Owners

2.2.5 Der Scrum Master und das Lösen von Impediments

Natürlich stoßen unsere Scrum-Teams auf Hindernisse, die von den Scrum Mastern gelöst werden sollten. Doch das geht nur mühsam voran. Impediments werden eher sporadisch beseitigt und es gibt kaum Zusammenarbeit zwischen den Teams, was dieses Thema betrifft. Manchmal entsteht der Eindruck, dass die Scrum Master nicht so recht wissen, wann sie aktiv werden sollten. Struktur und Fokus scheinen zu fehlen.

Eine der zentralen Aufgaben eines Scrum Masters ist es, alle Hindernisse aus dem Weg zu räumen, die sein Team (oder mehrere) daran hindern, Leistung zu erbringen. Das ist in sich selbst bereits eine Form des Change Managements, weil der Scrum Master dadurch das Organisationssystem weiterentwickelt. Darüber hinaus ist der Scrum Master für folgende Punkte verantwortlich:

- Er achtet auf den Scrum-Prozess und die agilen Werte.
- Er coacht Teammitglieder und das Management im agilen Arbeiten.
- Er ist Facilitator von Meetings.
- Er fördert die Selbstorganisation im Team und versucht sich dadurch überflüssig zu machen.

Scrum Master haben also vielfältige Aufgaben und so wie am Anfang des Kapitels aufgezeigt, gibt es solche, die gleichzeitig mit mehreren Teams arbeiten müssen. Der Arbeitstag ist dann schnell rum, denn Veränderungspotenzial gibt es in Organisationen meistens reichlich. Ein Scrum Master muss sich also jeden Tag aufs Neue die Frage stellen, auf welcher Veränderung sein Hauptaugenmerk liegt. Um dabei nicht den Überblick zu verlieren, hilft ihm ein Impediment Backlog.

In seinem sorgfältig geführten Impediment Backlog visualisiert der Scrum Master alle Hindernisse, die die Produktivität seines Teams hemmen. Es ist so etwas wie die persönliche „Kümmerliste" des Scrum Masters, die aber für das gesamte Team einsehbar ist. Entweder wird das Impediment Backlog in einem Tool wie JIRA® geführt oder auf einem physischen Board, wie in Bild 2.11 dargestellt.

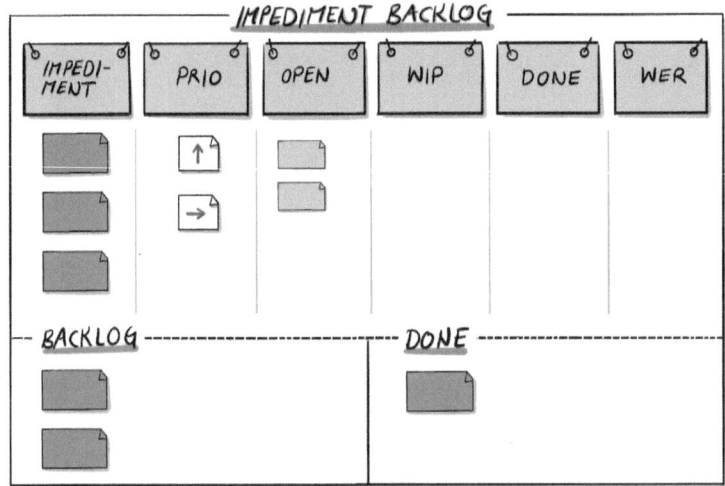

Bild 2.11 Prototypisches Impediment Backlog des Scrum Masters

Wie ist dieses Backlog aufgebaut?

- In der linken Spalte „Impediment" wird jedes Hindernis kurz beschrieben. Ganz wichtig sind – so wie bei jeder User Story – die Akzeptanzkriterien: Sie zeigen, welche Punkte erfüllt sein müssen, damit das Impediment als gelöst betrachtet werden kann.
- In der nächsten Spalte wird die Priorität des Impediments abgebildet: hoch, mittel oder gering.
- In der Spalte „Open" stehen alle bisher geplanten Maßnahmen, die dann weiter durch die Spalten „WIP" (Work in Progress – in Bearbeitung) und „Done" wandern.
- Für jedes Impediment wird in der letzten Spalte auch ein „Wer", also ein Verantwortlicher (oder mehrere), festgelegt.

Es ist sinnvoll, die Zahl der Impediments zu begrenzen, die aktuell bearbeitet werden. Wenn viel angefangen wird, wird meistens wenig fertig, und das Ziel ist ja, Hindernisse nachhaltig zu beseitigen. Bei einem einzelnen Scrum-Team sollten daher maximal fünf Impediments gleichzeitig bearbeitet werden. In einem Backlog können natürlich weitere ungelöste Impediments gesammelt werden. Im Bereich „Done" wird alles abgelegt, was erfolgreich erledigt wurde.

Was der Scrum Master bei der Arbeit mit dem Impediment Backlog beachten sollte

- Die Impediments sind klar formuliert und enthalten konkrete Maßnahmen, die zu einer kurzfristigen Veränderung des Problems beitragen.
- Es gibt Akzeptanzkriterien für die Lösung der einzelnen Impediments.
- Der Scrum Master ist nicht der einzige Verantwortliche für das Beseitigen von Hindernissen. Im Sinne der Selbstorganisation unterstützt er die Teammitglieder und Stakeholder dabei, Impediments selbstständig zu lösen.

Lösen von Impediments im skalierten Umfeld

Im skalierten Umfeld ist es wichtig, dass sich die Scrum Master der einzelnen Teams regelmäßig treffen, um sich über die aktuellen Impediments in und zwischen den jeweiligen Teams auszutauschen, gemeinsam Lösungsmöglichkeiten zu erarbeiten und Best Practices zu etablieren. Nur so kann die Veränderung nachhaltig die Organisation durchdringen. Deshalb sollten sich die Scrum Master einer Organisation als Team verstehen, dessen „Produkt" der Wandel ist.

Wie oft sich die Scrum Master treffen sollten, hängt vom Umfang der Transformation ab und vom Stadium, in dem sie sich befindet. Am Beginn sollte es mindestens einmal pro Woche ein Treffen geben, um genug Zeit für das Teambuilding zu haben. Im weiteren Verlauf können die Treffen dem Sprintzyklus angepasst werden. Bei großen Organisationen mit 50 oder mehr Scrum Mastern ist es sinnvoll, dass alle vier bis acht Wochen ein Treffen aller Scrum Master stattfindet. Dazwischen treffen sich kleinere Scrum-Master-Teams (zum Beispiel jene eines Bereichs), damit der Abstimmungsaufwand nicht zu komplex wird.

Immer wieder werden die Scrum Master auch das Management in das Lösen von Impediments einbeziehen. Eine enge Zusammenarbeit mit dem Transformation Team ist dabei ebenfalls von großem Vorteil (mehr dazu in Kapitel 3).

Coaching für einen neuen Scrum Master

So wie die Product Owner haben auch Scrum Master ihre Anfangsschwierigkeiten, wenn sie in dieser Rolle noch keine Erfahrung sammeln konnten. Daher bietet sich – neben einem Grundlagentraining – auch hier ein unterstützendes Coaching mit folgenden Themen an:

- Grundlagen von Scrum (Historie, Werte, Prinzipien, Stacey-Matrix)
- Die Rollen in Scrum (Aufgaben und Verantwortlichkeiten)
- Systemisches Denken (Reflexion, Transparenz, kontinuierliche Verbesserung)
- Grundlegende Visualisierungstechniken
- Begleitung und Coaching des Product Owners (User Storys, Personas, Product Backlog und Releaseplan, Schätzen, User Story Mapping)
- Scrum Meetings (Zweck, Teilnehmer, Timebox und Ablauf)
- Scrum Artefakte (Vision, Taskboard, Product und Sprint Backlog etc.)
- Skalierung („Scrum of Scrums", skalierte Meetings und skalierte Artefakte)
- Führungsverständnis des Scrum Masters

2.2.6 Die drei zentralen Facetten der Führung in agilen Organisationen

Die Führungskräfte kommen mit der neuen Struktur noch nicht so gut zurecht. Das betrifft vor allem die Abteilungsleiter, die beinahe alle zu Product Ownern geworden sind, und den Bereichsleiter. Ihnen ist unklar, wie ihre Rolle in der neuen Struktur aussieht und welche konkreten Anweisungen und Aufträge sie noch geben dürfen.

In einer klassischen Organisation umfassen die Aufgaben des Bereichsleiters neben der personellen auch die fachlich-organisatorische Führung. Ein Bereichsleiter steuert den Informationsfluss zwischen den verschiedenen Abteilungen und koordiniert die Arbeitspakete. Außerdem ist er die Schnittstelle zum direkten Vorgesetzten oder zur Geschäftsführung. Auch in einer agilen Organisationsstruktur müssen diese Aufgaben erledigt werden, allerdings verteilen sie sich auf unterschiedliche Rollen und werden anders gelebt (siehe Bild 2.12).

In einem agilen System umfassen die klassischen Führungsaufgaben im Wesentlichen drei Aspekte, wie sie Daniel Pink in seinem Buch „Drive" beschreibt (vgl. Pink 2011). Wenn alle drei Führungsbereiche sorgfältig bedient werden, finden sich Mitarbeiterinnen und Mitarbeiter in einer optimalen Arbeitsumgebung wieder.

Diese optimale Arbeitsumgebung vereint drei Eigenschaften:

- Einen gewissen Grad an Autonomie – die Möglichkeit, selbstständig und eigenverantwortlich Entscheidungen treffen zu können.
- Den persönlichen Sinn, der sich aus dem Wunsch ergibt, an etwas Wichtigem und Relevantem zu arbeiten.
- Die Möglichkeit, sein Können laufend zu erweitern und die geforderte Leistung erbringen zu können.

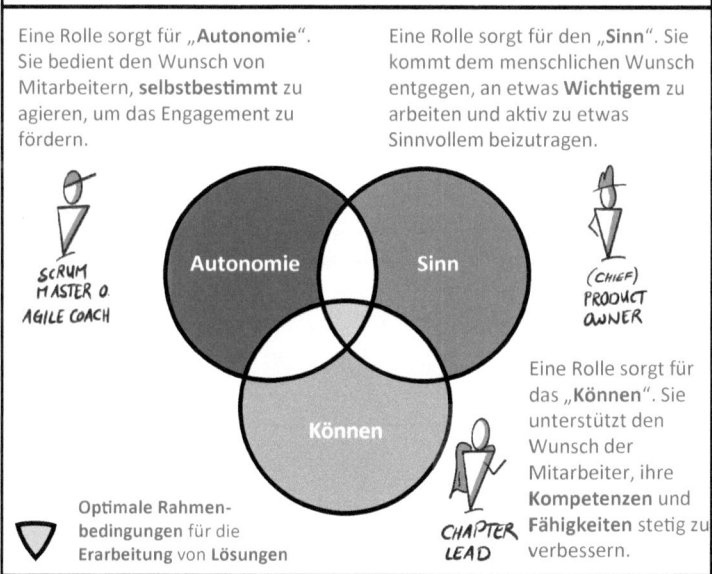

Bild 2.12 Klassisches vs. agiles Führungsverständnis

Während sich der Scrum Master oder Agile Coach um die Autonomie eines Teams kümmert, schafft der Product Owner den Sinn. Der Bereich des „Könnens" wird in agilen Rahmenwerken wie Scrum nicht einer dedizierten Rolle zugeordnet. Agile Frameworks setzen auf die Fähigkeit der Mitarbeiterinnen und Mitarbeiter, selbstständig neues Wissen aufzubauen. Der Scrum Master unterstützt sie dabei.

In vielen Unternehmen wird auf dem Weg zur agilen Organisation eine zusätzliche Rolle eingesetzt, um den Stellenwert des Könnens zu betonen: der Chapter Lead. Bei einem Chapter (siehe Abschnitt 2.3.1) handelt es sich um den Zusammenschluss von 5 bis 20 Expertinnen und Experten eines Bereichs (z. B. für die Customer Journey oder Datenbanken). Daraus ergibt sich eine Matrixstruktur aus Chapters und Scrum-Teams, die vor allem dann zu empfehlen ist, wenn das Können nicht nur weiterentwickelt, sondern bis zu einem gewissen Grad standardisiert und aufeinander abgestimmt werden muss. Das ist zum Beispiel der Fall, wenn für bestimmte Zwecke nur bestimmte Datenbanken genutzt werden sollten.

Idealerweise führen alle drei Rollen – Scrum Master, Product Owner und Chapter Lead – ihre jeweiligen Teammitglieder lateral. Um dieses hierarchiefreie Setup zum Leben zu erwecken, sind jedoch reife 360-Grad-Feedbackprozesse und kollektive Prozesse für die Bestimmung der Performance und der Gehälter nötig. Daher wird die disziplinarische Führungsverantwortung oft den Chapter Leads zugeordnet. Dahinter steckt die Annahme, dass die Chapter Leads die Performance ihrer Mitarbeiterinnen und Mitarbeiter am besten beurteilen können (nachdem sie auch Feedback der jeweiligen Scrum Master und Product Owner eingeholt haben). In der Praxis gestaltet sich das häufig schwierig, da viele Chapter Leads zu weit von ihren Chapter-Mitgliedern weg sind und sich der oder die Einzelne ungerecht beurteilt fühlt.

Im Übergang vom klassischen zum agilen Führungsmodell hat jede bisherige und zukünftige Führungskraft die Chance, für sich festzustellen, in welcher der drei Rollen sie sich am wohlsten fühlt und am besten zum Erfolg des Unternehmens beitragen kann. Falls es diese Befürchtung gibt: Auch in den neuen Rollen gibt es Karrieremöglichkeiten – wenn auch etwas anders interpretiert. Nachwuchsführungskräfte haben weiterhin die Chance, schrittweise mehr Verantwortung zu übernehmen. Die nächste Stufe der Weiterentwicklung im Bereich „Autonomie" könnte für einen Scrum Master zum Beispiel die Rolle des Chief Scrum Masters oder des Agile Coaches sein. Der Chief Scrum Master hat die Verantwortung für die laterale Führung aller Scrum Master und setzt sich mit der Befähigung ganzer Systeme – zum Beispiel von Abteilungen oder Bereichen – auseinander. Analog dazu kann im Bereich „Sinn" ein Product Owner zum Chief Product Owner werden und für ein Produkt oder eine Produkt-Suite verantwortlich sein, die von mehreren Teams entwickelt wird. Für den Chapter Lead bieten sich in puncto Fachlichkeit Rollen mit größerer Verantwortung an, zum Beispiel in der IT-Architektur.

Scrum Master oder Agile Coach – eine Abgrenzung

Anders als der Scrum Master, der sein Team zur Höchstleistung führen will, arbeitet der Agile Coach primär auf systemischer Ebene. Die Person in dieser Rolle hat das Ziel, die Menschen in einem Unternehmen auf dem Weg zu einer agileren Version ihrer selbst zu begleiten.

Der Fokus des Agile Coaches liegt daher stärker auf der Anleitung und Befähigung. So unterstützt der Agile Coach in der Regel mehrere Scrum Master dabei, ihre eigene Rolle optimal zu leben. Das Transformation Team (falls es eines gibt) und die Führungskräfte in der Organisation unterstützt er oder sie bei der Umgestaltung der Rahmenbedingungen und der Lösung von Hindernissen, damit die Agilität auf fruchtbaren Boden fallen kann. Ein Agile Coach braucht daher fundiertes fachliches und praktisches Wissen zu sämtlichen agilen Methoden und Frameworks, modernen Organisations- und Führungsmodellen und natürlich Coaching-Kompetenz – und das von der Team- bis zur Führungsebene. Die Erfahrung drückt sich meistens dadurch aus, dass der Agile Coach bereits mehrere Teams bei der Einführung agiler Methoden begleitet hat und auch Erfahrung mit der Ausweitung auf größere Ausschnitte einer Organisation mitbringt.

Wir werden oft gefragt, ob der Agile Coach eine Weiterentwicklung des Scrum Masters darstellt. Das beantworten wir mit einem vorsichtigen „Ja". Es wird immer Kolleginnen und Kollegen geben, die ihre Erfüllung darin finden, sich mit einem einzigen Team intensiv auseinanderzusetzen. Dann ist die Rolle des Scrum Masters ideal und hier sind natürlich verschiedene Erfahrungslevel möglich. Tatsächlich kann die Rolle des Agile Coaches aber eine gute Weiterentwicklungsmöglichkeit für erfahrene Scrum Master sein, weil sie für die systemische Arbeit die besten Voraussetzungen mitbringen.

■

■ 2.3 Die agile Transformation weiterführen

2.3.1 Chapter und Gilden

Gut, wir haben gesehen, dass wir sowohl an der Struktur als auch an der Führung und dem Rollenverständnis noch viel weiterentwickeln können. Der Plan ist allerdings, weitere Bereiche in die neue Organisationsstruktur aufzunehmen – da wird natürlich das „Alignment" wieder ein Thema. Könnten Chapter und Gilden dafür geeignet sein, und wenn ja, wer übernimmt in dieser Struktur die Personalführung?

Die Begriffe „Chapter" und „Guilds" stammen aus dem Whitepaper „Scaling Agile @Spotify" (Kniberg, Ivarsson 2012). Henrik Kniberg und Anders Ivarsson bezeichnen darin die Chapters und Guilds als „Klebstoff", der die möglichst autonom arbeitenden Teams über die Organisation hinweg zusammenhält (Bild 2.13). Während Chapters die fachliche und inhaltliche

Ausrichtung einer Profession innerhalb eines Bereichs (Tribe) sicherstellen, bezeichnen Guilds oder Gilden die fachlichen Zusammenschlüsse von Mitarbeiterinnen und Mitarbeitern über Bereichs- und Professionsgrenzen hinaus.

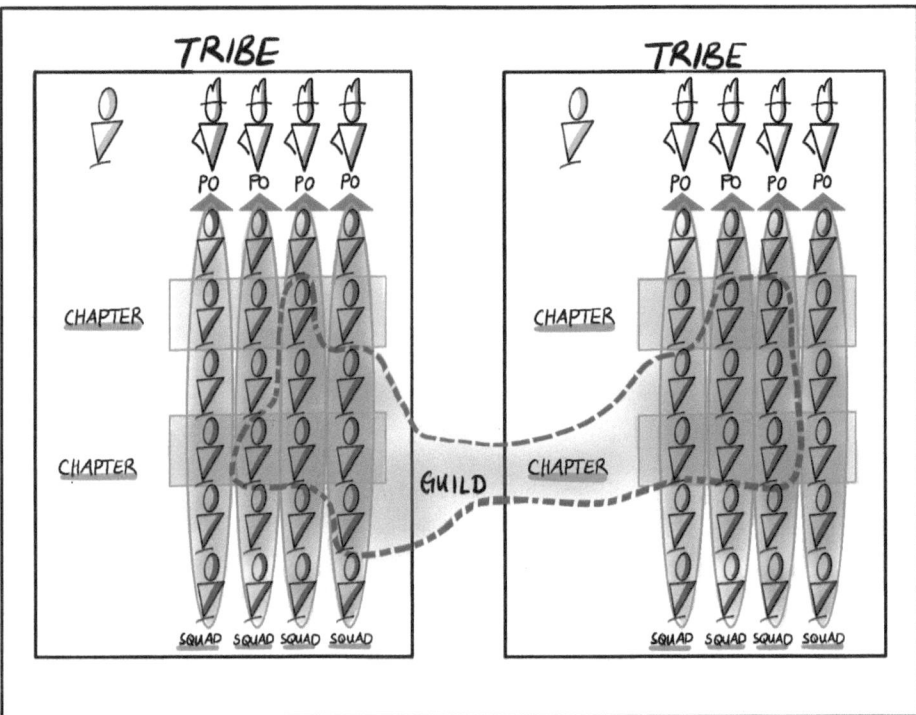

Bild 2.13 Chapters und Guilds im ursprünglichen Spotify-Modell

Chapter und die Rolle des Chapter Leads

Ein Chapter ist der Zusammenschluss von Personen mit dem gleichen Skillset und/oder den gleichen Arbeitsaufgaben in einem Bereich, zum Beispiel alle Tester, UX-Designer oder Frontend-Entwickler. Sie treffen sich regelmäßig, um die anstehenden Probleme gemeinsam zu lösen und voneinander zu lernen. Wie viele Chapter es gibt, muss nicht festgelegt werden – sie entwickeln sich mit fortschreitender Transformation. Es gibt in diesem Fall also kein Richtig oder Falsch.

Die Rolle des Chapter Leads ist keine generische Managementrolle. Der Chapter Lead ist ein Experte in seiner Domäne. Dieses Expertenwissen setzt er für zwei Dinge ein:

- Zum einen bringt er in seinem Bereich und darüber hinaus sein Wissen als Senior-Expert ein. Er hilft dabei, Probleme zu lösen und mit einzelnen Teams Entscheidungen zu treffen. In diesem Zusammenhang treibt er auch gemeinsame Standards voran.
- Auf der anderen Seite ist er – zumindest im Spotify-Modell – disziplinarische Führungskraft für die Mitarbeiterinnen und Mitarbeiter in seinem Bereich, die derselben Profession angehören. In dieser Funktion unterstützt der Chapter Lead die Mitglieder des Chapters bei der fachlichen und persönlichen Weiterentwicklung.

Der Chapter Lead sollte aber nicht zu einem ausschließlichen People Manager werden. Zumindest in der Theorie sollte er die Hälfte seiner Zeit damit verbringen, fachlich in einem Team mitzuarbeiten. Unsere praktische Erfahrung zeigt allerdings, dass diese Idealsituation nur selten so gelebt werden kann. Viele Chapter Leads haben die disziplinarische Führungsverantwortung für bis zu 20 Kolleginnen und Kollegen (das ist mehr, als zu empfehlen ist), dazu kommen weitere organisatorische Aufgaben – damit ist die Kapazität ausgereizt. Erschwerend kommt hinzu, dass die Mitglieder eines Chapters in verschiedenen Teams arbeiten und der Lead deshalb mit vielen Personen kommunizieren muss, um einen Eindruck von den Mitarbeiterinnen und Mitarbeitern zu bekommen.

Die Mitarbeit im Chapter hängt stark davon ab, wie intensiv sich der Chapter Lead dem Alignment, der Strategie und den Standards widmet. Sollte nur wenig Alignment nötig sein (weniger als 20 % der Regelarbeitszeit) und liegt der Hauptfokus auf der fachlichen Weiterentwicklung der Kollegen, dann ist es durchaus in Ordnung, dass der Chapter Lead weiterhin operativ in einem Team tätig ist. Es sollte aber nicht außer Acht gelassen werden, dass der Fokus einer Person in einer Doppelfunktion immer leiden kann. Das kann es schwierig machen, die passenden Prioritäten zu setzen.

Wenn nicht ausschließlich die Weiterentwicklung der Mitarbeiter im Mittelpunkt steht, sondern auch der Alignmentbedarf groß ist, sollte der Chapter Lead nicht mehr operativ tätig sein. Das betrifft sehr oft zum Beispiel ein UX-Design-Chapter, in dem der Lead nicht nur für die Weiterentwicklung der Chapter-Mitglieder, sondern auch für die Entwicklung eines Style Guides und des Markenauftritts zuständig ist.

Wichtig ist: Selbst wenn ein Chapter Lead nicht operativ tätig ist, sollte kein Elfenbeinturm-Management entstehen, sondern eines, das nahe an den echten Themen der Chapter-Mitglieder ist. Das Chapter bzw. der Chapter Lead sollten aber nie zu einem „Quality Gate" werden, das alle Lieferungen absegnet. Eine Vision für das jeweilige Thema sollte ausreichen, um die Chapter-Mitglieder zu autonomen Entscheidungen zu befähigen, damit das Chapter selbst nicht wieder zum Engpass wird.

Damit die Chapter Leads ihre Aufgabe erfüllen können, brauchen sie am Anfang erfahrungsgemäß etwas Anleitung in der Führung der Teams. Das ist wichtig, damit die Ausrichtung auf die Vision gelingt, hohe Qualitätsstandards gesetzt werden können und der Chapter Lead in der Rolle des „Servant Leaders" wahrgenommen werden.

Servant Leadership bedeutet unter anderem, dass der Chapter Lead den Mitarbeiterinnen und Mitarbeitern dabei hilft, sich persönlich und fachlich weiterzuentwickeln. Wir haben mehrfach festgestellt, dass Personen, die bereits in einer klassischen Führungsrolle fachliche und disziplinarische Verantwortung hatten, sich nicht so leicht in diese neue Rolle einfinden. Für jemanden, der formal an der Spitze gestanden ist, erfordert sie ein gutes Stück Zurückhaltung, denn die Aufgabe ist, die Mitglieder des Chapters „groß zu machen". Ein Chapter Lead, der in die Rolle gefunden hat, agiert eher im Hintergrund und kann damit leben, dass er seltener die direkte Anerkennung aus der Organisation bekommt. Das ist eine gravierende Veränderung, die begleitet werden sollte. Sollte sich ein Mitarbeiter oder eine Mitarbeiterin in dieser Rolle überhaupt nicht einfinden können, sollten Alternativen in der Organisation gefunden werden.

Die Aufteilung eines Bereichs in Chapter hat einen klaren Vorteil: Sie hilft, die interne Veränderungsgeschwindigkeit hoch zu halten. Innerhalb des Bereichs können schnell neue Teams für spezifische Aufgaben gegründet oder umorganisiert werden, ohne dass sich etwas am Reporting oder den Strukturen ändert. Der Chapter Lead hat dabei die Aufgabe, die Product Owner und Scrum Master bei der Auswahl der Teammitglieder zu beraten. Wenn die Mission und Aufgabe eines Teams erfüllt ist, kann das Team wieder aufgelöst werden, ohne dass ein Manager sein Gesicht verliert oder ihm etwas weggenommen wird. Das ist ein entscheidender Unterschied zu einer traditionellen Organisation, da politischen Spielchen in einer flexiblen Struktur der Nährboden entzogen wird. So können keine Königreiche rund um einzelne Managerinnen und Manager entstehen.

Gilden und Communities of Practice

Gilden oder Communities of Practice (die Bezeichnungen werden oft synonym verwendet) fördern den Austausch und die Abstimmung über die Bereichsgrenzen hinaus. Der Begriff „Gilde" leitet sich aus den Zusammenschlüssen der einzelnen Handwerke im Mittelalter ab. Diese Gilden hatten das Ziel, die Handwerkskunst weiterzuentwickeln und junge Kollegen zu fördern. Auch heute finden in den Gilden Mitarbeiterinnen und Mitarbeiter zusammen, die sich in ihrer Profession oder ihrem Arbeitsbereich gegenseitig unterstützen und sich weiterentwickeln wollen. In agilen Organisationen sind zum Beispiel Gilden für Web Development, Agile-Praktiken, Leadership oder Testautomatisierung zu finden.

Oberste Direktive von Gilden ist es, das vorhandene Wissen, Tools, Codes oder Vorgehensweisen über die Bereichsgrenzen hinaus miteinander zu teilen und dadurch das Lernen in der Organisation voranzutreiben. Im Gegensatz zu Chaptern sind Gilden und Communities of Practice wesentlich informeller organisiert und es darf sich jeder anschließen, der Interesse hat. Die Treffen der Gilden finden daher öffentlich statt. Idealerweise findet sich für jede Gilde zumindest ein Koordinator, der sich um die Organisation dieser Treffen kümmert. Es sollte auch immer daran gedacht werden, dass noch mehr Kanäle zur Verfügung stehen, um Wissen auszutauschen. Meistens entstehen zu den regelmäßigen Treffen zusätzlich Websites, Chats und Social-Media-Plattformen, um in Echtzeit einander bei einem aktuellen Problem helfen zu können.

 Tipps für den Aufbau von Gilden für Scrum Master und Agile Coaches

Möglicherweise gibt es in Ihrer Organisation bereits informelle Treffen zwischen Scrum Mastern oder Agile Coaches, die sich gegenseitig helfen. In diesem Fall bietet es sich natürlich an, die informellen Zusammenschlüsse zu einer Gilde weiterzuentwickeln. Eine ähnliche Situation haben wir bei einem unserer Kunden vorgefunden, wo es bereits zehn aktive Scrum Master gab.

Wir haben die Initiative für ein erstes Treffen übernommen und alle Personen, die aus unserer Sicht Interesse am Thema haben könnten, zu einem zweistündigen Termin eingeladen. In der ersten Stunde konnten die Teilnehmenden einander kennenlernen und besprechen, in welcher Regelmäßigkeit die Treffen der Gilde stattfinden könnten und welche Formate geeignet wären.

In der zweiten Stunde gaben wir eine kurze praktische Anregung zum Thema Visualisierung, die für Scrum Master und Coaches in der Moderation von Meetings relevant ist. So nahmen die Teilnehmenden schon aus dem ersten Treffen etwas mit, das sie sofort in der Praxis anwenden konnten. Außerdem sollte es die Mitglieder der Gilde ermutigen, in Zukunft ihr Wissen in kurzen Präsentationen oder Workshops zu teilen – am besten zu einem Thema, für das sie selbst Feuer und Flamme waren.

Regelmäßigkeit der Treffen

Wenn eine Gilde startet, bieten sich Treffen im Zwei- oder Vierwochenrhythmus an, um eine gewisse Kontinuität zu schaffen. Nach einigen Treffen entscheidet die Gilde selbst, welcher Rhythmus am besten passt.

Formate

Ideal sind offene Formate wie Open Space oder World Café. Die Themen und die Struktur werden bei diesen beiden Formaten am Beginn des Treffens gemeinsam festgelegt.

Wenn es ein Thema gibt, das spezielle Aufmerksamkeit braucht, ist es natürlich sinnvoll, im Vorfeld eine Agenda und die Inhalte zu planen. Sofern genügend Zeit zur Verfügung steht, können offene und strukturierte Formate natürlich auch gemischt werden.

Themen für die Treffen

- Lösung aktueller Probleme
- Standards für die Organisation
- Voneinander lernen

Organisation der Treffen

Wir haben gute Erfahrungen damit gemacht, die Moderation und Organisation der Treffen rotieren zu lassen. Am Ende eines Treffens werden zwei Personen ermittelt, die sich um das nächste Treffen kümmern.

Prinzip der Freiwilligkeit

Gilden leben von der Selbstorganisation. Das heißt, es müssen sich Personen finden, die freiwillig sowohl die Inhalte als auch die Organisation der Treffen vorantreiben. Falls das nicht möglich ist, weil die Mitglieder der Gilde momentan zu stark in das Tagesgeschäft eingebunden sind, dann ist das zu diesem Zeitpunkt nun mal so. Möglicherweise finden die Treffen einige Monate nicht statt oder nur mit wenigen Teilnehmerinnen und Teilnehmern. Lassen Sie sich davon nicht verunsichern. Oft sind mehrere Anläufe und ein gewisses Durchhaltevermögen nötig, bis sich Beständigkeit und Regelmäßigkeit einstellen.

2.3.2 Verantwortung auf mehrere Personen verteilen

Das sind wertvolle Hinweise, wie wir die Führung und den Austausch zwischen den Bereichen organisieren können. Bisher hatten die Bereiche in unserer Organisation genau immer eine Führungsperson: den Abteilungsleiter. Diese Leiterinnen und Leiter hatten einen fachlichen Hintergrund und haben alles entschieden, doch bei technischen Entscheidungen fehlte ihnen meistens die Kompetenz. Welche anderen Möglichkeiten gibt es, um die Spitze von Bereichen zu organisieren?

Auf diese Situation treffen wir ziemlich oft. Es wird versucht, die Führung eines Scrum-Teams sozusagen auf die nächsthöhere Ebene zu übertragen. In einem Scrum-Team entscheidet und priorisiert der Product Owner, was als Nächstes umgesetzt werden sollte – dieses Prinzip sollte dann doch auch für die Führung eines Bereichs funktionieren, oder?

Wir setzen bevorzugt auf das Prinzip des crossfunktionalen Führungsteams. Eine Studie unter mehr als 90 Teams hat gezeigt, dass crossfunktionale Teams am erfolgreichsten sind, wenn sie von einem Leadership-Team geführt werden, das ebenfalls crossfunktional zusammengesetzt ist (vgl. Tabrizi 2015). Das Vorbild in der Führung bricht nämlich das Silodenken auf, das durchaus weiter bestehen kann, wenn Expertinnen und Experten aus verschiedenen Disziplinen in einem Team zusammentreffen und miteinander arbeiten sollen.

 Leadership-Trio im Spotify-Modell

Das ursprüngliche Organisationsmodell von Spotify hat sich seit 2012 deutlich weiterentwickelt – gerade das macht ja die Stärke von Spotify aus (vgl. Schmiedinger 2019b). In einer neueren Variante wird ein crossfunktionales Team als Führung eines Tribes vorgeschlagen. Ein Tribe besteht aus mehreren Squads, die am gleichen Produkt oder der gleichen Dienstleistung arbeiten. Im ursprünglichen Modell hatte der Tribe Lead (vergleichbar mit einem Bereichsleiter) auf dem Papier zwar die gesamtheitliche Verwaltung über seinen Tribe, in der Praxis brachten die betreffenden Personen aufgrund ihrer Geschichte im Unternehmen aber einen sehr einseitigen Fokus mit: Entweder war er technologisch oder wirtschaftlich ausgerichtet.

Inzwischen wird vom Tribe-Leadership-Trio gesprochen, das drei Kompetenzbereiche vereint: Produkt/Business, Technologie und Design – geführt von einem Product Lead, Tech Lead und Design Lead. Die Personen in diesen drei Rollen führen auch die fachlich passenden Chapter.

Wir setzen bei agilen Transformationen fast immer auf ein Leadership-Trio bzw. -Duo, wenn Design nicht so einen hohen Stellenwert wie bei Spotify hat. Natürlich bietet es sich an, dass auch das Leadership-Team in Sprints arbeitet, regelmäßige Meetings hat und von einem Scrum Master – oder, falls vorhanden, von einem Chief Scrum Master – begleitet wird.

Wenn diese Konstellation gut funktioniert, können Sie sich in einem späteren Stadium der Transformation über einen weiteren Koordinationsmechanismus Gedanken machen. Bei den Diskussionen über das Spotify-Modell geht meist unter, dass für große Organisationen auch ein Vorschlag für die vertikale Kooperation gemacht wird. Durch das Wachstum von Spotify wurde der Bedarf nach Austausch zwischen einzelnen Tribes immer größer. Daher wurden mindestens zwei Tribes in eine nächstgrößere Einheit, eine „Alliance", zusammengefasst (siehe Bild 2.14). Zusätzlich wurden die Alliances und Tribes je nach Art ihrer Kunden in „Business Missions" (externe Kunden) und „Support Missions" (interne Kunden) eingeteilt. Die Business Missions sind üblicherweise nach Kundensegmenten (z. B. Musik-Abonnenten oder Musik-Labels) gegliedert, um diesen einen optimalen Service zu bieten. Auch auf der Alliance-Ebene gibt es drei Leads: Tech Head, Product Head und Design Head. Wie bereits erwähnt, sollten Sie sich zu Alliances aber erst Gedanken machen, wenn die Leadership-Duos oder -Trios etabliert sind und es die Größe der Organisation erfordert (in der Regel ab mehreren tausend Mitarbeitern).

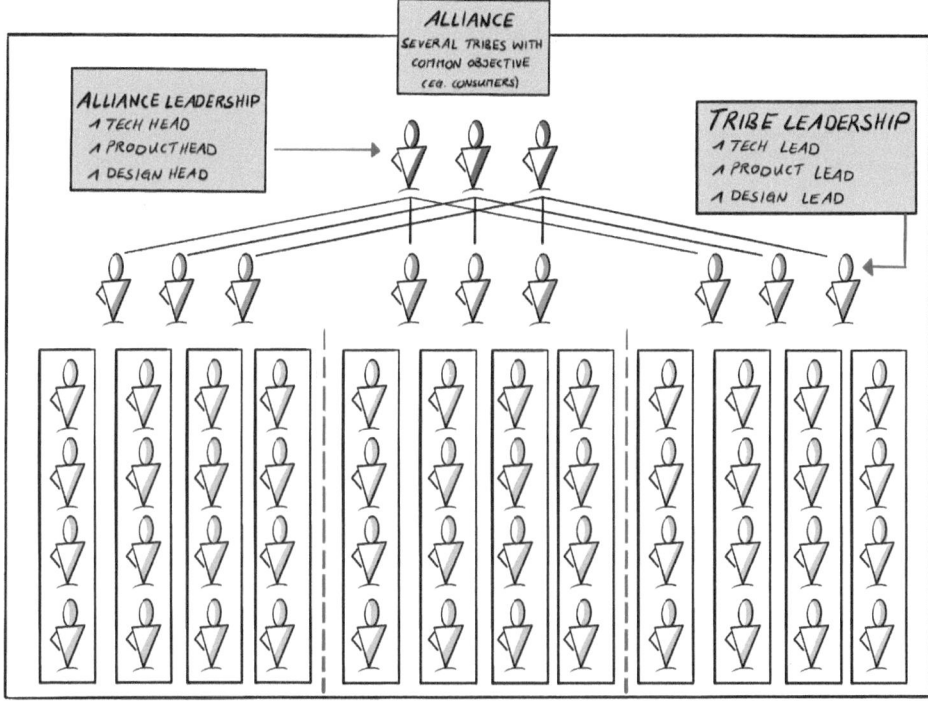

Bild 2.14 Leadership-Trios und Alliances

2.3.3 Organische agile Transformation mit Keimzellen

Gut, die Transformation haben wir ja schon mal begonnen, wenn auch noch nicht so erfolgreich. Jetzt aufzugeben und zu den alten Strukturen und Arbeitsweisen zurückzukehren, wäre vermutlich kein gutes Signal. Aber wie sollen wir vorgehen, wenn wir in naher Zukunft weitere Abteilungen umbauen wollen? Ist es sinnvoll, radikal einzugreifen, um die Veränderung zu beschleunigen?

„Richtige" Organisationsmodelle sind nicht das wesentliche Thema bei der Ausweitung des agilen Arbeitens auf mehrere Bereiche der Organisation. Es geht vielmehr um die Verankerung von Werten, um das Fördern eines neuen Denkens und von Verhaltensweisen. Dazu gehört, Verantwortung zu übernehmen und bereit zu sein, Entscheidungen selbstständig zu treffen. Die Transformation sollte zuallererst ein Kulturwandel auf allen Ebenen der Organisation sein. Auch agile „Urväter" wie Jeff Sutherland und Hirotaka Takeuchi empfehlen (Rigby et al. 2016): „Start small and let the word spread."

Diese tiefgreifende Veränderung gerade in einer verfahrenen Situation nach dem Gießkannenprinzip in der gesamten Organisation anzustoßen, wäre extrem risikoreich. Abgesehen davon ist das sehr aufwendig. Wir empfehlen daher *keine radikale Umstellung* großer Teile der Organisation, bevor nicht genügend Wissen über das agile Arbeiten vorhanden ist. Die Mitarbeiterinnen und Mitarbeiter werden damit noch mehr überfordert und die Veränderung endet bald wieder in Frustration, weil sich viele Teams gleichzeitig an den Rahmenbedingungen aufreiben. Unser typischer Ansatz ist, mit kleinen Keimzellen zu starten, die Erfahrungen sammeln und damit den Weg für den Rest der Organisation ebnen.

Konkret kann dieses organische Wachstum in einer Organisation wie in Bild 2.15 aussehen. In Schritt 1 werden Keimzellen ausgewählt. Sie lernen durch Training und Coaching, wie agiles Arbeiten funktioniert, sie probieren es aus und erleben dabei, was gut und was weniger gut funktioniert. Wenn wir uns an das Beispiel in der Einleitung von Kapitel 2 erinnern, war das dort nicht der Fall: Statt mit wenigen Teams zu starten, wurde gleich der gesamte Bereich umgebaut. Wahrscheinlich wäre es sinnvoller gewesen, die Ressourcen zu fokussieren.

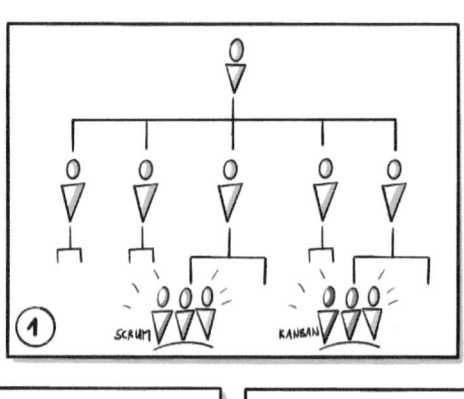

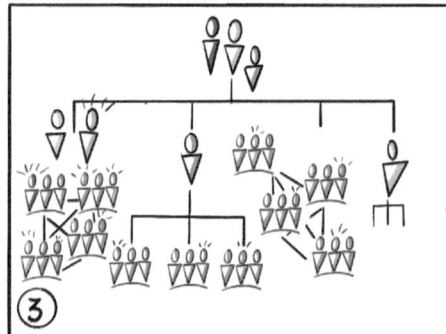
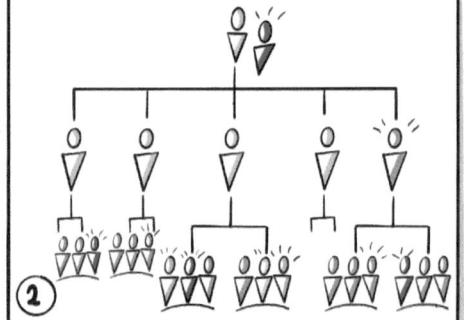

Bild 2.15 Agiles Know-how breitet sich über Keimzellen organisch in der Organisation aus

Nach einer ausreichenden Lernzeit (mindestens drei bis sechs Monate) beginnt die „Zellteilung": Die Mitglieder der Keimzelle tragen ihr gesammeltes agiles Wissen in weitere Teams und befähigen dort die Mitarbeiterinnen und Mitarbeiter, die noch keine Erfahrungen mit agilem Arbeiten gemacht haben.

Im dritten Schritt gibt es in einem Bereich oder in einer Organisationseinheit so viel Know-how, dass alle Teams und das Management der Einheit agil arbeiten können. Strukturell betrachtet gibt es keine Top-down-Hierarchie mehr. Stattdessen bildet sich eine netzwerkartige Struktur, in der dezentrale Entscheidungen getroffen werden. Dadurch entwickelt sich die Agilität in der Organisation immer weiter.

Auch bedingt durch die Entstehungsgeschichte agiler Arbeitsweisen sind in vielen Fällen die IT-Abteilungen der Ausgangspunkt für dieses positive Momentum. Sie zeigen vor, wie es funktionieren kann und regen damit die Kolleginnen und Kollegen in anderen Teams an, es auch zu probieren. Die Neugierde auf Methoden, mit denen die Performance des eigenen Teams oder der eigenen Abteilung verbessert werden kann, ist der beste Antrieb für die Transformation.

Auswahl der Keimzellen

Wenn Keimzellen an den Start gehen, sollten die Rahmenbedingung so gut sein, dass die Arbeit nicht unnötig erschwert wird. Was zu diesen Rahmenbedingungen gehört, sehen Sie in der Checkliste in Tabelle 2.3. Worauf sollten Sie bei der Auswahl der Teammitglieder achten? Am wichtigsten ist das Prinzip der Freiwilligkeit: Die Mitglieder werden nicht freundlich zur Mitarbeit gezwungen, sondern können sich tatsächlich freiwillig dafür melden. Freiwilligkeit geht mit einer hohen Motivation einher, die für das Ausprobieren von etwas Neuem unbedingt nötig ist. Die Kolleginnen und Kollegen müssen für die Bestandsdauer der Keimzelle von ihren sonstigen Aufgaben freigestellt werden, um sich vollständig auf das Experiment einlassen zu können.

Tabelle 2.3 Checkliste für die Bildung von Keimzellen

Rahmenbedingungen
▪ End-to-end-Verantwortung für das Produkt liegt im Team.
▪ Das Team hat eine Produktvision.
▪ Variabler Scope – Innovation ist möglich; es ist nicht im Detail festgelegt, was das Team liefern soll – vielmehr wird eine Vision verfolgt.
▪ Es kann ein Minimum Viable Product (MVP) definiert und innerhalb weniger Monate geliefert werden.
▪ Das Team kann in der bestehenden Systemlandschaft möglichst unabhängig liefern.
▪ Es ist geklärt, in welcher Art und Weise übergreifende Rollen und Plattformteams in die Arbeit eingebunden werden.
Team- und Projektgröße
▪ Die Teamgröße liegt bei sieben bis neun Teammitgliedern.
▪ Ab einer Projektgröße von mehr als drei Teams sollte es dedizierte Abstimmungen zwischen Scrum Mastern, Product Ownern und Teammitgliedern geben (z. B. Meeting-Formate aus dem Scrum-of-Scrums-Ansatz, siehe Abschnitt 2.1.1).
Lernen und weiterentwickeln
▪ Es gibt einen internen oder externen Experten wie einen Agile Coach, auf den das Team bei Bedarf zurückgreifen kann.
▪ Es gibt Ressourcen für Trainings zu agilen Methoden oder neuen Technologien (zum Beispiel Webinare).
▪ Das Management unterstützt die Keimzelle.
▪ Es gibt die explizite Erlaubnis, interne Vorschriften außer Kraft zu setzen, durch die sich die Entwicklung eines Produkts in die Länge zieht.

Es wird niemandem verborgen bleiben, dass hier etwas Neues passiert. Die Keimzelle wird Aufmerksamkeit erregen und das ist auch gewünscht, denn schließlich ist das Ziel, dass andere Personen in der Organisation von der Keimzelle lernen und profitieren. Deshalb sollten Sie dieses Team auf keinen Fall „wegschließen". Geben Sie dem Team ein bis zwei Monate, um sich zunächst selbst finden zu können. Danach können Sie zusätzlich zu öffentlichen Meetings wie dem Review weitere Formate einrichten, bei denen interessierte Personen hospitieren und etwas über die neue Arbeitsweise lernen können.

Für das organische Wachstum lohnt es sich daher, in das Teambuilding Zeit zu investieren. Die Mitglieder der Keimzelle setzen sich intensiv damit auseinander, was es bedeutet, in einem agilen Team zu arbeiten. Sie werden die Rollen schärfen und untereinander aushandeln, welche Verantwortlichkeiten das Team und welche der Product Owner hat. Das Team wird einen Weg finden, wie die Scrum Meetings zeitlich angesetzt werden sollten, damit jeder teilnehmen kann und eine ausreichende Synchronisierung stattfinden kann. Vor allem macht das Team die Erfahrung, wie die Organisation auf die neue Art des Arbeitens reagiert und auf die Tatsache, dass in regelmäßigen Abständen etwas geliefert wird.

Natürlich ist es sinnvoll, dass sich die Teammitglieder vorab in Trainings mit der Theorie des agilen Arbeitens auseinandersetzen, aber viel wertvoller ist die Erfahrung, dass es kein rezeptartiges Vorgehen gibt. Agil zu arbeiten bedeutet, Lösungen zu finden für die Probleme, die sich dem Team in der eigenen Runde, zwischen den Teams und in der Organisation begegnen. Das ist der beste Weg, um die Grundsätze einer agilen Kultur zu verinnerlichen. Was hier in einem Experiment geübt wird, ist die Bereitschaft, das Bestehende kontinuierlich zu verbessern, pragmatisch zu handeln und dazu bereit zu sein, auch einmal zu scheitern.

Organische Verbreitung von Agilität

Sobald die Keimzelle eine kontinuierliche Arbeitsgeschwindigkeit erreicht, erste Produkte geliefert hat und dabei das eine oder andere Problem für mehr Effektivität gelöst hat, ist der nächste Schritt, das Wissen in der Organisation zu verbreiten. Die Zelle kann sich jetzt teilen. Ein Teil verteilt sich in andere Teams, um dort das gewonnene Wissen weiterzugeben, der andere Teil bleibt in der ursprünglichen Keimzelle, die um neue Mitglieder ergänzt wird.

Wir empfehlen, die bestehenden Strukturen in den Abteilungen oder in der gesamten Organisation möglichst organisch weiterzuentwickeln. Das bedeutet, dass die bestehenden Strukturen schrittweise an den aktuellen Bedarf angepasst werden. Es wird nicht im Vorhinein ein neues Organigramm entworfen, vielmehr wird das aktuelle Design ständig überarbeitet. Das verlangt Offenheit, denn die Mitarbeiter müssen in diesem Prozess dazu bereit sein, dysfunktionale Strukturen zu sehen und zu verändern.

Diese Art des Vorgehens stellt sicher, dass die Strukturen auf längere Sicht wandelbar und veränderungsfähig – also agil – bleiben. Im Unterschied zum klassischen Vorgehen wird nicht in den Managementgremien entschieden, wie die zukünftige Struktur auszusehen hat. Diese Eingriffe sind sehr abrupt, verursachen Unsicherheit und lassen die Produktivität schlagartig absinken. In agilen Strukturen ist der Wandel ein Teil des Systems, und dieser Wandel wird von den Mitarbeitern selbst angestoßen.

Team-Assessment

Wie erkennen Sie, ob eine Keimzelle bereit für die Teilung ist? Reifegradmessungen sind eine Möglichkeit, um einen Überblick über die aktuelle Situation in agil arbeitenden Teams und deren Lieferfähigkeit zu erhalten. In der agilen Produktentwicklung ist die kontinuierliche Auslieferung von Produktinkrementen am Sprintende eines der wichtigsten Prinzipien, um direktes Nutzerfeedback zu erhalten. Diese Messungen werden durch die jeweiligen Scrum Master durchgeführt und dienen dazu, gemeinsam die nächsten Entwicklungsschritte festzulegen. Die Erhebungen sollten so übersichtlich wie möglich gehalten werden und nicht mit zu vielen Informationen überfrachtet werden.

Praxisbeispiel: Reifegradmessung für mehrere Scrum-Teams

Wenn wir selbst Reifegradmessungen durchführen, stellen wir immer zuerst den Kontext her: Wo befindet sich die Organisation gerade im Veränderungsprozess? Anhand der sechs Bausteine der agilen Organisation (siehe Kapitel 1) schaffen wir dazu einen kurzen Überblick. Neben der Beschreibung des Status quo dieser sechs Bausteine setzen wir zusätzlich eine Ampellogik ein (Bild 2.16). Grün signalisiert „vorhanden", Gelb steht für „teilweise vorhanden" und Rot für „nicht vorhanden".

Bild 2.16 Beispielhaftes Ergebnis einer Reifegradmessung

Danach geben wir eine Kurzübersicht über den Stand der einzelnen Teams anhand der vier Bereiche Lieferfähigkeit, Scrum Master, Product Owner und Entwicklungsteam. Auch diese Übersicht kann mit einem Ampelsystem leicht erfassbar gestaltet werden.

Hinter jedem Kriterium steht eine detaillierte Bewertungsmatrix, die wir an den Kontext des jeweiligen Kunden anpassen. In der Kategorie „Lieferung" können die Kriterien zum Beispiel so aussehen:

- Rot:
  - Sprintziele werden nicht erreicht.
  - Commitment wird nicht eingehalten.
  - Es wird nicht das Richtige entwickelt (keine Rücksprache mit Stakeholdern oder Usern beziehungsweise das Feedback ist kontinuierlich negativ).
- Gelb:
  - Sprintziele werden unregelmäßig erreicht.
  - Commitment wird weitgehend eingehalten.
  - Es wird das Richtige entwickelt (Abstimmung mit Stakeholdern erfolgt und die Rückmeldung ist positiv; User ist weiterhin nicht in den Prozess eingebunden).
- Grün:
  - Sprintziele werden erreicht.
  - Commitment wird eingehalten und sukzessive gesteigert.
  - Es wird das Richtige entwickelt (Abstimmung mit Stakeholdern und User-Feedback wird eingeholt – beides positiv).

Mit der Reifegradmessung verschafft sich der Scrum Master zunächst selbst einen Überblick über den Entwicklungsstand seines Teams. Es wird genauer betrachtet, wie die einzelnen Rollen gelebt werden und welchen Entwicklungsbedarf jedes Teammitglied hat. Zum anderen zeigt das Assessment, wie es um die Lieferfähigkeit des Teams bestellt ist. In einem Transformationsprojekt mit mehreren Scrum-Teams ist es die Aufgabe des Chief Scrum Masters, diese Transparenz in aggregierter Form über alle Teams hinweg zu schaffen und regelmäßig mit dem Transition Team zu besprechen. So können rechtzeitig Maßnahmen für die Weiterentwicklung ergriffen werden.

Auch wenn es inzwischen einige davon gibt: Verwenden Sie keine vorgefertigten Assessmentbögen, denn kein Organisationskontext ist mit einem anderen direkt vergleichbar. Ziel einer Reifegradmessung ist auch auf keinen Fall, absolute Zahlen oder einen bestimmten Wert zu erhalten. Das Ziel besteht darin, mit den Beteiligten anhand verschiedener Kriterien den Status quo zu erheben, die Ergebnisse zu diskutieren und daraus die nächsten Schritte für die Weiterentwicklung abzuleiten.

■ 2.4 Integration der Erkenntnisse in ein Organisationsmodell für den Start in anderen Bereichen

Das waren jetzt viele Vorschläge, was wir in Zukunft anders machen könnten, um die Transformation wieder in Gang zu bringen. Wenn wir das als Grundlage heranziehen: Wie sieht eine mögliche Strukturierung für den nächsten Bereich aus, der „agilisiert" werden soll?

Ein neues Modell sähe in seiner Struktur sehr ähnlich aus wie das Modell, das wir in der Einleitung dieses Kapitels gezeigt haben. Es hat allerdings einen tieferen Detailgrad und integriert weitere Rollen und Vorschläge (siehe Bild 2.17). Vor allem wird darin berücksichtigt, wie das Alignment innerhalb eines Bereichs und über den Bereich hinaus sichergestellt werden kann. Außerdem wird bei diesem Modell das Prinzip des organischen Wachstums verfolgt: Starten Sie mit den wichtigsten Elementen und implementieren Sie Schritt für Schritt weitere Elemente. Sehen wir uns an, welche Elemente wir verändern und in welcher Reihenfolge wir in einem neuen Bereich starten würden.

Teamschnitt und Teamgröße

Der erste Schritt ist die Identifikation der geeigneten Themen für erste Keimzellen, die Besetzung dieser Teams und deren Zusammenfassung in einem neuen Bereich. Im ursprünglichen Modell waren die Teams nach Produkten crossfunktional aufgestellt. Je nach Größe des Produkts hat die Teamgröße variiert, für manche Produkte gab es Teams mit bis zu 20 Mitgliedern. In solchen Fällen empfehlen wir, von Anfang an konsequent auf kleine, crossfunktionale Teams mit maximal sieben bis neun Mitgliedern zu setzen. Für den Fall, dass für die Entwicklung eines Produkts doch mehr Personen gebraucht werden, sollten möglichst unabhängig voneinander agierende Teams gebildet werden, die einzelne Features oder Teilprodukte entwickeln.

2.4 Integration der Erkenntnisse in ein Organisationsmodell für den Start in anderen Bereichen

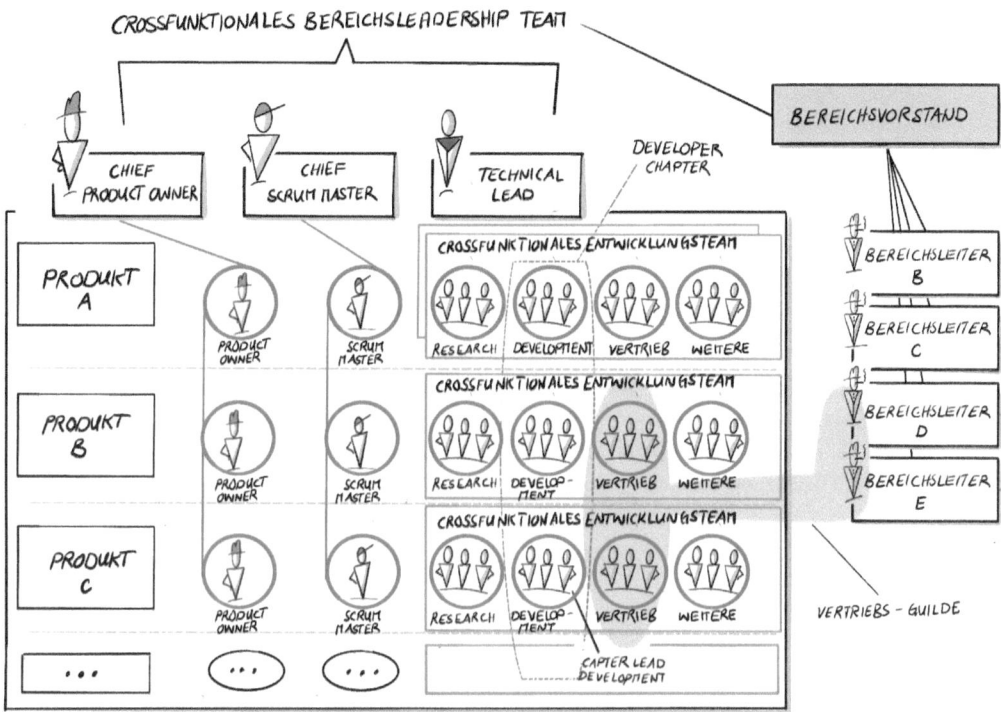

Bild 2.17 Vorschlag für eine adaptierte Organisationsstruktur

Notwendige Rollen

Jedes crossfunktionale Team sollte einen eigenen Scrum Master haben. Beide Rollen können auch für mehrere Teams zuständig sein, so wie es in Bild 2.17 für Produkt A skizziert ist: Es gibt nur einen Product Owner und einen Scrum Master für zwei Teams. Diese Aufstellung ist möglich – sie setzt aber voraus, dass in beiden Teams genügend technisches und wirtschaftliches Wissen vorhanden ist, damit Entscheidungen direkt von den Teams getroffen werden können. Der Product Owner sollte nicht bei jeder kleinen Entscheidung involviert werden müssen.

Sollte es tatsächlich nur einen Scrum Master für zwei Teams geben, ist unabdingbar, dass ein Großteil der Teammitglieder bereits agil gearbeitet hat. Außerdem sollten die Teams in diesem Fall bereits eine etablierte Meetingstruktur haben. Als Anhaltspunkt gilt die Antwort auf die Frage: Ist das Team in der Lage, ein normales Sprint Planning ohne den Scrum Master in der entsprechenden Timebox durchzuführen?

Um die direkte Führungsverantwortung und die fachliche Weiterentwicklung einer Profession sicherzustellen, empfehlen wir, einen Chapter Lead als disziplinarische Führungskraft zu etablieren. Ob diese benötigt wird, ist sicher eine Frage der Reife der Organisation. Je nachdem, wie viel Aufwand für das Setzen von Standards und für die Arbeit am Alignment nötig ist, sollte es möglich sein, dass der Chapter Lead bis zur Hälfte seiner Arbeitszeit in einem Team mitarbeitet.

Etablierung eines crossfunktionalen Leadership-Teams für den Bereich

In den seltensten Fällen kann eine einzige Person sämtliche wirtschaftlichen, fachlichen und technischen Kompetenzen in sich vereinen, um alle nötigen Entscheidungen für einen ganzen Bereich treffen zu können. Wir würden in den neuen Strukturen daher ein Leadership-Team für den Bereich etablieren, bestehend aus einem Chief Product Owner, einem Chief Scrum Master bzw. Agile Coach und einem Technical Lead. Diese Konstellation bietet sich vor allem in Bereichen oder bei Projektclustern an, die mehr als drei bis vier Teams umfassen. Die Mitglieder des Leadership-Teams kennen die Probleme und Herausforderungen in ihrem jeweiligen Fach und erarbeiten dafür gemeinsam Lösungen. Außerdem sind die Personen im Leadership-Team die Ansprechpartner für die Chapter Leads.

Für kleinere Bereiche mit weniger als drei Teams haben wir folgenden Tipp: Die bereits aktiven Product Owner, Scrum Master und Chapter Leads sollten sich regelmäßig treffen, am besten einmal pro Woche, um die gemeinsamen Themen voranzutreiben. Sollte der Bereich oder der Projektcluster wachsen, finden sich dann schnell Personen, die übergreifende Rollen übernehmen können.

Vertikales Alignment sicherstellen

In den vorhergehenden Abschnitten haben wir zwei mögliche Strukturen für das vertikale Alignment vorgestellt. Bild 2.17 zeigt zum einen eine Vertriebs-Gilde. Darin schließen sich Personen zusammen, die in den einzelnen Bereichen an Vertriebsthemen arbeiten, aber auch interessierte Mitarbeiterinnen und Mitarbeiter ohne direkten Bezug zum Vertrieb können teilnehmen. Bei den Treffen werden Good Practices geteilt, gemeinsame Standards erarbeitet und Probleme gelöst, die mehrere Bereiche betreffen. Solche Gilden können von jedem Mitarbeiter ins Leben gerufen werden, meistens sind auch Chapter Leads und Scrum Master in die Organisation eingebunden.

Die zweite Struktur, die vertikales Alignment schafft, sind Alliances – also das Zusammenfassen mehrerer fachlich angrenzender Bereiche. Wenn es nur wenige Bereiche gibt, die agil arbeiten, sind Alliances nicht notwendig. Erst bei der Transformation ganzer Organisationen bietet sich dieses Strukturierungselement an, zum Beispiel in Form von Produkt-, Support- oder Plattform-Alliances.

Auch wenn sich mit den Vorschlägen in diesem Kapitel einige der Knoten lösen lassen, die es in unkoordinierten Transformationen geben kann, werden immer wieder neue Herausforderungen auftauchen. Die wohl größte Herausforderung ist, tatsächlich einen organischen Wandel zuzulassen statt Deadlines für die Veränderung zu setzen. Halten Sie sich immer vor Augen, dass Sie es nicht mit einem mechanischen System zu tun haben, dass sich auf Knopfdruck neu arrangieren lässt.

Lassen Sie sich von neu auftretenden Herausforderungen aber nicht verunsichern. In dieser Phase der Transformation sind Widerstände und die Erkenntnis, dass Dinge nicht so funktionieren wie geplant, eine alltägliche Situation. Verbuchen Sie das als Erfolg. Die Menschen bringen sich ein und sehen, was nicht funktioniert. Auf dieser Grundlage kann etwas Besseres entstehen. Vergessen Sie nur nicht, in regelmäßigen Abständen zu würdigen, was alle gemeinsam bereits erreicht haben.

Die Gefahren

Das Management ist ungeduldig und baut enormen Druck auf Personen auf, die völlig neue Rollen übernommen haben.

Wenn neue Prozesse und Rollen eingeführt werden, bremst das ein System zunächst. Es braucht Zeit, bis sich die Personen in ihren Rollen zurechtfinden und ihre Aufgaben selbstbewusst erfüllen können. Unsere Praxis zeigt, dass mindestens drei Sprints mit gleichbleibender Besetzung und konstanten Strukturen notwendig sind, bis sich Teams an die neue Situation gewöhnen und kontinuierlich Ergebnisse liefern.

Es besteht die Annahme, dass anfänglich ausgearbeitete Modelle nicht verändert werden dürfen.

Viele Modelle sehen auf dem Papier echt gut aus, aber sie funktionieren in der Praxis nicht. Wenn das offensichtlich wird, dürfen Entscheidungen auch revidiert werden – das ist ja unter anderem ein Prinzip des agilen Arbeitens. Am besten ist es, wenn alle Beteiligten kontinuierlich Feedback über Schwachstellen im System geben können, um gemeinsam das System weiterzuentwickeln.

Es wird wenig in neues Wissen für die Mitarbeiterinnen und Mitarbeiter investiert.

Einfach nur neue Verhaltens- und Arbeitsweisen von den Menschen in einer Organisation zu verlangen, ist zu wenig. Sie brauchen Unterstützung, um das Neue in Ruhe kennenlernen und verstehen zu können. Sie müssen die Möglichkeit haben, es zu reflektieren, zum Beispiel durch Coaching oder innerhalb von Communities.

Der Fokus liegt auf der Veränderung von Prozessen und Strukturen.

Was von agilen Methoden natürlich am schnellsten im Gedächtnis hängen bleibt, sind Elemente wie das Arbeiten in Sprints oder das Planen in kurzen Zyklen. Ob ein Team und in weiterer Folge eine Organisation damit erfolgreich ist, hängt aber von den Menschen ab, die in diesen Strukturen arbeiten. Die Planung in kurzen Zyklen verlangt zum Beispiel, mit einem gewissen Grad an Unsicherheit leben zu können. Das Reagieren auf Veränderungen im Entwicklungsprozess verlangt die Bereitschaft, sich von Annahmen zu verabschieden und Neues in die Überlegungen zu integrieren. Agilität hat sehr viel mit der Veränderung des eigenen Verhaltens zu tun, und dazu muss man in der Lage sein, sich selbst unvoreingenommen zu beobachten. Das mündet schließlich in einen Kulturwandel, der durch regelmäßige Diskussion und Reflexion – zum Beispiel in Retrospektiven – gefördert werden kann.

Es wird unterschätzt, wie wichtig und zeitintensiv das Management von Abhängigkeiten ist.

Je größer die Organisation, desto unwahrscheinlicher ist es, dass Teams ihre Leistungen völlig unabhängig voneinander erbringen können. Was ein Unternehmen oft wirklich am Erfolg hindert, sind Hürden an den internen und externen Schnittstellen.

Agilität entsteht daher nicht durch das Optimieren einzelner Einheiten, sondern durch das Verbessern der Kommunikation zwischen voneinander abhängigen Einheiten. Das regelmäßige Besprechen von teameigenen und übergreifenden Abhängigkeiten von Anfang an ist absolut notwendig. Als Informationstool kann dabei eine Matrix helfen, die alle Abhängigkeiten zwischen den Teams abbildet. Diese Matrix hilft auch, gegenüber dem Management deutlich zu machen, wo Unterstützung gebraucht wird.

Literaturtipps

Gibbons, P.: The Science of Organizational Change: How Leaders Set Strategy, Change Behavior, and Create an Agile Culture. Phronesis Media 2019.

Gloger, B.: Scrum Think B!g. Scrum für wirklich große Projekte, viele Teams und viele Kulturen. Carl Hanser Verlag 2017.

Kim, G.: The Phoenix Project. A Novel about IT, DevOps, and Helping Your Business Win. IT Revolution Press 2018.

Larman, C.: Large-Scale Scrum: More with Less. Addison-Wesley Professional 2016.

Larman, C.; Vodde, B.: Large-Scale Scrum: Scrum erfolgreich skalieren mit LeSS. dpunkt.verlag 2017.

Mathis, C.; Leffingwell, D.: SAFe – Das Scaled Agile Framework: Lean und Agile in großen Unternehmen skalieren. dpunkt.verlag 2017.

Newman, S.: Building Microservices. O'Reilly 2015.

Pink, D.: Drive. The Surprising Truth About What Motivates Us. Riverhead Books 2011.

Schmiedinger, C.: Vorbild Spotify? Was sie beachten sollten, bevor sie das Organisationsmodell kopieren. Whitepaper, borisgloger consulting 2019.

Schulz von Thun, F.: Miteinander reden: 3. Das „Innere Team" und situationsgerechte Kommunikation. Ro ro ro 1998.

3 Abzweigung 2: Das Transformation Team als Guide durch die Veränderung

Wir danken Sabina Lammert für ihren Beitrag zu diesem Kapitel.

Im agilen Transformationseifer können Verirrungen schon mal passieren. Allzu große Umwege und Schwierigkeiten lassen sich aber vermeiden, wenn sich bereits sehr früh ein Team formiert, das sich die passenden Veränderungsmaßnahmen überlegt, sie umsetzt und die Menschen in der Organisation durch den Wandel begleitet. Dieses „Transformation Team" können Sie natürlich noch ins Leben rufen, wenn Sie zuerst Abzweigung 1 genommen haben und die Transformation die Orientierung verloren hat.

Die Ausgangssituation ist auch bei einer geordneten Herangehensweise mit einem Transformation Team meistens die gleiche: Im Unternehmen gibt es bereits erste Versuche mit dem agilen Arbeiten, mitunter wurde es schon auf mehrere Teams ausgeweitet (skaliert), die gemeinsam an einem Produkt oder Projekt beteiligt sind. Die Abstimmung zwischen den Teams und das Management der Abhängigkeiten funktioniert ganz gut, doch an die Grenzen stößt der organische Ansatz immer dann, wenn grundlegende Hindernisse im System der Organisation freigelegt werden. Es fehlen dann plötzlich das Budget und die Zeit, manchmal auch der Wille und die Einsicht auf den höheren Managementebenen. An diesem Punkt wird klar: Es ist mehr Nachdruck nötig, um einen tatsächlichen Wandel einzuläuten.

Gleichzeitig reift eine weitere Erkenntnis: Es ist toll, wenn einige Teams agil (zusammen-)arbeiten, doch die Vorteile reichen nur bis an die Grenzen der Teams. Dort kommt es zu Reibungen mit Abteilungen, die selbst noch im klassischen Paradigma verhaftet sind und nicht verstehen, warum von ihnen plötzlich ein anderes Verhalten verlangt wird. Natürlich kann so keine durchgängige Business-Agilität entstehen. Es ist also eine umfassendere, systematische Vorgehensweise gefragt, die von der lokalen agilen Optimierung in einigen wichtigen Projekten wegführt und auch Einheiten abseits der Produktentwicklung einbezieht.

Das Transformation Team weitet den Radius der Agilität im Unternehmen mit dem entsprechenden Fingerspitzengefühl aus, denn es gibt unterschiedliche Bedürfnisse in den einzelnen Bereichen einer Organisation.

 In diesem Kapitel erfahren Sie,
- warum die agile Transformation ein Team braucht, das die Veränderung leidenschaftlich vorantreibt,
- was ein Transformation Team ist und
- wie das Transformation Team selbst agil arbeitet.

3.1 Der Transformation-Team-Ansatz

Was ist ein Transformation Team und wodurch unterscheidet sich dieser Ansatz von klassischen Change-Projekten?

Ein Transformation Team koordiniert alle Maßnahmen, die den Wandel vom klassisch-hierarchischen Unternehmen hin zu einer kundenorientierten, agilen Netzwerkorganisation möglich machen. Es ist das Bindeglied zwischen Topmanagement und Mitarbeitern, zwischen der alten und der neuen Welt. Dieses Team arbeitet selbst mit agilen Werten, Prinzipien und Methoden und hat damit eine Vorbildfunktion im Unternehmen, die sich auf den kulturellen Wandel auswirkt.

Dieser Ansatz hat drei Komponenten (siehe Bild 3.1):

1. Im Zentrum steht ein crossfunktionales und für das zu verändernde System repräsentatives Team, das den agilen Wandel vorantreibt – das **Transformation Team**.
2. Zusätzlich zum Transformation Team werden „**agile Pilotteams**" gebildet: Das sind jene Teams, die als Pioniere agile Methoden für die Organisation ausprobieren. Dabei entdecken sie die Möglichkeiten und Vorteile, aber auch die Probleme und Hindernisse im Unternehmen. Der enge Austausch zwischen den agilen Pilotteams und dem Transformation Team ist daher besonders wichtig, damit die Erkenntnisse in die weitere Transformation einfließen können und Hindernisse schnell beseitigt werden.

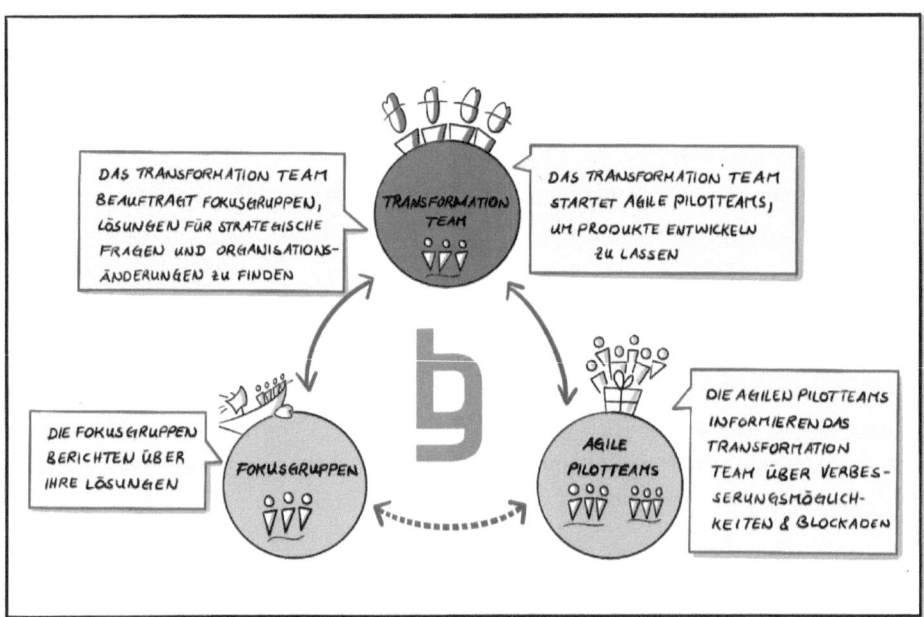

Bild 3.1 Die drei Komponenten des Transformation-Team-Ansatzes

3. Das dritte Element sind sogenannte **Fokusgruppen**. Diese kümmern sich um Themen, die aufgrund ihrer Größe, ihrer spezifischen Voraussetzungen in puncto Know-how oder ihrer Komplexität nicht vom Transformation Team selbst behandelt werden können. Das heißt, es wird ein weiteres crossfunktionales Team gegründet, dessen Mitglieder die passenden Kompetenzen für diese Aufgabe haben. Ein Beispiel wäre die Gestaltung von Karrierepfaden für neue agile Rollen wie Scrum Master und Product Owner.

Der große Unterschied zu klassischen Change-Initiativen ist der Arbeitsmodus des Transformation Teams: Es ist selbst ein agil arbeitendes Team, bricht seine Vision dementsprechend in kleinere Pakete auf und liefert diese in zwei- bis dreiwöchigen Iterationen.

Organisationen sparen einiges an Koordinationsarbeit ein, wenn ein Transformation Team bereits in einer frühen Phase der Transformation gegründet wird. Hauptaufgabe des Teams ist es, einen Fahrplan für die Transformation auszuarbeiten, den Fortschritt im Auge zu behalten und Maßnahmen zu koordinieren. Einige Unternehmen sehen den Bedarf für eine zentrale Koordinationsstelle erst, nachdem das Vorgehen auf dem Weg eines klassischen, planorientierten Change-Managements an seine Grenzen gestoßen ist.

Prinzipiell kann ein Transformation Team aber zu jedem Zeitpunkt gegründet werden – je nachdem, wann der Bedarf für eine Veränderung der Organisation entsteht. Viel wichtiger ist, dass es in der Organisation genügend Energie gibt, die den gewünschten Wandel vorantreibt. Dazu gehört neben dem Mandat der Geschäftsführung auch der Wille der Top-Führungskräfte, diesen Weg gemeinsam zu bestreiten. Die größte Hürde für ein Transformation Team ist es, wenn es seine Arbeit in einem Unternehmen leisten soll, in dem kein Wille zur Veränderung besteht.

Das Transformation Team positionieren

Im Rahmen einer Transformation, die wir begleiten durften, wurde das Transformation Team gleich zu Beginn vom Vorstand zusammengestellt und mit der Aufgabe betraut, den Wandel zu initiieren und voranzutreiben. Zunächst wurde ein Product Owner ausgewählt, der für das Thema brannte. Er suchte die Mitglieder für das Transformation Team und achtete dabei auf einen guten Mix an Kolleginnen und Kollegen aus den verschiedensten Bereichen, die auch die notwendige Zeit aufbringen konnten.

Im nächsten Schritt wurden die Führungskräfte an Bord geholt. Der Vorstand lud im Rahmen eines Workshops mehr als 100 Abteilungs- und Bereichsleiter dazu ein, gemeinsam den Weg in die Agilität zu gehen. Die Mitglieder des Transformation Teams wurden auf die Bühne gebeten und allen Anwesenden als Ansprechpartner für Fragen und Anregungen vorgestellt. Gleich zu Beginn wurde also das Transformation Team als zentraler Bestandteil des Change-Vorhabens positioniert.

Das Transformation Team koordinierte Schulungsmaßnahmen, unterstützte die Pilotprojekte und stimmte alle Aktivitäten auf die Unternehmensstrategie ab. Darüber hinaus veranstaltete das Transformation Team regelmäßig Events wie Podiumsdiskussionen, Workshops und Hausmessen, um die Vorstände und Mitarbeiter in einen direkten, persönlichen Austausch über die Transformation zu bringen. ∎

Wirkungsebenen des Transformation Teams

Auf welcher Ebene ein Transformation Team seine Aufgaben erfüllt, hängt vom Kontext des jeweiligen Unternehmens ab. Vielleicht sollen zuerst nur wenige Experimente mit wenigen Teams gewagt werden – dann wird das Transformation Team auf der Bereichs- oder Abteilungsebene aktiv sein. Das kann durchaus ein Weg sein, um erste Erfolge zu erzielen, mit denen sich die Unterstützung des Topmanagements gewinnen lässt. In anderen Kontexten soll hingegen ein signifikanter Teil der gesamten Organisation durch die Veränderung begleitet werden – dann wird das Transformation Team sehr nahe beim Topmanagement angesiedelt sein.

Ein Transformation Team gründen kann jeder im Unternehmen. Wie bei einer Produktidee ist es wichtig, dass sich ein Product Owner findet, der aus dieser Idee eine Vision formuliert und begeisterte Anhängerinnen und Anhänger mobilisieren kann. Es lässt sich aber nicht abstreiten, dass der Erfolg eines Transformation Teams entscheidend davon abhängt, wie sehr sich das Topmanagement einbringt. Daher sollten sich die Initiatorinnen und Initiatoren dort früh die Unterstützung sichern.

Tabelle 3.1 Chancen und Herausforderungen unterschiedlicher Handlungsebenen

	Chancen	Herausforderung	Tipps
Initiierung auf Organisationsebene (Topmanagement)	Die Unterstützung der Geschäftsleitung ist sehr wahrscheinlich.	Das Transformation Team sollte nicht als verlängerter Arm der Geschäftsleitung gesehen werden. Die Transformation könnte sonst als weiteres von oben verordnetes Change-Vorhaben interpretiert werden.	Eine Einladung aussprechen und bewusst darauf achten, dass Mitarbeiterinnen und Mitarbeiter aus der operativen Ebene eine tragende Rolle im Transformation Team haben.
Initiierung auf Bereichsebene (Senior Management)	Durch den direkten Kontakt, sowohl nach oben als auch nach unten, verstehen die Mitglieder des Transformation Teams die Herausforderungen auf allen drei Ebenen.	Operative und strategische Ebene müssen gleichermaßen involviert werden, es darf keine Verzerrung zugunsten der einen oder anderen Ebene entstehen.	Agile Praktiken sollten bereits vor der offiziellen Ankündigung der Transformation im Arbeitsalltag integriert werden.
Initiierung auf Abteilungsebene (mittleres Management)	Das Change-Vorhaben könnte mehr Zuspruch unter den Mitarbeitern finden, da es bottom-up initiiert wurde.	Mehrere Ebenen – vor allem die obersten – der bestehenden Hierarchie müssen vom Vorhaben überzeugt werden. Führungskräfte aus dem Senior und Top Management könnten Angst vor Status- und Kontrollverlust haben.	Den Führungskräften aufzeigen, dass sich hinter Agilität nicht nur Methodik, sondern auch eine entsprechende Einstellung verbirgt. Richtig eingesetzt, lassen sich Vorhaben und Projekte einfacher managen.

In Tabelle 3.1 haben wir sowohl die Chancen als auch die Herausforderungen zusammengefasst, die bei der Bildung eines Transformation Teams auf den unterschiedlichen Ebenen entstehen.

Wie die Tabelle zeigt, gibt es nicht den einen richtigen Ausgangspunkt für die Transformation. Wir haben Initiativen erlebt, die agiles Arbeiten in den Teams verbreiten und verbessern sollten und schnell so erfolgreich waren, dass sie nach kurzer Zeit Veränderungen auf der Bereichsebene bewirken konnten. Die Veränderungen dort haben wiederum so hohe Wellen geschlagen, dass schlussendlich in der ganzen Organisation ein Wandel angestoßen wurde. Für kleine Unternehmen mit nur wenigen Hierarchieebenen empfiehlt es sich auf jeden Fall, die Geschäftsführung früh einzubinden. Durch den oft direkten Kontakt zwischen Führungskräften und Geschäftsführung ist diese Herangehensweise in kleineren Unternehmen einfacher.

Wir werden oft von Personen aus dem mittleren Management damit beauftragt, eine Transformation zu begleiten. Sie wollen eine umfassende agile Transformation starten, haben aber noch nicht die Zustimmung und die nötige Freigabe des Topmanagements. In solchen Fällen etablieren wir das Transformation Team mit dem Ziel, die Zusage für die Transformation zu bekommen. Das gelingt, wenn wir dem Topmanagement zeigen, wie sich auf dem agilen Weg die Ziele des Business besser und nachhaltiger erreichen lassen.

3.2 Das Transformation Team zusammenstellen

3.2.1 Die Unterstützung des Topmanagements bekommen

Wie geht ein Initiator bzw. eine Initiatorin aus dem mittleren Management am besten vor, wenn das Topmanagement vom Nutzen eines Transformation Teams noch überzeugt werden muss?

In der Anfangsphase eines Transformation Teams spielen die Menschen, die etwas bewegen wollen – wie eben jene aus dem mittleren Management – eine besondere Rolle. Sie führen mit dem Topmanagement die Gespräche über das Ausmaß einer Transformation und müssen dabei einiges an Aufklärungsarbeit leisten: Was ist Agilität? Was ist Agilität nicht? Für welche Zwecke kann sie zielführend eingesetzt werden? Das Ziel einer Transformation ist ja nicht, agil zu werden. Agiles Arbeiten – und idealerweise Denken – ist lediglich ein Mittel zum Zweck, damit eine Organisation bestimmte Herausforderungen in Zukunft besser meistern kann. Bild 3.2 fasst vier Vorteile der Agilität zusammen, die wir im Gespräch mit dem Management anführen.

Im nächsten Schritt benennen wir die Herausforderungen, denen sich die Organisation aktuell stellen muss und die sich mit einer agilen Haltung und Arbeitsweise besser meistern lassen. Dazu führen wir im Vorfeld ein Assessment in Form einer Retrospektive, für die wir die Pyramide mit den sechs Bausteinen der agilen Organisation einsetzen. Wir zeigen, welche Stärken die Organisation bereits hat und welche Verbesserungspotenziale es gibt.

Bild 3.2 Warum Agilität?

Unser favorisiertes Vorgehen für die Retrospektive ist das folgende: Wir bilden mehrere repräsentative, bereichs- und hierarchieübergreifende Gruppen (vom einzelnen Mitarbeiter bis zur Führungskraft) und lassen sie drei Fragen beantworten.

1. Welche Stärken gibt es in der Organisation?
2. Welche Verbesserungspotenziale gibt es?
3. Welche Dinge würdet ihr zuerst verändern, wenn ihr es könntet?

Bild 3.3 zeigt beispielhaft die Ergebnisse dieses Assessments und die Zuordnung der Stärken und Verbesserungspotenziale zu den sechs Bausteinen der agilen Organisation. Die Zahlen in den Klammern zeigen Mehrfachnennungen und damit stark verankerte Punkte.

Ab diesem Punkt schlagen wir die Brücke zum Transformation Team: Agile Arbeitsweisen können helfen, diesen Herausforderungen erfolgreich zu begegnen. Um die dafür notwendigen Veränderungen nachhaltig in der Organisation zu verankern, hat es sich bewährt, ein crossfunktionales Transformation Team zu bilden. Wie der Transformation-Team-Ansatz funktioniert, können Sie beispielsweise anhand von Bild 3.1 erklären.

Sobald die Führungskräfte verstanden haben, vor welchen Herausforderungen die Organisation steht und wie agile Ansätze wirken, fällt meistens die Frage: „Wie viel Zeit und Ressourcen brauchen wir dafür?" Auf diese Frage sollten Sie gut vorbereitet sein – am besten mit einem ersten möglichen Zeitplan (einen prototypischen Zeitplan sehen Sie in Bild 3.4) und einer Vorstellung davon, wie viele Personen Sie aus welchen Bereichen benötigen.

In den nächsten Abschnitten erklären wir Ihnen ausführlich, wie Sie die passenden Personen für Ihr Transformation Team identifizieren. Für die Startphase empfehlen wir meistens, dass die Teammitglieder 1,5 bis 2 Tage pro Woche freigestellt werden, damit sie an Transformationsthemen arbeiten können. Bei sehr umfangreichen Transformationen kann es sinnvoll sein, das Transformation Team zur Gänze mit Vollzeitmitgliedern zu besetzen.

3.2 Das Transformation Team zusammenstellen

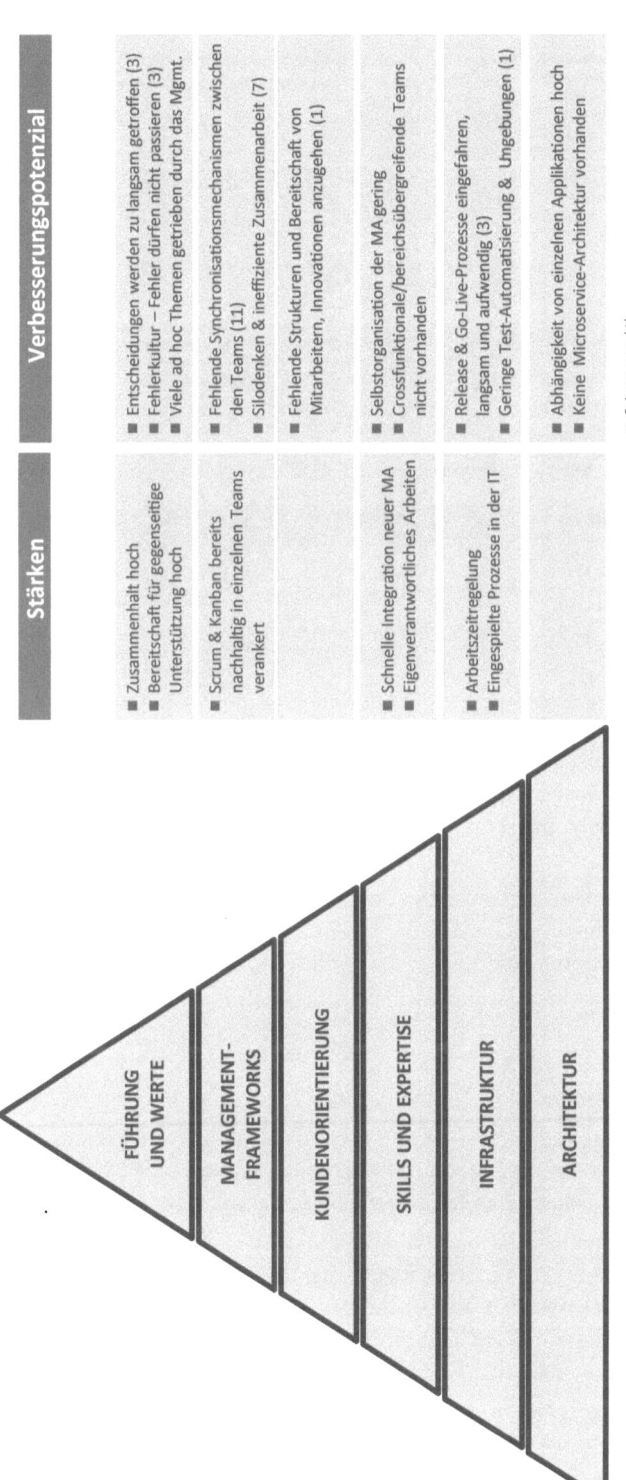

(Zahl) – Voting am Ende der Retrospektive: Diese Themen sollten zuerst angegangen werden

Bild 3.3 Assessment anhand der sechs Bausteine der agilen Organisation

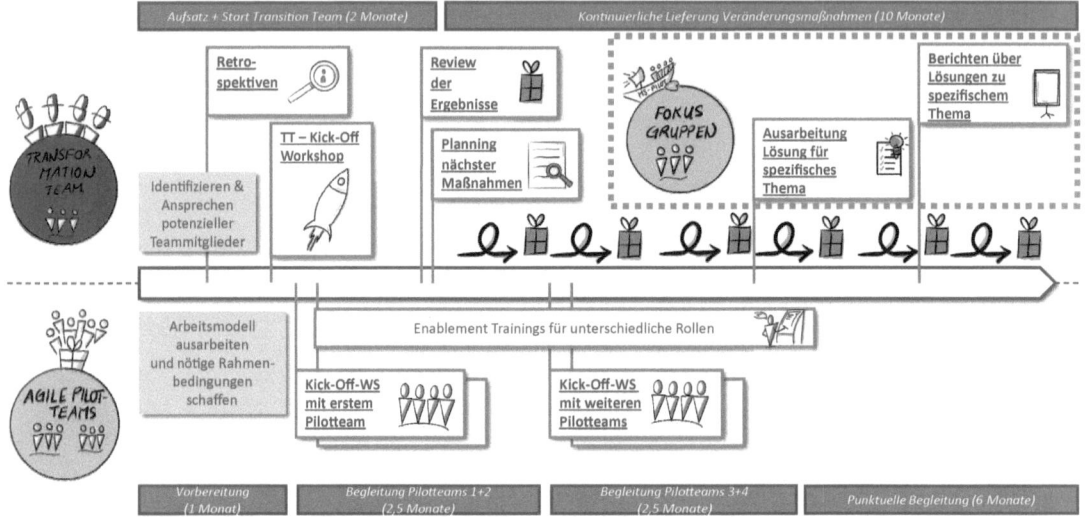

Bild 3.4 Prototypischer Zeitplan für die wichtigsten Schritte der agilen Transformation

Ein Tipp für das erste Gespräch mit dem Topmanagement: Planen Sie genügend Zeit ein. Die Punkte, die wir Ihnen vorgeschlagen haben, beinhalten viele Informationen, die erst einmal verarbeitet und verstanden werden wollen. Wir haben gute Erfahrungen mit zwei- bis dreistündigen Terminen gemacht. Diese bieten ausreichend Zeit, um Fragen zu beantworten und ein Commitment für die ersten Schritte einzuholen. Oft sind noch einige Schleifen notwendig, bis es einen konkreten Zeitplan gibt und somit klar ist, wann das Transformation Team seine Arbeit aufnehmen kann.

Erwarten Sie nicht, dass das Topmanagement sofort Feuer und Flamme für das Transformation Team sein wird. Manchmal bleibt nach dem ersten Termin eine gewisse Skepsis – dann müssen Sie weiter gut argumentieren. Wir haben einige dieser Argumente für Sie zusammengestellt (siehe Kasten).

 Mehrwert eines Transformation Teams für das Topmanagement

Das Topmanagement kann sich auf die strategische Positionierung und Entwicklung des Unternehmens konzentrieren und gibt die Koordination der agilen Transformation in kompetente Hände. Das Transformation Team treibt die Veränderung konsequent voran:

- Es erarbeitet auf Basis der Ziele des Topmanagements eine Umsetzungsstrategie und implementiert diese in kleinen Schritten. Dabei wird regelmäßig das Feedback von Mitarbeiterinnen und Mitarbeitern aller Ebenen einbezogen.
- Das Transformation Team veranstaltet Events (zum Beispiel öffentliche Reviews, in denen die Arbeitsergebnisse vorgestellt werden), die den Dialog und die Zusammenarbeit zwischen der strategischen und operativen Ebene forcieren und fördert damit die kulturelle Annäherung dieser Ebenen.

- Es organisiert die passenden methodischen und fachlichen Schulungen, die für das agile Arbeiten notwendig sind.
- Als zentrale Anlaufstelle kümmert sich das Transformation Team um übergreifende Hindernisse in der Organisation, die das agile Arbeiten stören.
- Das Transformation Team spiegelt der Geschäftsleitung wider, ob ihr Handeln mit der kommunizierten Erwartungshaltung an die agile Transformation übereinstimmt.
- Im Rahmen von Retrospektiven wird regelmäßig über den Fortschritt der Transformation reflektiert – dabei werden alle wichtigen Stakeholder einbezogen.
- Das Transformation Team führt die losen Enden bereits gestarteter agiler Initiativen zusammen (z. B. unterschiedliche Skalierungsframeworks in unterschiedlichen Bereichen).
- Das Team arbeitet eng mit dem Betriebsrat und der Personalabteilung zusammen, um den kulturellen Wandel im Sinne der Mitarbeiter und Interessenvertreter arbeitsrechtlich korrekt und reibungslos zu gestalten.

Sobald das Topmanagement ein Commitment abgegeben hat, sollte einer der Topmanager als Sponsor oder Sponsorin für das Transformation Team gewonnen werden. Er oder sie ist das Bindeglied zum Führungskreis, ist die erste Anlaufstelle für das Transformation Team und unterstützt bei der Beseitigung von Hindernissen. Für die weitere Arbeit ist es sehr hilfreich, mit diesem Sponsor ein klares Mandat für das Transformation Team auszuarbeiten. Eine einfache Form für ein solches Mandat ist in Bild 3.5 dargestellt. Das Mandat als Beschreibung der Aufgabe des Transformation Teams kann auch dazu verwendet werden, um Mitglieder für das Transformation Team zu gewinnen.

Was?
- Das Transformation Team erhält vom Sponsor (in der Regel ein Vertreter des Topmanagements) das Mandat, ein Zielbild für organisationsweite Agilität zu entwerfen und die Umsetzung des Zielbilds zu begleiten.

Wozu?
- Generierung eines höheren Werts für das Business & den Kunden
- Verkürzung der Time to-Market für neue Produkte und Services
- Einheitliche Priorisierung über alle Bereiche sowie Optimierung der Zusammenarbeit
- Stärkere Involvierung der einzelnen Mitarbeiter & damit mehr Selbstverantwortung und Eigeninitiative

Rahmenbedingungen?
- Das Transformation Team muss einen Querschnitt der Organisation abbilden und sollte selbst mit agilen Methoden arbeiten
- Einbeziehung gut funktionierender Arbeitsweisen aus bereits agil arbeitenden Bereichen in das neue Zielbild
- Involvierung aller relevanten Stakeholder (vor allem Topmanagement) in die Entwicklung des neuen Organisationsmodells
- Möglichkeit der Veränderung von Bereichs- und Abteilungsgrenzen im neuen Zielbild
- Einführung und Rollout des neuen Organisationsmodells in einer ca. 4- bis 6-monatigen Umsetzungsphase
- Kontinuierliche Kommunikation über die Veränderungsmaßnahmen durch das Transformation Team in das Unternehmen

Bild 3.5 Beispiel eines Mandats für das Transformation Team

3.2.2 Teammitglieder identifizieren mit dem Transformation Team Canvas

Das Management von der Sinnhaftigkeit eines Transformation Teams zu überzeugen, ist schon ein großer Sprung. Doch dann stellt sich immer noch die Frage, wie man die richtigen Mitglieder für das Team findet.

Das Mandat, das wir gerade vorgestellt haben, gibt einen ersten Überblick darüber, aus welchen Bereichen und Funktionen Mitglieder gebraucht werden, um die Aufgabe zu lösen. Die Ergebnisse aus dem Assessment und die dabei identifizierten Herausforderungen liefern weitere Anhaltspunkte: Ist zum Beispiel die IT-Infrastruktur ein großes Thema, sollte unbedingt ein Ansprechpartner aus diesem Bereich Mitglied des Transformation Teams sein. In den meisten Fällen gibt es Kolleginnen und Kollegen, die entweder bereits Erfahrungen mit agilen Arbeitsweisen gesammelt haben oder verantwortliche Positionen einnehmen und daher gute Kandidaten sind. Für die systematische Analyse der richtigen Besetzung verwenden wir gerne das Transformation Team Canvas (Bild 3.6).

Grundsätzlich sollte das Transformation Team einen repräsentativen Querschnitt jener Teile der Organisation abbilden, die von der Veränderung betroffen sind. Die Größe des Teams richtet sich nach der Größe des Veränderungsvorhabens: Soll Agilität in einem einzelnen Bereich eingeführt werden, reichen möglicherweise vier bis fünf Personen. Bei einer Transformation, die mehrere tausend Mitarbeiterinnen und Mitarbeiter betrifft, kann ein Transformation Team aus neun bis zehn Teammitgliedern bestehen. Mehr Personen sollten es nicht sein, da sonst die Teamdynamik schwer zu handhaben ist.

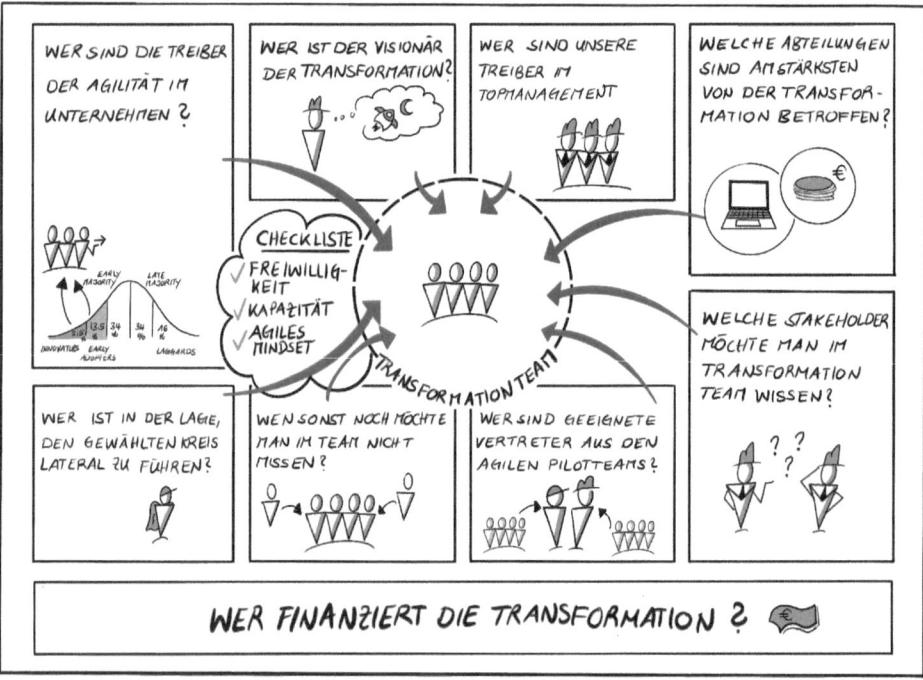

Bild 3.6 Transformation Team Canvas

Das Format ist an das Business Model Canvas angelehnt, wie es aus „Business Model Generation" von Alexander Osterwalder und Yves Pigneur bekannt ist (vgl. Osterwalder, Pigneur 2011). Wir zeichnen das Transformation Team Canvas auf ein Flipchart oder drucken es so groß wie möglich aus und gehen dann die Fragen mit jener Gruppe durch, die mit der Auswahl der Teammitglieder betraut wurde. Zunächst gehen wir die einzelnen Felder durch und befüllen sie mit den entsprechenden Kompetenzprofilen, Abteilungen und Namen von Personen (etwa im Feld „Stakeholder"). Achten Sie aber vor allem bei den Feldern, die nach Visionären und Vertretern aus den Pilotteams fragen, darauf, nicht automatisch die üblichen Verdächtigen für neue Projekte aufzuschreiben. Fragen Sie sich zuerst, welche Fähigkeiten und Fertigkeiten diese Personen mitbringen sollten. Das hat den Vorteil, dass Sie die Suche damit breiter anlegen und möglicherweise Personen mit spannenden Qualifikationen identifizieren, auf die Sie sonst gar nicht gekommen wären, weil sie nicht so im Vordergrund stehen wie andere. Möglicherweise fällt Ihnen dadurch auch klarer auf, für welches Set an Fähigkeiten Sie noch auf die Suche nach geeigneten Personen gehen müssen.

Auf dem Canvas ist eine kleine Checkliste abgebildet, die Sie für jedes potenzielle Teammitglied einzeln durchgehen sollten. Sie deckt die Punkte Freiwilligkeit, Kapazität und agiles Mindset ab. Bei unserer Arbeit haben wir sehr gute Erfahrung mit dem Prinzip der Freiwilligkeit gemacht. Personen, die sich aus eigenem Antrieb für eine Aufgabe melden, sind in der Regel motivierter und gehen entschlossener an eine Sache heran. Glauben Sie uns: Diese Extraportion an Motivation ist wichtig, da die Arbeit im Transformation Team viel zusätzliche Arbeit neben dem Tagesgeschäft bedeutet.

Falls es in einem Bereich mehrere Personen gibt, die Teil des Transformation Teams werden könnten, sollten Sie direkte Gespräche mit den Personen führen und sie fragen, wer sich die Aufgabe am besten vorstellen kann. Wenn es zeitlich möglich ist, arbeiten wir gerne mit einem Bewerbungsverfahren. Anhand des Transformation Team Canvas müssen Sie dann nur noch die benötigte Anzahl an Personen aus den jeweiligen Bereichen und/oder Funktionen sowie die Kriterien für die Auswahl festlegen.

Wie bereits erwähnt, ist die Verfügbarkeit für die Arbeit im Transformation Team ein wichtiger Faktor. Bei kleineren Vorhaben sollte sich jedes Teammitglied mindestens einen Tag pro Woche ungestört der Transformation widmen können. Bei größeren Transformationen kann es notwendig sein, die Personen zur Gänze freizustellen. In kleineren Organisationen ist es natürlich schwieriger, Personen komplett oder teilweise von ihren bisherigen Aufgaben abzuziehen. Entscheidend ist die Offenheit: Führen Sie mit den potenziellen Mitgliedern ehrliche Gespräche darüber, wie viel Zeit wirklich zur Verfügung steht und wie viele andere Projekte sie möglicherweise noch auf dem Schreibtisch liegen haben. In jedem Unternehmen bzw. in jedem Bereich gibt es gewisse Leistungsträger, die man für herausfordernde Aufgaben intuitiv ansprechen würde. In diesem Fall ist es auch sinnvoll, über Personen nachzudenken, die mehr Zeit in die Arbeit im Transformation Team investieren können – vorausgesetzt, sie erfüllen das Anforderungsprofil. Oft gibt es in Unternehmen nämlich stille Stars, an die man nicht sofort denkt, aber die im Hintergrund sehr viel bewegen.

Als letztes Kriterium wird auf der Canvas-Checkliste das agile Mindset aufgeführt. Unter einem agilem Mindset verstehen wir sowohl die Reflexions- als auch die Handlungsfähigkeit, um sein eigenes Arbeitsumfeld zu verbessern (vgl. Rasche 2019). Von den Mitgliedern des Transformation Teams wird also auf keinen Fall erwartet, dass sie von Beginn an zu 150 Prozent Verfechter der Agilität sind. Eine gesunde Skepsis ist nicht nur erlaubt, sondern sogar förderlich und hilft, im Transformation Team die richtigen Diskussionen zu führen.

Allerdings sollten Sie darauf achten, dass keine Agilitäts-Totalverweigerer im Team sitzen, die Veränderungen lediglich blockieren wollen.

Sehen wir uns nun die einzelnen Fragestellungen des Canvas ein wenig detaillierter an.

Wer sind die Treiberinnen und Treiber der Agilität im Unternehmen?

Jedes Unternehmen hat sie: Jene Mitarbeiterinnen und Mitarbeiter, die schon lange agil denken und instinktiv nach diesen oder ähnlichen Werten und Prinzipien gehandelt haben. Zieht man die Diffusionstheorie von Everett Rogers heran, sind sie die „Innovators" und „Early Adopters". Diese Mitarbeiter müssen Sie nicht zum agilen Arbeiten motivieren, denn sie haben es schon gemacht, bevor im Unternehmen auch nur an eine agile Transformation gedacht wurde. Da das Transformation Team nicht größer als ein Scrum-Team sein sollte (max. zehn Mitglieder), werden vielleicht nicht alle Treiber der Agilität im Team sein können. Dennoch ist es ein Vorteil, sie zu kennen und zu wissen, in welchen Ecken des Unternehmens sie angesiedelt sind. Es ist immer gut, auf dem steinigen Weg der Transformation Verbündete in verschiedenen Bereichen zu haben. Diese Kolleginnen und Kollegen können zum Beispiel in Fokusgruppen eingebunden werden, die spezifische Themen behandeln.

Die Motivation der Agile-Pioniere nutzen

Bei einem mittelständischen Finanzdienstleister war der Scrum Master eines frisch gegründeten Teams Feuer und Flamme für agiles Arbeiten. Er war ein innovativer Denker und empfänglich für die neuen Wege des Miteinanders. Nachdem er unsere allererste Agile Game Night in Frankfurt (ein Meetup-Format, in dem wir Simulationen für die Vermittlung agiler Werte und Prinzipien testen) besucht hatte, war für ihn klar, dass sein Unternehmen von diesem Ansatz profitieren könnte. Deshalb besuchte er weiterhin fleißig unsere Meetups und als er genügend Spiele und Inspirationen gesammelt hatte, veranstaltete er die erste unternehmensinterne Agile Game Night. Zunächst erhielt er wenig Unterstützung aus dem Topmanagement. Doch an einem dieser Abende nahmen Mitglieder des Vorstands selbst teil. Die Resonanz der Teilnehmerinnen und Teilnehmer war überwältigend! Der Scrum Master erhielt ein großzügiges Budget mit der Bitte, dieses Format als Teil der neuen Unternehmenskultur zu etablieren. Trotz des anfänglichen Widerstands hatte dieser Scrum Master seine Motivation behalten, abseits seiner regulären Pflichten einen Mehrwert für das Unternehmen zu schaffen. ∎

Wer ist der Visionär oder die Visionärin der Transformation?

Das Transformation Team arbeitet ebenfalls agil. Dementsprechend braucht es einen Product Owner, der die Produktverantwortung – in diesem Fall eher die Verantwortung für die Transformation beziehungsweise den Wandel – hat und sicherstellt, dass alle umgesetzten Maßnahmen auf den Erfolg der agilen Transformation einzahlen. Wie bereits in Kapitel 2 beschrieben, ist der Product Owner eine visionäre Persönlichkeit, die sowohl den Auftraggeber als auch die Teammitglieder mit ihrer Vision zum Produkt – in unserem Fall der erfolgreichen Unternehmenstransformation – begeistert und motiviert. Wer hat aus Ihrer Sicht diesen beflügelnden Charakter? Sind Sie es vielleicht selbst? Oder vielleicht die Kollegin ein paar Büros weiter? Sollten Sie niemanden finden, können Sie gemeinsam mit der Geschäftsleitung einfach die Frage offen ins Unternehmen stellen: Wer sieht sich als Product Owner für das Transformation Team und möchte sich in den kommenden Monaten und Jahren für den erfolgreichen Wandel des Unternehmens einsetzen?

Checkliste: Welche Fähigkeiten sollte der Product Owner eines Transformation Teams mitbringen?

- Besitzt die Vorstellungskraft, wie die zukünftige agile Organisation aussehen kann.
- Handelt und denkt im Sinne der agilen Prinzipien und Werte und ist von den Möglichkeiten der Agilität überzeugt.
- Ist gut im Unternehmen vernetzt und somit in der Lage, informelle Kanäle zu nutzen, um Maßnahmen umzusetzen.
- Ist bereit, sich eigenständig in agile Methoden und das agile Führungsverständnis einzuarbeiten.
- Besitzt ein gewisses Standing bei Kollegen und beim Management, damit getroffene Entscheidungen tatsächlich umgesetzt werden.
- Kann auch Kollegen führen, die hierarchisch über ihm stehen, weil er Respekt und Wertschätzung genießt.
- Handelt rational und überlegt im Sinne des Unternehmenserfolgs.

Natürlich findet man in den seltensten Fällen jemanden, der alle Kriterien zu 100 Prozent erfüllt. Darum geht es auch nicht. Viel wichtiger ist es, dass die Person das Potenzial mitbringt, die Rolle bestmöglich auszuüben. Wir sind davon überzeugt (und wir haben es oft genug gesehen), dass Mitarbeiterinnen und Mitarbeiter in eine Rolle hineinwachsen können. Wichtig ist, dass die Bereitschaft vorhanden ist und der Product Owner des Transformation Teams regelmäßig Feedback von einem Agile Coach oder Mentor bekommt, der die blinden Flecken und die Entwicklungsmöglichkeiten aufzeigt.

Verfügbarkeit des Product Owners des Transformation Teams

Ein von uns begleitetes Transformation Team hatte eine Vision und einen Product Owner, der sich fest vorgenommen hatte, diese Vision in die Realität umzusetzen. Es gab jedoch ein großes Problem: Sein Terminkalender war viel zu voll. Als Bereichsleiter saß er an manchen Tagen acht Stunden am Stück in Meetings und in der verbleibenden Zeit musste er diese Meetings vor- und nachbereiten, seine Mitarbeiter koordinieren und sich um Ad-hoc-Anfragen der Geschäftsleitung kümmern. Das Transformation Team nahm einfach keine Fahrt auf.

Wir konfrontierten den Product Owner mit dieser Tatsache und zeigten ihm zwei mögliche Auswege auf: Entweder er reduzierte das Arbeitspensum in seinen bisherigen Verpflichtungen und gab etwas an andere Mitarbeiter ab oder er sollte die Rolle des Product Owners an jemanden anderen übergeben. Leider gehörte es zur Unternehmenskultur, dass Entscheidungen aufgeschoben statt getroffen wurden. Obwohl es in diesem Fall also ein Transformation Team inklusive Product Owner gab, hatte das beinahe keinen Einfluss auf die agile Transformation. Die zeitliche Verfügbarkeit ist ein Fallstrick, auf den der Product Owner, aber auch die restlichen Teammitglieder achten sollten.

Welche Abteilungen sind am stärksten von der Transformation betroffen?

Typischerweise sind jene Abteilungen am stärksten von der Transformation betroffen, die vor den größten Herausforderungen beziehungsweise Hindernissen stehen. Es lohnt sich daher, bereits im Vorfeld nach diesen Abteilungen zu fragen. Ein Beispiel: In jedem zweiten Meeting des Transformation Teams wird darüber geklagt, dass die IT-Infrastruktur nicht genügt und die Räumlichkeiten nicht geeignet sind. Wenn das so ist, müssen entscheidungsbefugte Vertreter aus IT und Facility Management mit am Tisch sitzen, um schnellstmöglich eine Lösung zu finden. Wo sind in Ihrer Organisation die größten Hindernisse versteckt? Ist es der komplizierte Recruiting-Prozess oder ein unpassendes Trainingskonzept? Dann sollten Sie unbedingt eine Repräsentantin oder einen Repräsentanten der Personalabteilung im Transformation Team haben. Jedes Unternehmen ist einzigartig in seiner Abteilungsstruktur. Suchen Sie daher individuell für Ihren Transformationsprozess nach den Flaschenhälsen, die den Wandel be- oder sogar verhindern.

Auf der Suche nach diesen Abteilungen lohnt es sich, auf die optimalen Bedingungen für agile Teams zu schauen. Dafür bietet sich die Übersicht über die wichtigsten Themen in den sechs Bausteinen der agilen Organisation aus Kapitel 1 an. Vertreterinnen und Vertreter jener Abteilungen, die den meisten Aufholbedarf haben, sollten in das Transformation Team eingeladen werden. Natürlich können sich Hindernisse im Zeitverlauf ändern. Eine Möglichkeit ist, das Transformation Team in größeren Abständen mit anderen Vertretern zu besetzen. Dabei muss jedoch abgewogen werden, ob die Veränderung des Teams wirklich ein Schritt nach vorne oder eher einer zurück ist. Mit jeder Änderung des Teams beginnt das Teambuilding nämlich von vorne. Eine weitere Möglichkeit ist, für spezielle Themen Fokusgruppen einzusetzen, wenn dafür Expertenwissen gebraucht wird.

Welche Stakeholder möchte man im Transformation Team wissen?

Das Transformation Team Canvas kann auch als vereinfachte Stakeholder-Analyse für die agile Transformation betrachtet werden. Es ist wichtig, sich aller Stakeholder bewusst zu sein, denn auch wenn sie nicht ein aktiver Teil des Transformation Teams werden, sollten sie rechtzeitig einbezogen werden. Es wäre für die Organisation fatal, wenn die Transformation aus rein politischen Gründen scheitert. Typische Stakeholder, die an dieser Stelle aufgeführt werden sollten, sind die Interessenvertreter der Mitarbeiterinnen und Mitarbeiter, wie der Betriebsrat und die Gewerkschaften, aber auch der Aufsichtsrat oder die Personalabteilung. Vergessen Sie bei der Analyse nicht jene Team- und Abteilungsleiter, die von der Transformation besonders stark betroffen sind.

Für die Analyse der einzubeziehenden Stakeholder bietet sich eine einfache 2×2-Matrix aus dem Stakeholder-Management als Hilfestellung an (siehe Bild 3.7). Wir zeichnen sie auf eine große Moderationswand und notieren die Namen der Stakeholder oder der betroffenen Bereiche auf einzelnen Klebezetteln. Danach ordnen wir sie in die entsprechenden Felder ein. Auf der X-Achse wird der Grad des Interesses an und der Betroffenheit durch die Transformation aufgetragen, die Y-Achse bildet die Möglichkeit der Einflussnahme ab. Daraus ergeben sich vier Quadranten mit selbsterklärenden Bezeichnungen für die Art und Weise, auf die Sie die jeweiligen Stakeholder idealerweise involvieren sollten.

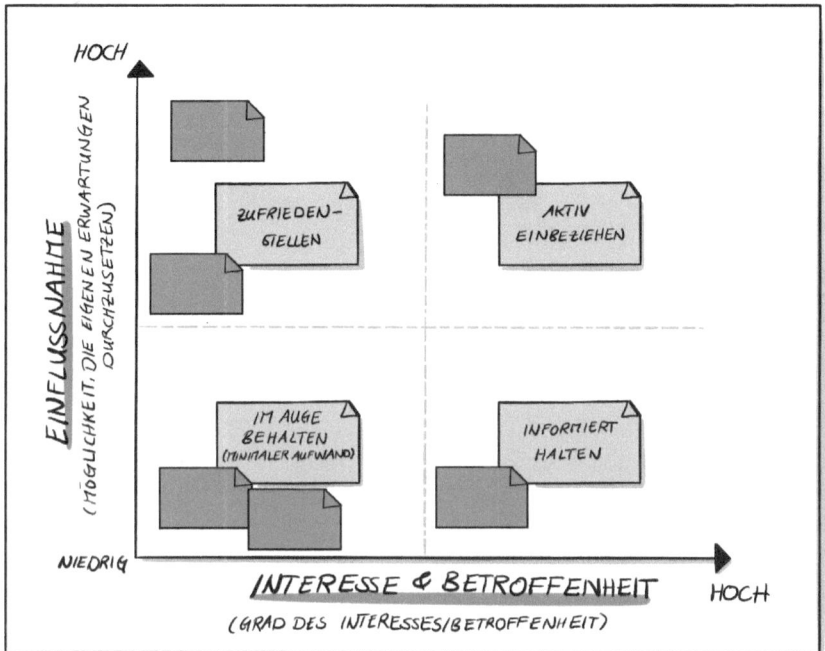

Bild 3.7 Stakeholder-Analyse

Wer sind geeignete Vertreterinnen und Vertreter aus den agilen Pilotteams?

Das Transformation Team sollte sein Produkt, also die erfolgreiche Transformation, an den „Nutzerinnen und Nutzern" orientiert entwickeln. Für das Transformation Team sind das die Mitarbeiterinnen und Mitarbeiter im Unternehmen, wobei der Fokus zunächst auf den Mitgliedern der agilen Pilotteams liegt. Um mit diesen Pilotteams eine gute Kommunikation zu pflegen, sollte es unbedingt Vertreterinnen und Vertreter im Transformation Team geben. Hat sich ein Scrum Master oder ein Product Owner aus den Pilotteams durch besonderes Engagement hervorgetan? Dann sollten Sie diesen Namen unbedingt ins Canvas übernehmen. Wie bereits beschrieben, können Sie auch ein öffentliches Bewerbungsverfahren starten.

Checkliste: Welche Fähigkeiten sollten Vertreterinnen und Vertreter aus den agilen Pilotteams mitbringen?

- Belastbarkeit: Sie müssen eine doppelte Arbeitslast aushalten und beiden Rollen – im Pilotteam und im Transformation Team – gerecht werden.
- Mut: Kommunikation mit dem Management auf Augenhöhe ist unerlässlich.
- Offenheit: Impediments müssen transparent kommuniziert werden.
- Respekt der anderen: Sie müssen die Meinung der agilen Pilotteams in der Organisation repräsentieren können.
- Strategischer Blick: Sie sollten Aufgaben im Transformation Team klar priorisieren können.

Wer ist in der Lage, den gewählten Kreis lateral zu führen?

Wer hat die Fähigkeit, alle Mitglieder des Transformation Teams zusammenzuhalten? Diese Frage steht bewusst am Schluss, damit Sie – intern oder extern – nach einer Person suchen, die als laterale Führungskraft, Mentor und Moderator akzeptiert wird. Im Grunde suchen Sie einen Agile Coach, der aus Individuen ein performantes Team bauen kann und der blinde Flecken und kontraproduktives Verhalten aufzeigt. Es sollte jemand sein, der keine Angst um seinen Job hat, wenn er dem Team den Spiegel vorhält.

Checkliste: Anforderungen an den Agile Coach des Transformation Teams
- Besitzt natürliche Autorität
- Hohe inhaltliche Expertise zur agilen Organisation und Transformation
- Hands-on-Mentalität
- Spricht mit dem Topmanagement und den Entwicklungsteams auf Augenhöhe
- Lösungsorientiert
- Diszipliniert
- Führt 360° lateral
- Souverän – sowohl methodisch als auch zwischenmenschlich

Voraussetzungen für die Zusammenarbeit im Transformation Team

Das Transformation Team muss sich zu einem funktionierenden Team entwickeln, das auch größere Herausforderungen bewältigen kann, wenn die Transformation über einen längeren Zeitpunkt vorangetrieben werden muss. Die Teammitglieder sollten sich daher nicht nur fachlich, sondern auch zwischenmenschlich gut ergänzen und miteinander harmonieren. Schließlich wird dieses Team als Vorbild für alle weiteren agilen Teams fungieren und der Orientierungspunkt für die Mitarbeiter und das Management sein. Wir haben im Laufe der Zeit einige wesentliche Punkte entdeckt, die für eine gute Zusammenarbeit im Team wichtig sind:

- Die Teammitglieder haben eine gemeinsame Vision, mit der sich alle identifizieren können.
- Es gibt klare, aber flexible Rollen im Team.
- Es gibt einen „Circle of Safety": Teammitglieder können einander vertrauen und ernste Konflikte oder Probleme offen ansprechen.
- Jedes Teammitglied handelt lösungsorientiert und steht hinter den getroffenen Entscheidungen.
- Hohe Motivation entsteht durch hohe Eigeninitiative und genügend Freiraum im Team.
- Jedes Teammitglied liefert einen wertvollen Beitrag zum Teamerfolg, der über dem Einzelerfolg steht.
- Kurze Feedbackzyklen sind sowohl intern als auch extern fest etabliert.
- Das Team arbeitet – zum Beispiel im Rahmen regelmäßiger Retrospektiven – immer wieder an sich selbst, um stetig besser zu werden.
- Das Team hat für sich ein funktionales Arbeitsmodell – zum Beispiel entlang der Scrum Meetings und Artefakte – etabliert.

Diese Punkte können für den Product Owner eines Transformation Teams als Checkliste dienen. Er kann schon bei der Zusammenstellung des Teams darauf achten, dass die Mitglieder eine hohe Eigenmotivation und entsprechende Skills mitbringen. Umgekehrt kann diese Liste aber auch ein Anhaltspunkt für das Team sein, denn die Teammitglieder müssen zum Beispiel aktiv an einem für sie funktionierenden Arbeitsmodell und einer Teamvision arbeiten.

3.2.3 Kickoff-Workshop für das Transformation Team

Parallel zur Besetzung des Transformation Teams sollten wir wahrscheinlich an einem Kickoff-Workshop arbeiten. Welche Themen werden in diesem Kickoff behandelt?

Genau, dieses Thema steht tatsächlich als Nächstes an. Es ist sinnvoll, wenn sich die Teammitglieder individuell auf den Kickoff-Workshop vorbereiten können. Häufig ist es so, dass einige Mitglieder bereits umfassende Erfahrung mit agilen Konzepten haben, während diese für andere Neuland sind. Fragen Sie diesbezüglich schon im Auswahlprozess nach, dann können Sie entsprechend darauf reagieren. Sie können Materialien für das Selbststudium empfehlen, eine interne Schulung organisieren oder die betreffenden Mitglieder zeitnah zu einem der zahlreich angebotenen Trainings anmelden. Als Vorbereitung auf den Workshop sollten Sie die Teammitglieder auch mit den detaillierten Ergebnissen des Assessments vertraut machen (Bild 3.3). Wenn sie die aktuellen Herausforderungen und das vorhandene Mandat kennen, wissen die Mitglieder, worauf sie sich einlassen und können bereits über Lösungen nachdenken.

Die Länge des Kickoff-Workshops kann sich nach der zeitlichen Verfügbarkeit der Teammitglieder richten. Von einem halben bis zu vier Tagen ist alles möglich. Wenn Sie sich für einen kurzen Workshop entscheiden, sollten Sie den Fokus auf die Bestätigung des Mandats legen, mit der Entwicklung der Vision beginnen und das Modell für die weitere Zusammenarbeit formulieren. Bei längeren Workshops kann das Team bereits intensiv in die inhaltliche Arbeit einsteigen.

Nehmen wir an, Sie können einen dreitägigen Offsite-Workshop organisieren. Mit der folgenden Agenda zeigen wir Ihnen, wie Sie diese drei Tage strukturieren könnten. Die Elemente des ersten und letzten Tages sind stärker ausdifferenziert, da der Teil der inhaltlichen Ausarbeitung immer vom jeweiligen Unternehmenskontext abhängt.

Agenda für einen dreitägigen Kickoff-Workshop

Tag 1
- Check-in & Community Building
  - Gegenseitiges Kennenlernen
  - Klären der Rollen und Verantwortungen
  - Faktoren des Gelingens für die Zusammenarbeit im Transformation Team erarbeiten
- Übergabe des Mandats durch den Sponsor (kann auch im Vorfeld erfolgt sein, wenn der Sponsor nicht am Workshop teilnehmen kann)

- Agile Awareness
  - Kurze Simulation zum agilen Arbeiten (z. B. mit Ball Point Game oder Lego)
  - Sicherstellen, dass jeder ein ähnliches Verständnis von Agilität hat
- Vision und Ziele der Transformation
  - Ist-Situation auf Basis der Assessment-Ergebnisse und Input der Teilnehmer
  - Erarbeitung eines Zielbilds bzw. einer Vision
  - Lücken zwischen Zielbild und Ist-Situation reflektieren und daraus Schritte für die Transformation ableiten
- Bestätigung des Mandats
  - Das Transformation Team committet sich auf die Umsetzung des Mandats, ggf. werden einzelne Aspekte angepasst
- Check-out

Tag 2

- Check-in
- Inhaltliche Ausarbeitung des neuen Zielbilds
  - Hier arbeiten wir meistens in Sprints zu je 45 bis 60 Minuten. Zweier- oder Dreierteams erarbeiten Vorschläge zu vereinbarten Themen.
- Retrospektive zur Zusammenarbeit und Check-out

Tag 3

- Check-in
- Am Zielbild weiterarbeiten
- Vorstellung des Zielbilds vor potenziellen Anwendern, um ein erstes Feedback einzuholen
- Planung der ersten konkreten Schritte
- Arbeitsmodell für das Transformation Team festlegen
  (der nächste Abschnitt widmet sich ausführlich diesem Thema)
- Absprachen zu Kommunikation
- Check-out

Wenn Sie genügend Zeit haben, um bereits inhaltlich an Themen der Transformation zu arbeiten, sollten Sie das in kurzen Sprints tun und die Ergebnisse am Ende den wichtigsten Stakeholdern der Transformation und einigen Mitarbeiterinnen und Mitarbeitern vorstellen. So erhält das Transformation Team sofort direktes Feedback und gewöhnt sich gleichzeitig an das kollaborative Arbeiten in kurzen Iterationen. Es ist sozusagen das erste Review für das Transformation Team.

3.2.4 Die Vision für die agile Transformation entwickeln

Bei diesem Kickoff-Workshop soll ja auch eine Vision für die Transformation erarbeitet werden. Wozu ist eine Vision überhaupt nötig und wie können wir sie gemeinsam formulieren?

Die Vision für die Transformation hat eine doppelte Funktion: Sie ist ein Ansporn für alle an der Transformation beteiligten Mitarbeiterinnen und Mitarbeiter, auch über die Grenzen des Transformation Teams hinaus. Sie beschreibt einen für möglichst alle attraktiven Zielzustand. Die Vision fungiert aber auch als Kompass: Sie gibt eine grobe Richtung vor, auf die alle Veränderungsmaßnahmen einzahlen. Gleichzeitig ist sie eine Evaluationshilfe, um zu analysieren, wie weit die Organisation in der Transformation fortgeschritten ist.

Bei den meisten Transformationen erleben wir, dass der Product Owner bereits viele Elemente für eine attraktive Vision mitbringt, die aber gemeinsam mit dem Transformation Team noch verbessert werden können. Wie kann ein passender Workshop dazu aussehen?

Workshop: Eine Vision erzeugen

Einen Visions-Workshop können Sie damit starten, dass ein Mitglied der Unternehmensleitung einen Impulsvortrag zur Vision des Unternehmens hält. Letztendlich soll die Vision des Transformation Teams ja auf diese Unternehmensvision ausgerichtet sein.

Beispielhafte Agenda für einen Visions-Workshop
- Check-in
- Vorstellung der Unternehmensvision durch das Topmanagement
- Video von Simon Sinek (Start with Why)
- Kurze Einführung: Was ist eine Vision?
- Vorstellung des Ziels des Transformation Teams
- Freewriting
- Pitch der formulierten Visionen
- Konsolidieren der individuellen Visionen zu einer gemeinsamen Vision für die agile Transformation
- Festhalten der Teamvision auf einem Flipchart, das anschließend in den Transformation Team Obeya-Room gehängt werden kann
- Check-out und Abschluss des Workshops

Wir gehen in diesen Workshops dann darauf ein, warum eine Vision für die Veränderung einer Organisation so bedeutsam ist. Simon Sinek erklärt das sehr eindrücklich in seinem TED-Talk „Start with why", den wir gerne als Ausgangspunkt für die Diskussion heranziehen. In diesem Talk stellt Sinek den „Golden Circle" vor: Demnach enthält eine attraktive Vision ein kurzes und prägnantes „Why", das sehr bildhaft ist und die Gefühle der Menschen anspricht. Das wiederum weckt bei Menschen eine Sehnsucht, die dazu inspiriert, diese Vision Realität werden zu lassen. „Wir werden eine agile Bank" deckt nach dem Konzept von Sinek eher die Ebenen des „Wie" und des „Was" ab. Agilität ist kein Selbstzweck, sondern lediglich der Weg zum eigentlichen Ziel. „Wir werden die erste agile Bank Deutschlands", die Vision der ING-Bank für deren agile Transformation, ist wesentlich spezifischer und integriert auch einen zeitlichen, wettbewerbsorientierten Aspekt. Wie gefällt Ihnen: „Wir werden die erste Bank, die zu 100 Prozent ihre Kunden versteht und ihnen die besten finanziellen Lösungen für jede Lebenssituation bietet"? Mit dieser Formulierung wird schon greifbarer, was der tatsächliche Grund für den Wunsch nach einer agilen Organisation ist. Bild 3.8 zeigt die Vorlage für ein Flipchart, das wir gerne als Einstieg in das Thema verwenden.

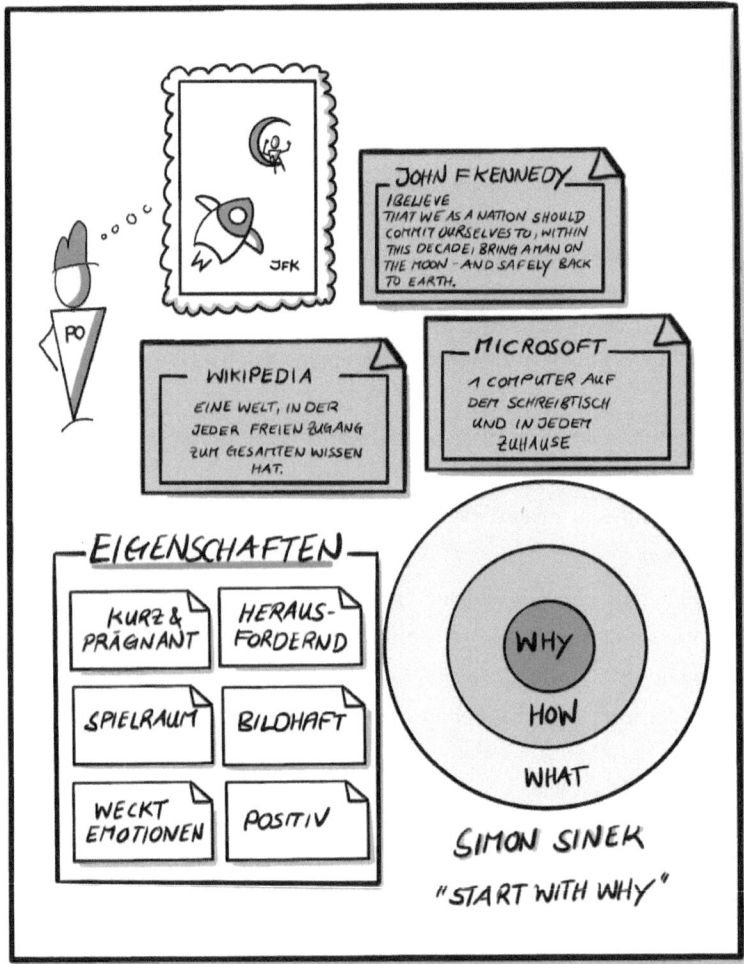

Bild 3.8 Flipchart zu den Eigenschaften einer Vision

Verschaffen Sie sich nach dem Video einen Überblick über die Unternehmensziele, die Projektziele, den Ist-Zustand und das Zielbild der Organisation. Wie soll die Organisation am Ende der Transformation im Vergleich zu heute aussehen, von der Struktur über die Kultur bis hin zu den Geschäftsmodellen?

Um diese Frage zu beantworten, eignet sich aus unserer Erfahrung besonders das Freewriting, eine Methode, die Ken Macrorie und Peter Elbow in den 1960er-Jahren entwickelt haben.

Jeder Teilnehmende des Workshops bekommt einen Stift und einige Blätter Papier. Die Aufgabenstellung ist simpel: Es wird sieben Minuten lang geschrieben, ohne den Stift abzusetzen. Falls einem nichts mehr einfällt, schreibt man einfach „mir fällt nichts mehr ein". Nach den sieben Minuten bekommen die Teilnehmenden zwei Minuten Zeit, um den Text durchzulesen und das Wesentliche zu unterstreichen. Dann wird wieder fünf Minuten geschrieben. Danach tauschen sich jeweils zwei Teilnehmende über ihre Visionen aus und überspitzen diese. Zum Beispiel: „Wir machen aus der Organisation ein Schlaraffenland für alle Mitarbeiter." Übertreibungen helfen uns, an die Essenz einer Aussage heranzukommen. Im letzten Schritt formuliert jeder wieder mithilfe der Überspitzung die Vision in einem Satz. Die fertigen Visionssätze werden im Anschluss vor allen vorgelesen, um die Kreativität in der Gruppe zu entfalten. Mit dieser Stimmung können die Teammitglieder aus den verschiedenen Visionen, die *eine* Vision für die Transformation extrahieren. Häufig liegen die Sätze der einzelnen Teilnehmerinnen und Teilnehmer inhaltlich gar nicht so weit auseinander und es findet sich schnell eine Synthese der verschiedenen Versionen. Wir stellen die Vision auch gerne bildlich dar, denn Bilder in Kombination mit Text prägen sich noch stärker ein. Bild 3.9 stellt die Schritte des Freewriting-Prozesses noch einmal als Flipchart-Vorlage für einen Workshop dar.

Bild 3.9 Ablauf des Freewritings

Beispiele für gelungene Visionen aus der Praxis

Im Zuge einer von uns begleiteten Transformation hatten wir bereits zu Beginn, ähnlich wie gerade beschrieben, mit dem Transformation Team eine Vision entwickelt. Nach etwa neun Monaten war die Zeit für ein Update gekommen, denn wir werfen immer wieder gerne einen kritischen Blick auf alles, was sich getan hat und wie es die Vision beeinflussen könnte. Da die Transformation schon stark vorangeschritten war, organisierten wir einen Workshop mit mehr als 30 Key Playern der Transformation und arbeiteten in einem mehrstufigen Prozess gemeinsam heraus, warum das Unternehmen diesen Schritt überhaupt gewagt hatte. Auf den ersten drei Plätzen kristallisierten sich folgende Zwecke heraus:

- Wir tun es für unsere Mitarbeiterinnen und Mitarbeiter.
- Wir wollen unsere Kunden begeistern.
- Wir wollen schnell großen Nutzen liefern.

Für jeden dieser drei Zwecke arbeiteten wir einen inspirierenden Text aus. Zusammengeführt beschrieben diese Texte die Vision für die Transformation. Für den Zweck „Wir wollen schnell großen Nutzen liefern" sah dies zum Beispiel so aus:

> *„Ich bin Teil eines Teams, das Verantwortung übernimmt und in der digitalen Welt überzeugt. Wir stellen sicher, dass mein Team und ich mit Leidenschaft und Freude an sinnvollen Aufgaben arbeiten. Wir schaffen ein Umfeld, in dem sich jeder Mitarbeiter kontinuierlich weiterentwickelt und stärkenorientiert einsetzt. ‚Mach's zu deinem' ist unser Leitspruch. Dadurch sind wir für neue Herausforderungen gewappnet."*

Ein anderes Transformation Team, das wir begleitet haben, beschloss, seine Vision kompakter zu gestalten, um sie gut und schnell kommunizieren zu können. Deshalb wurde die Vision nach der Logik Why, How und What gestaltet:

> **Unsere Vision als agiles Transformation Team:**
> *Institut xy: Die agile Bank – für unsere Kunden!*
>
> **Warum tun wir das?**
> *Wir bringen Hessen voran! Wir sind die „Hessische Bank für die deutsche Wirtschaft".*
>
> **Wie tun wir das?**
> *Wir denken nicht in Zuständigkeiten und Hierarchien. Stattdessen arbeiten wir eigenverantwortlich und transparent in einem fairen Miteinander. Wir sind mutig und lernen aus unseren Fehlern.*
>
> **Was bieten wir an?**
> *Wir bieten unseren Kunden ein umfangreiches und passendes Portfolio an nachhaltigen Lösungen für jede Lebenslage.*

In beiden Fällen hat eine explizite Vision dem Transformation Team geholfen, sich noch besser darauf zu fokussieren, welche Lieferungen für das Erreichen des Ziels relevant sind und welche nicht. In beiden Fällen konnte so auch den Mitarbeiterinnen und Mitarbeitern besser klargemacht werden, welche die zentralen Aspekte des Wandels sein würden und warum dieser auch notwendig ist.

Es bietet sich natürlich an, neben der Zukunftsvision für das Unternehmen auch die Mission des Transformation Teams zu definieren: Warum wird das Transformation Team gebraucht, um diese Vision Realität werden zu lassen? Wenn wir auf die Vision von John F. Kennedy zurückblicken, so war die Mission der NASA, einen erfolgreichen Raumflug zu organisieren, um die Vision wahr werden zu lassen. Ähnlich kann eine Mission für ein Transformation Team modelliert werden. Zum Beispiel:

> *Das Transformation Team hat die Mission, diese Vision durch einen partizipativen und kommunikativen Ansatz zu erreichen, um die Mitarbeiter zu informieren, zu involvieren und zu begeistern.*

3.3 Die Zusammenarbeit des Transformation Teams

3.3.1 Wie das Transformation Team agil arbeitet

Wir haben bereits angesprochen, dass ein Transformation Team ebenfalls agil arbeitet. Außer einem Taskboard kann ich mir noch nicht wirklich vorstellen, wie das abläuft. Es wird ja kein Produkt im klassischen Sinn geliefert.

Die wenigsten Transformation Teams bestehen aus Vollzeit-Teammitgliedern. Die Arbeit passiert häufig neben dem eigentlichen Tagesgeschäft und deshalb spielt die Organisation der Arbeit und das Sicherstellen kontinuierlicher Lieferungen eine besondere Rolle. Wir vereinbaren mit den Teammitgliedern, dass alle mindestens zwei bis drei Stunden pro Woche für ein gemeinsames Planungsmeeting, für das Review und die Retrospektive reservieren – zum Beispiel den Montagnachmittag. In diesem Zeitraum findet die gemeinsame Arbeitsplanung statt. Je nach Bedarf kommen Workshop-Termine für die inhaltliche Arbeit an der Transformation dazu. In Summe ist daher eine Verfügbarkeit der Mitglieder von mindestens 1 bis 1,5 Tagen pro Woche für die Mitarbeit im Transformation Team nötig.

Das Arbeitsmodell für das Transformation Team orientiert sich an jenem von Scrum, denn die Erfahrung zeigt, dass sich Agilität nur mithilfe von Agilität einführen lässt. Authentizität spielt hier eine wesentliche Rolle: Wenn die Treiber des Change-Prozesses die Potenziale und Herausforderungen der neuen Arbeitsweise nicht am eigenen Leib erleben, schaffen sie es nicht, Glaubwürdigkeit zu erzeugen. Ein Transformation Team muss natürlich nicht unbedingt nach Scrum arbeiten, sondern kann sein eigenes Arbeitsmodell finden, das aber auf den agilen Werten und Prinzipien beruhen sollte. Dennoch hat sich für jene Teams, mit denen wir bisher gearbeitet haben, der Fokus auf das kontinuierliche Liefern, der durch die Meetings von Scrum entsteht, immer wieder als äußerst passend erwiesen. Im Unterschied zu „normalen" Sprints findet bei den Sprints des Transformation Teams auch eine Verzahnung mit den agil arbeitenden Pilotteams statt. Ein beispielhafter Sprint- und Meetingzyklus ist in Bild 3.10 dargestellt.

Transformation Teams arbeiten in der Regel mit ein- bis dreiwöchigen Sprints. Vollzeit-Transformation-Teams können sich kürzere Sprints erlauben, bei Teilzeit-Transformation-Teams bieten sich eher zwei- bis dreiwöchige Zyklen an. Der Sprint beginnt mit einem **Sprint Planning**, in dem der Product Owner des Transformation Teams die priorisierten Lieferungen für den nächsten Sprint vorstellt und mit dem Team diskutiert, welche Lieferung es bis zum nächsten Review fertigstellen kann. Im Anschluss geht das Team in eine detaillierte Planung, bei der die Teammitglieder besprechen, wie sie die Lieferungen im kommenden Sprint konkret bearbeiten werden.

Während des Sprints treffen sich die Mitglieder des Transformation Teams in **Daily Meetings**, um die Arbeit zu synchronisieren. Dabei verwenden sie die bekannten drei Fragen aus dem Daily Scrum:

- Was ist bereits fertig geworden?
- Was nehmen wir uns als Nächstes vor?
- Wobei gibt es Herausforderungen?

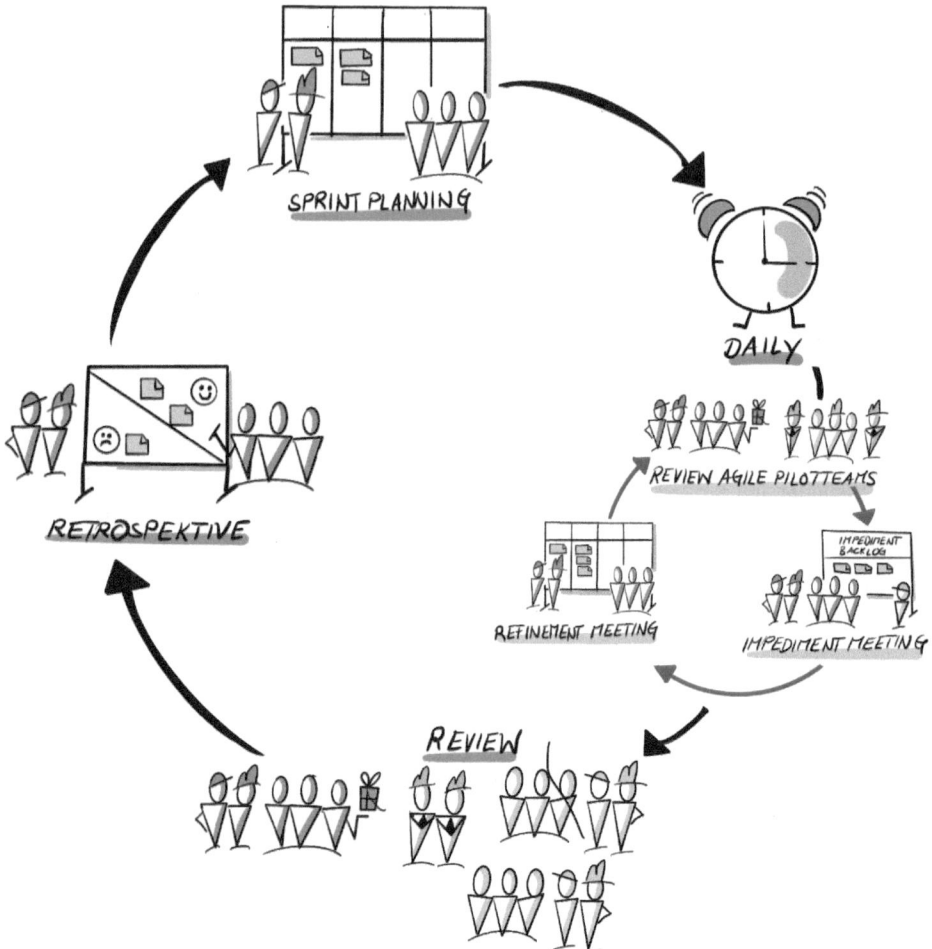

Bild 3.10 Sprint- und Meetingzyklus des Transformation Teams

Es gibt viele Transformation Teams, die das Meeting nur zwei- bis dreimal pro Woche durchführen. Wir ermutigen aber jedes neue Transformation Team, das Daily in der Anfangszeit tatsächlich täglich abzuhalten, es darf auch gerne kürzer als 15 Minuten sein. Denn der Punkt ist: Der kontinuierliche Austausch hilft dabei, sich gegenseitig zu motivieren und schnell auf Herausforderungen zu reagieren. Die größte Gefahr besteht deshalb darin, dieses Meeting zu selten durchzuführen. Wir beobachten immer wieder, dass die Teammitglieder die gemeinsame Arbeit dadurch schneller aus den Augen verlieren. Das führt dazu, dass Teammitglieder einzeln an Aufgaben arbeiten, sich nur alle zwei Wochen abstimmen und in dieser Zeit womöglich aneinander vorbei oder doppelt gearbeitet haben.

Besonders wichtig ist es, dass wirklich alle Mitglieder des Transformation Teams bei den **Reviews der agilen Pilotteams**, also bei der regelmäßigen Vorstellung von deren Arbeitsergebnissen, dabei sind. Das ist eine Form der Wertschätzung gegenüber diesen Teams, die sie als tragende Säule der Transformation verdienen. Das Transformation Team verschafft sich zudem auf diese Weise einen guten Überblick und kann mögliche Hindernisse schon in einem frühen Stadium identifizieren. Wichtig ist: Es geht nicht um Kontrolle! Die Mitglieder des Transformation Teams sind Mentoren und/oder Coaches für die agilen Pilotteams.

Daher ist eine zentrale Aufgabe des Transformation Teams das Management größerer Hindernisse (Impediments), die aus den Pilotteams gemeldet werden. Idealerweise gibt es für diesen Zweck in regelmäßigen Abständen ein **Impediment Meeting** mit den Scrum Mastern der agilen Pilotteams. Die Scrum Master bringen alle Impediments ein, die sie nicht direkt in den jeweiligen Teams lösen können. Die Aufgabe der Mitglieder des Transformation Teams ist es nun, die Ursache und die Auswirkung der Impediments genauer zu verstehen. Größere Impediments, für die es auch im Rahmen dieses Meetings keine Lösungsmöglichkeit gibt, werden in das Backlog des Transformation Teams aufgenommen. Das heißt, die Impediments werden zusammen mit den anderen Aufgaben des Transformation Teams priorisiert und in einem der nächsten Sprints abgearbeitet.

In jedem Sprint führt das Transformation Team ein 30- bis 45-minütiges **Refinement Meeting** durch. In diesem Meeting wirft das Team einen Blick auf das Transformation Team Backlog (siehe dazu Abschnitt 3.3.3), also auf die anstehenden Aufgaben, nimmt aktuelle Impediments auf und verändert gegebenenfalls die Priorisierung der Aufgaben. Zusätzlich wirft das Team immer wieder einen Blick auf die Roadmap und passt sie bei Bedarf an. Alle ein bis zwei Monate sollten wichtige Stakeholder und der Sponsor zum Refinement Meeting eingeladen werden, um die aktuelle Priorisierung zu überprüfen und möglichweise anzupassen.

Am Ende des Meetingzyklus findet das **Review** des Transformation Teams statt, zu dem alle wichtigen Stakeholder der Transformation eingeladen werden. Es ist das zentrale Meeting, in dem über die Fortschritte berichtet wird und bei dem die Betroffenen und Entscheider durch ihr Feedback Einfluss auf die Transformation nehmen. Dieses Meeting sollte ein Dreh- und Angelpunkt sein: Wenn sich herausstellt, dass die Taktung des Meetings für die Top-Stakeholder zu eng ist, sollte das Meeting nur jeden zweiten Sprint als öffentliches Meeting stattfinden. Dazwischen findet ein internes Review im Transformation Team statt, zu dem Experten für ausführliches Feedback zu spezifischen Fragestellungen eingeladen werden.

Schließlich sollte am Ende jedes Sprints eine **Retrospektive** stattfinden. Es ist ein essenzielles Meeting, auf das nicht verzichtet werden sollte – hier entstehen nämlich die Verbesserungen. Das Team stellt sich in der Retrospektive zwei Fragen:

- Was funktioniert bereits gut im Transformation Team?
- In welchen Punkten können wir die Zusammenarbeit verbessern, um noch effektiver zu werden?

Anschließend werden für ein bis zwei Punkte konkrete Verbesserungsmaßnahmen – auch am Arbeitsmodell oder den Meetings – ausgearbeitet, die das Transformation Team zur Umsetzung mit in den nächsten Sprint nimmt.

3.3.2 Das Review des Transformation Teams

Nun gibt es in unserem Unternehmen etablierte Lenkungsausschüsse und fest terminierte Vorstandsrunden. Üblicherweise müssen die Vertreterinnen und Vertreter von Veränderungsinitiativen in diesen Gremien über die Fortschritte berichten. Wie passt das mit dem Review zusammen? Sollen wir Energie investieren, um diesen Ist-Zustand zu verändern oder sollen wir das Review und die Berichte in den Lenkungsausschüssen parallel laufen lassen?

Wir bemühen uns immer, die Stakeholder inklusive Topmanagement und Sponsoren an den Ort des Wirkens eines Transformation Teams zu holen. Es ist definitiv ein Unterschied, ob das Transformation Team in einem klassischen Lenkungsausschuss seine Ergebnisse präsentiert oder ob die Stakeholder in die Räumlichkeiten eingeladen werden, die das Team selbst gestalten kann. Agilität hat viel mit Visualisierung und Transparenz der aktuellen Themen zu tun, daher wird bei einem Review nach den Regeln des Transformation Teams ein anderer Geist zu spüren sein. Wir versuchen auch, die Top-Entscheider in das „normale" Review zu holen, an dem alle anderen Stakeholder und Interessierten teilnehmen. Das hat einerseits etwas mit dem Entstehen einer neuen, kooperativen Kultur zu tun, andererseits geht es um zeitliche Effizienz, vor allem bei Teilzeit-Transformation-Teams.

Klar ist: Nicht in jedem Unternehmen wird es möglich sein, das Topmanagement zu den festgelegten Review-Terminen mit allen anderen Interessierten in die Räumlichkeiten des Transformation Teams zu holen. Wenn wir tatsächlich in einem klassischen Lenkungsausschuss präsentieren müssen, machen wir einfach unser eigenes Ding daraus. Beispielsweise setzen wir bewusst auf Flipcharts statt auf PowerPoint. Wir geben gezielt nur einen kurzen Input und gehen schnell in einen interaktiven Modus über. Das Transformation Team sollte bewusst die bekannten Muster brechen – gerade im Kreis der Entscheiderinnen und Entscheider. Es hat eine symbolische Wirkung: Die Top-Führungskräfte verstehen, dass Agilität etwas anderes bedeutet.

Ein spannendes Review gestalten

Bei einem unserer Kunden haben wir es geschafft, für das Review des Transformation Teams schrittweise einen größeren Interessentenkreis zu gewinnen. Das führte am Ende so weit, dass wir das Review per Livestream im Intranet übertragen mussten. Die Agenda war nach dem folgenden Muster aufgebaut:

- Highlights der letzten Iteration
- Ausführliche Erklärungen zu zwei bis drei Lieferungen
- Feedback und Wünsche für die weitere Transformation
- Networking und Open Space

Um das Review ansprechend zu gestalten, arbeitete das Transformation Team mit Bildern und Storytelling – also dem Erzählen von Geschichten aus der Praxis, zum Beispiel über die agilen Pilotteams oder die Workshops zur Lösung von bestimmten Hindernissen. Immer standen andere Teammitglieder im Mittelpunkt und präsentierten einen Teil ihrer Arbeit.

Aber das Transformation Team betrieb damit keine Nabelschau: Um zu signalisieren, dass es um die gesamte Organisation ging, gab es immer wieder Raum für Vertreterinnen und Vertreter anderer Initiativen, die von ihren Erfahrungen mit Agilität berichteten. Ein sehr beliebter Agendapunkt war jedes Mal das Teilen von Erfahrungen aus Lernreisen – ein Instrument, bei dem Mitarbeiterinnen und Mitarbeiter des Unternehmens ein anderes Unternehmen, von dem sie lernen wollten, besuchten. So bekamen sie unmittelbar einen Eindruck davon, wie bestimmte Methoden, Ansätze oder Haltungen zu einer positiven Veränderung führen können und welche Fallstricke beachtet werden müssen.

Um Feedback auch in größeren Gruppen rasch aufnehmen zu können, setzten wir unterstützende Tools wie Mentimeter – ein webbasiertes Live-Umfrage-Tool – ein. Bei jedem zweiten Event lud das Transformation Team zu einem Networking und Open Space ein, wo sich alle Interessierten weiter vernetzen und austauschen konnten.

■

3.3.3 Artefakte des Transformation Teams

Wenn wir nun ein Transformation Team haben: Was braucht es zum Durchstarten? Wie kommt es in einen vernünftigen Arbeitsmodus?

Teamraum

Alles im Blick zu haben, ist bei einer agilen Transformation unglaublich wichtig. Im Prinzip sollte der Raum eines Transformation Teams ähnlich aussehen wie jener eines Scrum-Teams: Es hängt das an der Wand, was in irgendeiner Form von Nutzen für das Transformation Team und/oder die Scrum-Teams im Unternehmen ist.

Im Projektmanagement-Jargon haben sich dafür Begriffe wie „Obeya-Raum" (Japanisch für „großer Raum") etabliert. Das Konzept aus dem Lean Management hat das Ziel, in einem Raum die gesamte Information für das Management eines Systems zu sammeln, um in einer Gruppe von Entscheidern schnelle Kommunikation und kurze Entscheidungswege zu ermöglichen. Heute wird es von vielen agilen Unternehmen – darunter die ING Bankengruppe – genutzt, um einzelne Bereiche oder das ganze Unternehmen entlang von Zielen, KPIs, Roadmaps, Verbesserungsinitiativen und Impediments zu managen.

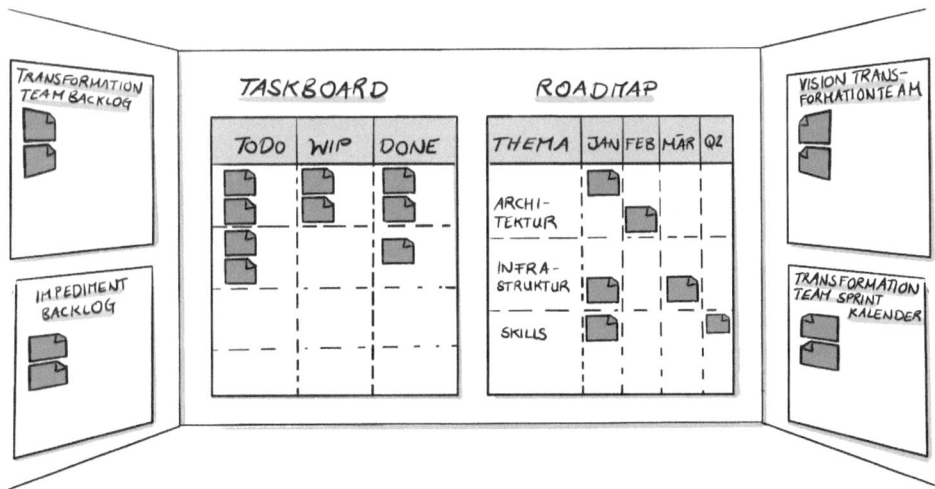

Bild 3.11 Schematische Darstellung eines Obeya-Raums

Die Einrichtung dieser Informationszentrale ist zwar kein Muss, sie ist aber symbolisch für eine neue Ära. Es ist ein Ort, an dem das Transformation Team seine Meetings durchführt und der allen anderen Mitarbeitern transparent die Möglichkeit bietet, sich auf den aktuellen Stand der Dinge in puncto Transformation zu bringen. Wie kann so ein Obeya-Raum aussehen? Bild 3.11 zeigt eine Skizze.

Das Backlog des Transformation Teams

In Bild 3.11 sehen Sie links das Transformation Team Backlog. Wie in Kapitel 1 beschrieben, kann dieses Backlog analog zu den Elementen der sechs Bausteine der agilen Organisation (Architektur, Infrastruktur, Skills, Produktentwicklung, Management Framework und Führung) aufgeteilt sein. Allerdings lassen sich diese Dimensionen nicht sequenziell abarbeiten. Aus der agilen Produktentwicklung kennen Sie vielleicht das „Minimum Viable Product": Dabei handelt es sich um die Minimalvariante eines Produkts, das die Idee dahinter für den Nutzer bereits erkennen lässt und nutzbar ist. So einen minimalen „Durchstich" braucht auch eine Transformation. Am besten zieht das Transformation Team dafür einen Schwerpunkt heran, der sich aus der aktuellen Situation des Unternehmens ableiten lässt. Wenn zum Beispiel die technische Infrastruktur schon gut aufgestellt ist, muss diese nicht unbedingt ein Bestandteil der ersten Iterationen des Transformation Teams sein. So kann der Fokus auf Themen gelenkt werden, die für das Unternehmen gerade dringender sind.

Das erste Backlog des Transformation Teams kann – wie bereits erwähnt – im Rahmen des Kickoff-Workshops erarbeitet werden. Eine Alternative dazu wäre ein einfaches Brainstorming zu den sechs Bausteinen der agilen Organisation, mit einer anschließenden Priorisierung. Der Vorteil eines Brainstormings ist, dass der Lösungsraum bewusst für unkonventionelle und innovative Ideen geöffnet wird. Im Rahmen einer Transformation ist das auf jeden Fall gut, jedoch sollten die ersten umgesetzten User Storys unbedingt zur Unternehmenskultur passen und es sollten zudem „Quick Wins", also rasche Erfolge, erzielt werden können. Damit fällt es nämlich leichter, die Transformation für die Mitarbeiterinnen und Mitarbeiter positiv spürbar zu machen.

Wenn sich das Transformation Team hingegen ein strukturierteres Vorgehen mit einem begrenzten Lösungsraum für die Erstellung des ersten Backlogs wünscht, bietet sich das Story Mapping als Methode an. Dabei wird ein bestimmter Unternehmensprozess Ende zu Ende betrachtet – idealerweise einer, den das Transformation Team als ein Hindernis auf dem Weg zur zuvor definierten Vision erkannt hat. Nehmen wir als Beispiel den Prozess für die Umsetzung einer Idee in ein neues Produkt: Die „Journey", also die Reise der Mitarbeiterinnen und Mitarbeiter in diesem Prozess, reicht von der Ideenfindung über die Budgetierung und das Bilden eines Teams bis zur Lieferung eines marktreifen Minimum Viable Products.

Entlang dieser Reise kann das Transformation Team nun diskutieren, was es unternehmen und welche Rahmenbedingungen es ändern muss, um diesen Prozess so reibungslos wie möglich zu gestalten. Möglicherweise gibt es zwar viele Ideen, aber nur wenige werden wirklich umgesetzt, weil es keine strukturierte Bewertung und damit keinen definierten Entscheidungsprozess für die Umsetzung einer Idee gibt. Oder es werden zwar Ideen für die Umsetzung ausgewählt, die Finanzierung dieser Vorhaben zieht sich jedoch über Monate. Für diese Probleme würde das Transformation Team entsprechende Backlog Items anlegen und gegeneinander priorisieren – frei nach dem Motto: „Was hilft uns mehr, unsere Vision wahr werden zu lassen?

Was immer wieder Schwierigkeiten bereitet, ist der passende Detailgrad der Einträge im Backlog (User Storys oder Backlog Items). Obwohl es sich nicht um Funktionalitäten im eigentlichen Sinn handelt und einige der Aufgaben von Fokusgruppen außerhalb der Transformation Teams umgesetzt werden, ist es durchaus sinnvoll, die Aufgaben im Format von User Storys zu beschreiben. Eine User Story beschreibt immer den Wert einer Funktionalität für den Nutzer, daher hat sie im Allgemeinen die folgende Form:

Als <Nutzer> möchte ich <Funktion>, um <Wert>.

Das Transformation Team muss sich also explizit Gedanken darüber machen, welcher Nutzen durch eine bestimmte Veränderung für die Mitarbeiter bzw. für die Organisation als Ganzes gestiftet wird. Wie detailliert diese User Storys formuliert werden sollten – dafür gibt es keine Geheimformel. Hier muss das Transformation Team experimentieren und regelmäßig reflektieren, wie es den Teammitgliedern bei der Bearbeitung der Backlog Items bzw. User Storys geht.

Das Backlog des Transformation Teams in der Praxis

Mit dem Transformation Team eines Kunden erstellten wir die möglichen Einträge im ersten Backlog mithilfe eines Brainstormings, basierend auf den sechs Bausteinen der agilen Organisation. Die Aufgaben wurden danach vom Team priorisiert und schließlich wurden die Backlog Items erstellt. Hier ein Auszug der ersten User Storys:

- Als Organisation möchte ich mindestens ein Thema bestimmen, das als Pilot für die Anwendung von agilen Methoden geeignet ist, um erste Lernerfahrungen zu sammeln.
- Als Mitarbeiter möchte ich wissen, was mich erwartet, wenn ich mich für das Pilotprojekt bewerbe, um eine gute Entscheidung für mich und das Unternehmen treffen zu können.
- Als Mitarbeiter möchte ich in meiner neuen Rolle als Scrum Master oder Product Owner ein Training erhalten, um die theoretischen Grundlagen der neuen Methodik vollumfänglich kennenzulernen.
- Als Mitglied des agilen Pilotteams möchte ich einen eigenen Raum für das Team haben, um fokussiert an unserem Thema arbeiten zu können.
- Als Scrum Master möchte ich wissen, welche Anforderungen mein Arbeitgeber an mich stellt und wie ein Entwicklungspfad aussehen könnte, um sicher in meiner Rolle anzukommen und Freude an meiner Weiterentwicklung zu finden.

In der Praxis hat es sich als hilfreich erwiesen, einen Kurztitel über die User Story zu schreiben, um sofort zu erkennen, welches Thema sich dahinter verbirgt. Wir modellieren auch Akzeptanzkriterien zu den einzelnen Backlog Items: Welche Punkte müssen erfüllt sein, um eine Lieferung als abgeschlossen zu betrachten? Hier ein Beispiel dazu:

User Story: Eigener Teamraum für Pilotteams

Als Mitglied des agilen Pilotteams möchte ich einen eigenen Raum für das Team haben, um fokussiert an unserem Thema arbeiten zu können.

Akzeptanzkriterien

- Der Raum ist zeitnah – innerhalb von acht Wochen – verfügbar.
- Der Raum befindet sich nahe genug am Hauptstandort des Unternehmens, aber ist doch weit genug entfernt, damit sich das Pilotteam auf sein Thema konzentrieren kann.
- Der Raum bietet Platz für mindestens zehn Kolleginnen und Kollegen.
- Im Raum befindet sich ein großes Whiteboard oder es gibt die Möglichkeit, eines zu installieren.

Das Backlog des Transformation Teams sollte übrigens nicht zu lang sein. Maximal 25 Items sind ein guter Richtwert, damit das Team den Fokus halten und sich schnell an neue Bedingungen anpassen kann. Je länger das Backlog ist, desto mehr Zeit wird für die Pflege benötigt und desto mehr fühlt man sich von der großen Anzahl der notwendigen Lieferungen überfordert.

Das Impediment Backlog

Im Impediment Backlog werden jene Herausforderungen der agilen Pilotteams in einer priorisierten Liste dargestellt, die nicht auf der Ebene eines Teams gelöst werden können und vielleicht mehrere Teams oder Bereiche betreffen. Solche übergreifenden Impediments verlangen in der Regel nach einer Aktion des Transformation Teams, daher kann das Impediment Backlog mit dem Backlog des Transformation Teams zusammengeführt und gepflegt werden. Ein übergreifendes Impediment kann als Backlog Item zum Beispiel folgendermaßen dargestellt werden:

 Impediment

Den Teammitgliedern fehlt der Fokus: In den meisten agilen Pilotteams arbeiten die Mitglieder nur Teilzeit, weil sie abseits des Entwicklungsvorhabens andere Aufgaben erfüllen müssen.

Backlog Item

Als Mitglied eines agilen Pilotteams möchte ich die Möglichkeit haben, fokussiert an meiner neuen Aufgabe zu arbeiten, um mein Team bestmöglich zu unterstützen.

Nichtsdestotrotz haben zwei getrennte Backlogs den Vorteil, dass die Impediments explizit von den eigentlichen Aufgaben des Transformation Teams getrennt dargestellt werden und somit auf einen Blick wahrnehmbar sind. So kann zum Beispiel das Weekly der Scrum Master vor dem Impediment Backlog stattfinden und das Transformation Team kann den Status der einzelnen Impediments einfacher mit den betreffenden Scrum Mastern besprechen.

Neue Impediments können direkt in das Backlog aufgenommen werden, gelöste Impediments werden abgeschlossen und das Backlog wird neu priorisiert. Dadurch wird von Woche zu Woche der Fortschritt sichtbar und alle Beteiligten haben das Gefühl, die Bearbeitung der dringlichsten Impediments mitgestalten zu können.

Wir beobachten übrigens immer wieder, dass Transformation Teams im operativen Alltag vergessen, die Impediments der agilen Pilotteams zu lösen, die diese nicht selbst lösen können. Das ist bis zu einem gewissen Grad verständlich, denn das Transformation Team konzentriert sich auf die großen Veränderungen in der Organisation, die zu bewältigen sind. Das Lösen von Impediments auf der Teamebene gehört aber zu den wichtigsten Aufgaben: Wenn es hier Fortschritte gibt, spüren die Mitarbeiterinnen und Mitarbeiter die Transformation am deutlichsten und werden auch zu Advokaten der Veränderung – denn es geht vorwärts. Die große Veränderung ergibt sich aus vielen kleinen positiven Veränderungen, den sogenannten „Quick Wins". Umgekehrt schleicht sich rasch Frust in den agilen Pilotteams ein, wenn ihnen bei sämtlichen Hindernissen nicht geholfen werden kann.

Das Taskboard

Die Backlog Items aus dem Backlog des Transformation Teams und dem Impediment Backlog werden von Sprint zu Sprint auf das Taskboard gezogen. Das Taskboard besteht in der Basisvariante aus den drei Spalten „To do", „WIP" (Work in Progress) und „Done". Um das Taskboard thematisch zu strukturieren und die Backlog Items entsprechend zuzuordnen, eignen sich sogenannte „Swimlanes", also Zeilen. Wichtig ist: Ein Taskboard ist ein lebendes Artefakt – es darf verändert werden, so wie es am besten zur Situation passt.

So wie in vielen Scrum-Teams passiert es auch in Transformation Teams oft, dass Teammitglieder nur jene Backlog Items bearbeiten, die zu ihrem fachlichen Hintergrund passen. Sinn und Zweck von Scrum ist aber die crossfunktionale Zusammenarbeit, um dadurch auf neue Lösungsansätze zu kommen. Das heißt, es geht um den Wissensaustausch im Team, und dafür hat sich das sogenannte „Pairing" bewährt. Praktisch umgesetzt sieht das so aus, dass jeweils zwei Teammitglieder gemeinsam an einem Thema arbeiten. Der Blick aus zwei Perspektiven verbessert nicht nur die Lösung und fördert den Wissenstransfer, sondern hat auch den Vorteil, dass mehr als ein Mitglied des Transformation Teams als Ansprechpartner zur Verfügung stehen kann.

Die Roadmap

Egal, ob eine Transformation eine einzelne Initiative ist, einen Teil des Unternehmens oder gleich die ganze Organisation betrifft: Es gibt viele Stakeholder, die über die Fortschritte der Transformation auf dem Laufenden gehalten werden wollen. Ähnlich wie ein agiles Pilotteam sollte daher auch ein Transformation Team eine Roadmap pflegen (Bild 3.12), die einen Ausblick auf das weitere Vorgehen bietet. Der Zeithorizont dieser Roadmap sollte zwei bis sechs Sprints umfassen und das Transformation Team darf die Stakeholder dabei ruhig immer wieder auf eine Tatsache hinweisen: Die Roadmap ist kein finaler Rollout-Plan! Es ist ein Indikator, welche Themen in der nächsten Zeit anstehen – diese können sich im Detail aber noch ändern. Die Roadmap dient daher in erster Linie dem Erwartungsmanagement, der Kommunikation über nächste Schritte und als Instrument für die Diskussion mit den Auftraggebern zu den Prioritäten des Transformation Teams in den kommenden Wochen.

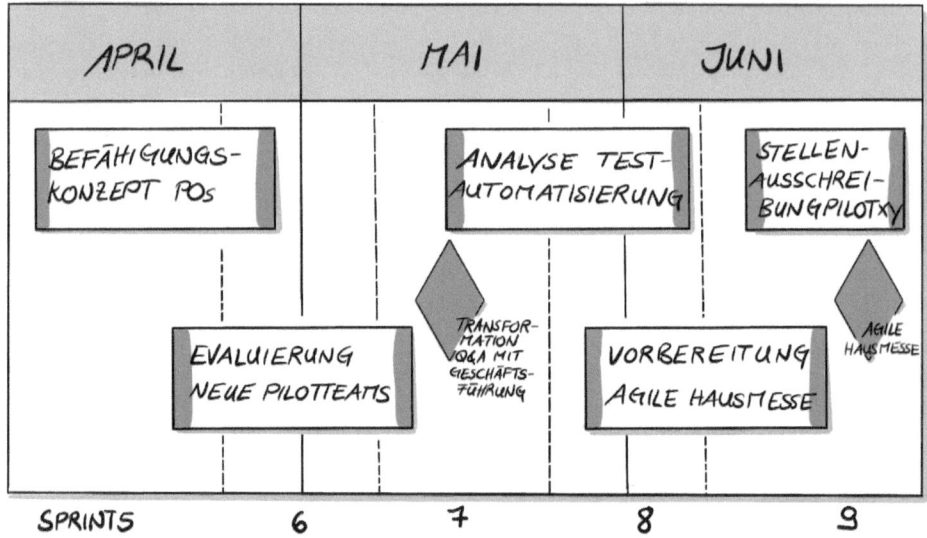

Bild 3.12 Beispiel für eine Roadmap

Die Team-Vision und der Sprint-Kalender

Auf der dritten Wand finden Artefakte Platz, die dem Transformation Team helfen, seine Arbeit gut zu verrichten. Darunter fallen zum Beispiel die zu Beginn entwickelte Vision oder der Sprint-Kalender, der die Iterationen samt deren Regelterminen auf einer Zeitleiste abbildet. Alles, was das Transformation Team sonst noch an Artefakten für seine Arbeit braucht, sollte auf dieser Wand oder irgendwo im Raum Platz finden.

3.4 Die Arbeit des Transformation Teams in der Praxis

3.4.1 Die wichtigsten Aufgaben des Transformation Teams

Unser Transformation Team ist in den ersten Sprint gestartet, allerdings kämpft es noch mit seinem Fokus. Was ist denn die wichtigste Aufgabe des Transformation Teams beim Start?

Jede Transformation ist einzigartig, daher sind die Aufgaben eines Transformation Teams in jeder Organisation unterschiedlich zusammengesetzt. Die Aufgaben umfassen alles, was notwendig ist, um die Organisation langfristig zu verändern. Daher ist es schwierig zu sagen, welche Aufgabe die wichtigste ist. Generell gesprochen zählen zu den wichtigen Aufgaben aber

- die Veränderung von Abläufen in der Organisation,
- Überlegungen zu strukturellen Veränderungen,
- das Bilden von agilen Pilotteams für die Generierung von Lernerfahrungen,

- der nachhaltige Aufbau von Wissen zu Agilität in der Organisation,
- die Begleitung der Führungskräfte zu einem neuen Führungsverständnis sowie
- ein sauberes und transparentes Impediment Management.

Eine zentrale Aufgabe jedes Transformation Teams ist, die agilen Werte und Prinzipien vorzuleben. Das funktioniert, indem das Transformation Team regelmäßig reflektiert, ob es sich selbst an die vereinbarten Werte und Prinzipien hält. Dazu gehört auch, dass das Team, wie in Bild 3.10 dargestellt, agile Praktiken in seine Arbeitsweise einbaut. Die Mitglieder des Transformation Teams sollten ein Verständnis für die Herausforderungen des agilen Arbeitens entwickeln, denn nur dann können sie von den Kolleginnen und Kollegen als Unterstützung wahrgenommen werden.

3.4.2 Anstoßen von Veränderungen in der Organisation

Das Transformation Team hat unter anderem den dezidierten Auftrag bekommen, sowohl die Abläufe als auch die Strukturen in unserem Unternehmen zu hinterfragen und gegebenenfalls zu verändern. Sollte gleich zu Beginn der Transformation die Organisationsstruktur geändert werden oder kann das auch erst im späteren Verlauf passieren?

Wenn sich ein klassisch aufgestelltes Unternehmen zu einer agilen Organisation wandeln möchte, sind in der Regel einige strukturelle Anpassungen notwendig. Bestehende Hierarchien, Abteilungsstrukturen und Wertschöpfungsprozesse müssen durchleuchtet und auf ihre Sinnhaftigkeit überprüft werden. Wie wir bereits in Kapitel 1 gezeigt haben, gibt es für die strukturelle Gestaltung einige Möglichkeiten, von modernen Führungskonzepten bis zu neuen Governance-Prozessen.

Das Transformation Team hat die Aufgabe, unter Berücksichtigung der Kultur bedarfsgerecht den richtigen Weg für das Unternehmen zu finden. Wichtig ist, dass diese Modellierung immer zunächst in den agilen Pilotteams erprobt wird. Es wäre fatal zu denken, dass die Gestaltung der neuen Organisation am Reißbrett gelingen kann. Wir konnten tolle Ergebnisse erzielen, wenn Erprobung und Modellierung im Gleichschritt erfolgt sind, da neue Erkenntnisse aus den Piloten sofort in die Modellierung der zukünftigen Organisation einflossen. Es besteht aber auch die Möglichkeit, zuerst mehrere Pilotprojekte durchzuführen und sich erst später der Veränderung von Strukturen zuzuwenden, wenn es genügend Erkenntnisse gibt.

So gut wie jede agile Transformation hat das Ziel, die Organisation stärker auf die Kunden auszurichten. Dabei werden seit vielen Jahren gezogene, unsichtbare Grenzen aufgebrochen – vor allem zwischen den Business-Bereichen, der IT und dem Betrieb. Wie bereits in Kapitel 2 ausführlich beschrieben, geht es in den meisten Fällen darum, von einer funktionalen Struktur wegzukommen und stattdessen eine Organisation zu bauen, die an Produkten oder Kundensegmenten orientiert ist (im Spotify-Modell „Tribes" genannt). Diese Bereiche sollten nicht mehr als 100 bis 120 Personen umfassen und idealerweise alle Kompetenzen in sich vereinen, um neue Produkte auf den Markt zu bringen und die bestehenden Produkte weiterzuentwickeln. Auch wenn im ersten Schritt keine Veränderung der gesamten Organisationsstruktur angedacht ist, so hilft es, die oft virtuelle – also nicht in der Aufbauorganisation verankerte – Struktur der Pilotteams (zum Beispiel über Projekte) nach diesen Prinzipien auszurichten.

Für das Design der neuen Struktur setzen wir das Value Stream Mapping ein, das sich sehr gut für Wertschöpfungsprozesse eignet, in die maximal 120 Mitarbeiterinnen und Mitarbeiter involviert sind. Die Übung passt aber auch in Kontexten mit mehr als 120 Involvierten: In diesem Fall lässt sich damit herausfinden, welche größeren, bereichsübergreifenden Organisationseinheiten notwendig wären, um im nächsten Schritt Teams zu bilden. Auch bei dieser Methode ist unerheblich, ob das Ziel ist, Strukturen für die zukünftige Linienorganisation abzuleiten oder zunächst virtuelle Teams für etwaige Pilotprojekte zu bilden. Nachdem die Struktur ausgearbeitet wurde, wird darüber diskutiert, welche Personen diese Struktur ausfüllen werden, wie die Governance zwischen Teams und Bereichen aussehen wird und welche anderen Abläufe im Unternehmen daran angepasst werden müssen.

Schritt 1: Identifikation der Wertströme

Im Workshop starten wir damit, mithilfe von Value Stream Mapping die Produkte des Unternehmens und deren Wertschöpfungsketten zu identifizieren. Der komplette Prozess vom Eingangssignal eines Nutzers bis zur Auslieferung des Mehrwerts, den ein Produkt bzw. eine Dienstleistung bietet, wird abgebildet. Wir empfehlen, das Mapping mit Klebezetteln auf einer großen Wand, mit Moderationskarten auf dem Boden oder mit einem geeigneten digitalen Tool durchzuführen, auf dem mehrere Nutzer Karten bewegen können. So können die Elemente immer wieder neu angeordnet werden, bis ein gemeinsames Bild gefunden ist, das der Realität entspricht. Sie können diese Übung auch verwenden, wenn Sie sich Gedanken über zukünftige Wertschöpfungsketten machen wollen. Damit können Sie identifizieren, wie diese organisiert sein sollten, um den größtmöglichen Kundennutzen zu schaffen.

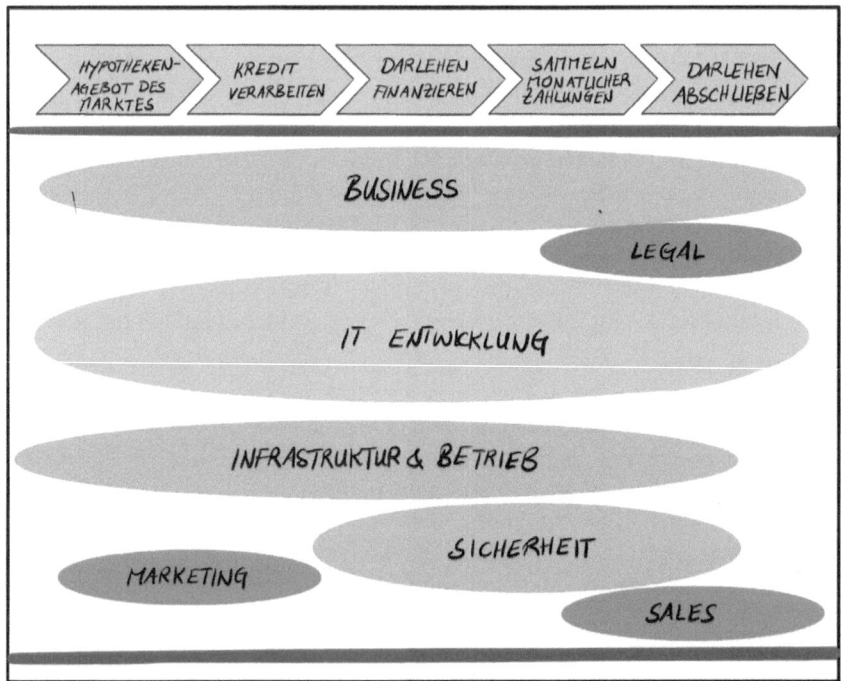

Bild 3.13 Value Stream Mapping und Identifikation der betroffenen Expertisen

Sobald die Wertschöpfungsschritte von links nach rechts sortiert wurden, wird die Expertise identifiziert, die in den jeweiligen Schritten benötigt wird. Bild 3.13 zeigt das exemplarisch für den Hypotheken-Kreditprozess in einer Bank.

Dann werden jene Unternehmensbereiche markiert, die im Zuge der Transformation verändert werden können. Idealerweise sind es alle Bereiche, aber möglicherweise gibt es einen guten Grund, zum Beispiel den Betrieb oder Sales zunächst außen vor zu lassen. Sofern es Übergabepunkte zu diesen vorerst von der Transformation ausgeklammerten Bereichen gibt, werden sie jetzt transparent. Wie die Zusammenarbeit und Synchronisation mit diesen Bereichen ablaufen können, wird später in Schritt 4 festgelegt.

Abschließend werden mögliche crossfunktionale Teamkonstellationen identifiziert und in die Grafik eingezeichnet (Bild 3.14).

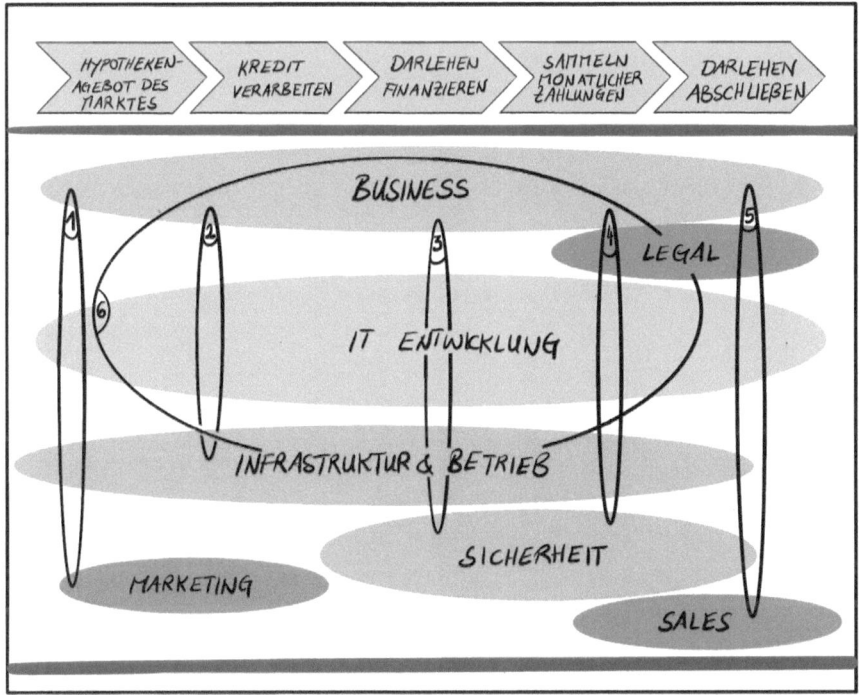

Bild 3.14 Mögliche Teamschnitte (nähere Beschreibung siehe Tabelle 3.2)

Das Ziel ist immer, Teams mit möglichst wenigen gegenseitigen Abhängigkeiten zu bilden, um viel Autonomie und schnelle Entscheidungsprozesse zu ermöglichen. Das kann über crossfunktionale Teamschnitte hergestellt werden, die komplette Schritte aus der Wertschöpfungskette abbilden. Diese Teams sind dann nicht mehr auf andere Teams angewiesen und haben eine End-to-end-Verantwortung. Richtig oder falsch gibt es dabei nicht. Es geht vielmehr um ein Ausprobieren und Experimentieren, welche Konstellation am besten für den jeweiligen Kontext passt. Manchmal wird das Transformation Team auch zu dem Schluss kommen, dass Support- oder Framework-Teams gebraucht werden, die in einem Wertstrom die nötige Softwarearchitektur für die anderen Teams bereitstellen.

Tabelle 3.2 Mögliche Teamkonstellationen

Name	Verantwortlich für
1. Kreditmarketing & Sales	• Kundenzentriertes Marketing • Content Management für Website, Social Media etc. (inklusive Hypothekenrechner) • Betreuung der Kundenberater, die Kredite verkaufen
2. Kreditantragstrecke & Dokumentenverwaltung	• Digitalisierter Kreditbeantragungsprozess mit integriertem Dokumenten-Upload • Mobile Kunden-App für Beantragung
3. Automatisierte Kreditentscheidung	• Automatisierung des Kreditentscheidungsprozesses durch Data Analytics und Business Intelligence
4. Kreditabwicklung & User Dashboard	• Abwicklung der Auszahlung (inkl. Grundschuldbelastungen etc.) • Reguläre Tilgungen und Sondertilgungen • Bereitstellung von kreditbezogenen Daten an Nutzer (z. B. durch das Online Banking)
5. Offboarding	• Cross-Selling (Veranlagungsstrategie nach Kredittilgung) • Umschuldungsprozess/neue Konditionen • Ablösung und Beendigung der Kreditschuld (inkl. Aus- und Umtragungsprozess Grundschuld)
6. Kundenbetreuungstool *(Querschnittsteam für den gesamten Privatkundenbereich, das ein Tool bereitstellt, mit dem Kundenbetreuer der Bank sämtliche Kreditprodukte anbieten, abwickeln und verwalten können.)*	• U. a. Integration der Änderungen, die durch die Digitalisierung des Kreditbeantragungsprozesses entstehen sowie Integration aller Neuerungen durch die automatisierte Kreditentscheidung

Sobald mögliche neue Teamschnitte gefunden wurden, geht es darum, diese Teams zu besetzen. Möglicherweise gibt es im Transformation Team dafür nicht die nötige Expertise, weil keines der Teammitglieder so detailliert über die einzelnen, in Frage kommenden Personen und deren Skills Bescheid weiß. In diesem Fall kann die Aufgabe an die jeweiligen Bereiche übertragen werden. Das Transformation Team sollte aber eine Empfehlung dazu geben, wie ein Workshop aussehen könnte, um die passenden Personen zu identifizieren.

Wenn genügend Zeit vorhanden ist, bevorzugen wir eine Ausschreibung, damit die Teams selbst zusammenfinden können. Dafür stellen wir Kriterien für die Kompetenzen zusammen, die in den Teams vertreten sein müssen. In einem zwei- bis dreistündigen Termin mit allen Mitarbeitenden stellen wir diese Kriterien vor und stellen danach die Aufgabe, sich in möglichen neuen Teamkonstellationen zu organisieren. Zu diesem Zweck bereiten wir in jeder Ecke des Raums für jedes Team eine Metaplanwand vor. Nach 45 Minuten stellen die Personen aus den einzelnen Teams den Stand des Findungsprozesses vor: Welche Kriterien sind bereits erfüllt? Welche Teammitglieder werden noch gebraucht? Auch wenn sich das nach einem großen Durcheinander anhört: Die passenden Teammitglieder finden sich – bisher hat dieses Vorgehen immer funktioniert.

Natürlich kommt es bei der Neuaufteilung von Teams häufig zu der Situation, dass eine Person aufgrund ihrer Expertise am besten in zwei Teams mitarbeiten sollte. Da agile Teams aus Vollzeitmitgliedern bestehen, ist ein Aufteilen der Kapazitäten theoretisch nicht möglich und wir empfehlen eine solche Konstellation auch nicht für einen längeren Zeitraum. Es nimmt den Teams die Geschwindigkeit und zehrt sehr an der Substanz der betroffenen Mitarbeiter. Stattdessen sollte ein guter Übergabe- und Einarbeitungsprozess entwickelt werden, damit diese Kollegen ihr Wissen an andere weitergeben können.

Zu klären wäre dann noch, wie das Führungsmodell für diesen gesamten Wertschöpfungsprozess aussehen kann – sowohl auf Team- als auch Bereichsebene. Wie in Kapitel 2 beschrieben, sehen die meisten agilen Arbeitsmodelle vor, dass die disziplinarische Verantwortung weder bei einem Teamleiter noch Product Owner oder Scrum Master liegt, sondern bei einer Person außerhalb des Teams, wie einem Chapter oder Tribe Lead. Zu guter Letzt tauchen in diesem Schritt noch Querschnittsfunktionen wie zum Beispiel ein Projektmanagement Office auf, die sich keinem Team zuordnen lassen und einen Platz in der neuen Struktur finden müssen.

Schritt 3: Besetzung der Führungsrollen

Erst nachdem der neue Organisationsschnitt und die Teams feststehen, können Führungsrollen wie Tribe Lead, Chapter Lead, Product Owner, Agile Coach oder Scrum Master besetzt werden. Das Transformation Team sollte einen Plan entwickeln, wie diese neuen Rollen besetzt werden. Werden potenzielle Kandidatinnen und Kandidaten direkt angesprochen oder findet ein offizieller Bewerbungsprozess statt? Aus unserer Erfahrung nehmen offizielle Bewerbungsprozesse etwas mehr Zeit in Anspruch, doch das lohnt sich – die Auswahl wird dadurch wesentlich vielfältiger und die einzelnen Personen bringen eine entsprechende Motivation mit.

Schritt 4: Synchronisationsmechanismen zwischen den Teams und anderen Bereichen

Sobald die personellen Fragen geklärt sind, geht es darum, ein konkretes Arbeitsmodell für die neue Struktur zu entwickeln. Wird in Sprints gearbeitet? Wie stimmen sich die Teams untereinander ab? In welchen Zyklen finden Retrospektiven statt? Werden Elemente aus Skalierungs-Frameworks wie LeSS oder SAFe® gebraucht?

Definieren Sie in diesem Schritt auch, wie die Zusammenarbeit mit Teams aus anderen Bereichen abläuft, die ebenfalls zur Wertgenerierung beitragen, zum Beispiel die Sales-, Service- und Rechtsabteilungen. Es geht zunächst nur um einen Entwurf, mit dem die Teams starten können – im weiteren Verlauf wird dieser Entwurf optimiert. Kapitel 2 gibt Ihnen einige Anregungen, wie Konzepte zur Abstimmung und Synchronisation von Teams und Bereichen aussehen können.

Schritt 5: Aufbau von Portfoliomanagement und Governance

Mit der Synchronisation der Teams ist eine Frage verbunden: An welchen Aufgaben sollen die Teams in welcher Reihenfolge arbeiten? Es geht also um die Priorisierung von Vorhaben.

Es gibt verschiedene Möglichkeiten, um auf diese Frage eine Antwort zu finden. Wir arbeiten gerne mit Leadership Teams, bestehend aus dem Tribe Leadership sowie einzelnen oder allen Product Ownern. Diese Gruppe legt die Priorisierung fest und passt sie kontinuierlich an. Das kann natürlich nicht willkürlich passieren, sondern muss an Zielen ausgerichtet sein, die sich das Unternehmen setzt. In den letzten Jahren hat sich für diesen Zweck immer stärker eine Zielmanagement-Methode bewährt, die gut zum agilen Arbeiten passt: Objectives and

Key Results (OKRs). Diese von John Doerr entwickelte Methode hat unter anderem Google große Vorteile gebracht (vgl. Doerr 2018).

Unterstützend helfen erprobte Prozesse wie das „Lean Portfolio Management" aus dem SAFe®-Framework oder Denkmodelle wie das Flight-Levels-Modell von Klaus Leopold (vgl. Leopold 2018). Um ein regelmäßiges Alignment zu erzeugen, kann man sich der Ideen des Quarterly Business Reviews und des Obeya-Rooms bedienen. Ähnlich wie OKRs dienen beide Instrumente dazu, quartalsweise Lieferungen festzusetzen und anschließend regelmäßig – zum Beispiel alle zwei Wochen oder einmal pro Sprint – über den aktuellen Stand dieser Lieferungen zu sprechen (vgl. Schmiedinger 2020). Abschließend sollte festgelegt und abgestimmt werden, wie der Bereich oder der Tribe seine eigenen Ziele mit den anderen Teilen der Organisation abstimmt.

Die Frage nach dem richtigen Instrument für die „agilere" Steuerung

In vielen Organisationen ist in den letzten Jahren eine bunte Mischung von agil arbeitenden Teams entstanden. Heute stellt sich daher in vielen Transformationen die Frage, wie diese unterschiedlichen und gleichzeitig möglichst autonomen Teams auf ein gemeinsames Ziel ausgerichtet werden können.

In diesem Zusammenhang beobachten wir in der Praxis die unterschiedlichsten Ansätze: Einige Organisationen, wie zum Beispiel die Deutsche Bank oder die Commerzbank, verwenden umfassende agile Skalierungs-Frameworks wie SAFe® oder Elemente daraus. Die ING Group verwendet ein eigenes Modell, das sich aus regelmäßigen Quarterly Business Review (QBR) und visuellen Obeya-Rooms zusammensetzt und andere Unternehmen weben in diese Prozesse noch das Zielmanagementsystem Objectives and Key Results (OKRs) ein. Zusätzlich beobachten wir eine Vielzahl an Versuchen und Möglichkeiten, ein agiles Portfoliomanagement zu etablieren. Relativ umfangreich wird das Portfoliomanagement unter anderem im Skalierungs-Framework SAFe® beschrieben. Schnell wird klar, dass es kein Patentrezept gibt und jedes Unternehmen seinen eigenen Weg finden muss, um diese Herausforderung zu meistern.

Erfahrungsgemäß ist es der beste Weg, ein möglichst schlankes Steuerungssystem zu etablieren. Das beginnt mit einem Zielmanagementsystem, das sich an OKRs orientiert und die Vision in gemeinsame, teambasierte Ziele operationalisiert, die nicht an Bonifikationen gebunden sind. Diese Ziele werden in Form von wenigen Initiativen angestrebt, mit denen man die Organisation nicht überfordert. Dazu braucht ein Unternehmen zum einen ein Portfoliomanagement, das auf den Work in Progress – also auf die Menge gleichzeitiger Arbeit im gesamten System – achtet. Zum anderen ist ein einfacher und effektiver Priorisierungs- und Budgetierungsprozess notwendig, in dem der persönliche Austausch, gestützt durch visuelle Kommunikationsmittel, eine wesentliche Rolle spielt. Jene Teams, die eine Initiative gemeinsam umsetzen, sollten sich ebenfalls möglichst einfach untereinander koordinieren können. So wie es auch die ING Group vormacht, empfehlen wir den QBR-Ansatz in Kombination mit Obeya-Rooms für das Zielmanagement sowie Ansätze aus dem Skalierungs-Framework LeSS für den operativen Austausch zwischen mehreren Teams.

Quarterly Business Review und Obeya-Konzept

Das Quarterly Business Review (QBR) ist ein Meeting, das einmal pro Quartal stattfindet. Es widmet sich den Ergebnissen des letzten Quartals und es wird dabei – ähnlich wie im Rahmen des Sprint Reviews – Feedback zu den Lieferungen eingeholt. Gleichzeitig wird für die Lieferungen im nächsten Quartal geplant. Die Ergebnisse werden in einem Obeya-Raum festgehalten, dessen Aufbau ein wenig anders ist als jener des Transformation Teams, den wir Ihnen am Anfang des Abschnitts vorgestellt haben (Bild 3.15):

- Performance Wall (OKRs und KPIs)
- Portfolio Wall (Releaseplan/Roadmap)
- Improvement Wall (Maßnahmen für die kontinuierliche Verbesserung)
- Leadership Action Wall (Impediments)

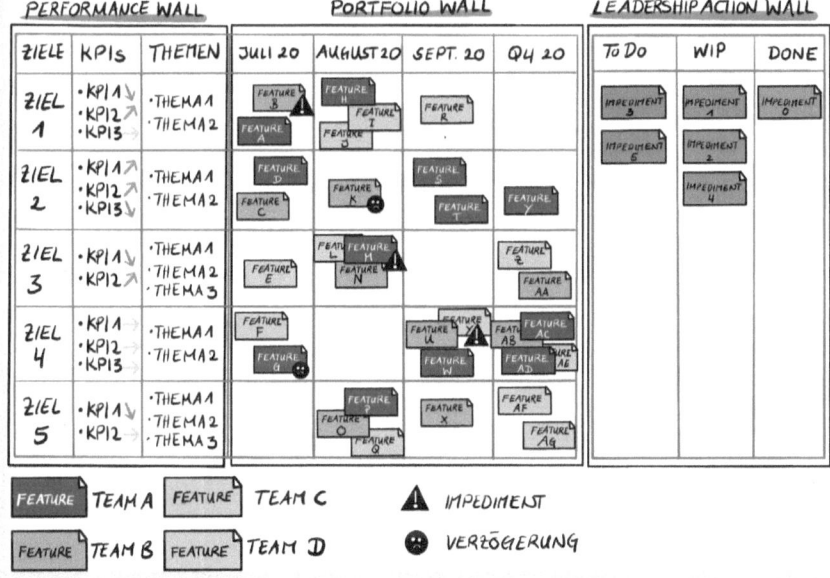

Bild 3.15 Beispiel eines Obeya-Raums für das Portfoliomanagement

Nach dem QBR treffen sich das Management, die Product Owner, Agile Coaches und vereinzelt auch Scrum Master und/oder Chapter Leads, IT-Manager sowie Architekturverantwortliche alle zwei Wochen, um diese Wände kontinuierlich zu aktualisieren, sich gegenseitig zu informieren oder kurzfristige Aufgaben, Verschiebungen und Maßnahmen zu definieren. Im Wesentlichen wird dadurch – ähnlich wie in einem OKR-Prozess – ein strategischer Scrum-Zyklus implementiert, dessen Iterationslänge ein Quartal umfasst und dessen „Dailys" für die Synchronisation alle zwei Wochen stattfinden.

Schritt 6: Weitere Themen

Im letzten Schritt des Workshops werden alle Themen adressiert, die in den ersten fünf Schritten noch nicht berücksichtigt wurden.

Setzen Sie bei diesem Workshop auf eine gute Moderation und stellen Sie sich darauf ein, dass Sie nicht gleich am Anfang ein Modell finden werden, mit dem alle Beteiligten zufrieden sind. Das ist auch nicht notwendig, denn es geht zunächst nur um einen Ausgangspunkt, von dem aus weitergedacht und gehandelt werden kann. Daher lautet unsere Empfehlung: Starten Sie mit einem oder zwei Pilotteams, die das neue Modell testen. Wenn Sie herausgefunden haben, welchen Anpassungsbedarf es gibt, entwickeln Sie das Modell weiter und nehmen weitere Teams dazu.

3.4.3 Agile Pilotteams identifizieren

Wir sollten unbedingt mit agilen Pilotteams experimentieren – nur unter besseren Rahmenbedingungen als bisher. Wie finden wir heraus, welche Teams die richtigen sind?

Die Auswahl der Pilotteams ist für die Transformation ein wesentlicher Erfolgsfaktor. Zum einen lernen die Mitglieder dieser Teams sehr schnell, was agiles Arbeiten bedeutet und entwickeln die notwendigen Fähigkeiten. Zum anderen erhält das Transformation Team eine unmittelbare Rückmeldung, welche Rahmenbedingungen in der Organisation bereits gut zum agilen Arbeiten passen und welche verändert werden müssen, bevor weitere Teams damit starten.

Wir haben es also mit einer Aufgabe zu tun, die alles andere als trivial ist. Generell gilt: Es sollte nicht zu lange damit gewartet werden, die agilen Piloten zu starten, damit das anfängliche Momentum des Wandels gut genutzt werden kann. Darauf sollte besonders bei größeren Transformationsvorhaben geachtet werden: In diesen Fällen neigen die Verantwortlichen oft dazu, erst dann agile Pilotteams zu aktivieren, wenn das Zielbild alles im vollen Umfang abdeckt. Gerade wenn man noch dabei ist, das Zielbild zu entwickeln, sollte es schon zwei oder drei Teams geben, die zwar noch im alten Organisationsmodell verhaftet sind, aber bereits mit agilen Methoden arbeiten. Die Erfahrungen dieser Teams helfen dabei, verschiedene Organisationsmodelle auf ihre Tauglichkeit hin abzuklopfen, Hindernisse zu identifizieren und die klassische Organisation langsam aus ihrer Verankerung zu lösen.

Auswahlkriterien für die Pilotteams

Pilotteams spielen für das organische agile Wachstum eine wichtige Rolle. Sie sind Pioniere, die erste Erfahrungen sammeln und mit diesem Wissen den Weg für den Rest der Organisation ebnen. Die in Kapitel 2 vorgestellten Kriterien für die Bildung von Keimzellen gelten auch für die Auswahl der Pilotteams. Zu diesen eher technischen und organisatorischen Punkten sollten Sie noch strategische Überlegungen in den Entscheidungsprozess aufnehmen, denn die Pilotteams sind gewissermaßen das Gesicht der agilen Transformation innerhalb der Organisation. Organisationsmitglieder, die bisher noch nicht agil arbeiten, können an den Pilotteams beobachten, wie das in der Praxis aussieht.

Daher ist bei der Auswahl der Themen für die Pilotteams ein gewisses Fingerspitzengefühl gefragt. Wir empfehlen in der Regel, mit mindestens zwei Teams aus verschiedenen Kontexten zu starten. Eines der Teams sollte aus einem Bereich stammen, von dem gemeinhin angenommen wird, dass dort agile Arbeitsweisen leicht adaptiert werden können: zum Beispiel Entwicklungsteams aus der IT, die an mobilen Apps oder Webseiten arbeiten. Das zweite agile Pilotteam sollte hingegen einen ganz anderen Kontext haben, idealerweise einen, der nicht auf den ersten Blick für Agilität spricht. Dazu gehören zum Beispiel Teams aus einem sicherheitskritischen oder stark regulierten Umfeld, aber auch Teams abseits der IT. Zwei unterschiedliche Kontexte zu pilotieren, ist ungemein wichtig, um breitere Erfahrungen zu sammeln. Nur so kann sichergestellt werden, dass die Transformation nicht von einer einzigen Sichtweise beeinflusst wird, sondern die vielfältigen Interessen und Voraussetzungen in der Organisation berücksichtigt.

Idealerweise machen die Mitglieder der Pilotteams auf freiwilliger Basis mit, denn so können Sie sicher sein, dass die Kolleginnen und Kollegen wirklich Lust auf diese Herausforderung haben. Wir begleiten aber auch immer wieder Teams aus dem anderen Extrem: Projekte in gefährlicher Schieflage eignen sich ebenso gut als Pilotvorhaben. Bei beiden Varianten kann man mit einem radikalen Wechsel auf ein anderes Arbeitsmodell nur gewinnen.

Die ausgewählten Teams müssen ein erstes Arbeitsmodell entwickeln und dabei sollten sie vom Transformation Team in Form von Workshops unterstützt werden. Das ist wichtig, weil sich dadurch Fallstricke leicht vermeiden lassen und die Pilotteams gut in die Phase des Lernens starten können. Danach müssen die Pilotteams ihre Arbeitsmodelle basierend auf den gemachten Erfahrungen aber selbstständig weiterentwickeln. Das Transformation Team ist dabei ein verlässlicher Begleiter im Hintergrund, der an den optimalen Rahmenbedingungen arbeitet.

Mit drei unterschiedlichen Teams in die Zukunft

In einem von uns begleiteten Unternehmen wurde anfangs entschieden, mit drei unterschiedlichen Pilotteams zu starten. Diese sollten bewusst verschiedene Kontexte haben, um Agilität in verschiedenen Anwendungsbereichen auszuprobieren und die Lernerfahrungen so divers wie möglich zu gestalten.

Zunächst arbeiteten wir mit dem Transformation Team in einem Brainstorming heraus, welche Bereiche dafür überhaupt in Frage kamen. Vorzugsweise wollten wir Bereiche ansprechen, von denen wir wussten, dass dort großes Interesse an der neuen Arbeitsweise bestand oder wo ein gewisser Lieferdruck herrschte. Die erste Brainstorming-Runde förderte rund 20 Ideen zutage, die wir in drei Cluster zusammenfassten:

- Entwicklungsteams im Bereich Digital
- Entwicklungsteams im Bereich Infrastruktur
- Teams im Non-IT-Umfeld (Support-Einheiten und Sales)

Anschließend wurde jeder Idee eine Einschätzung zugeordnet: Warum ergibt in diesem Bereich eine Änderung des Arbeitsmodells Sinn? Dazu nutzten wir die Kategorien „Notwendigkeit" und „Freiwilligkeit".

Jetzt begann die Feinarbeit: Wir probierten sämtliche Kombinationen mit Teams aus den drei identifizierten Bereichen aus, um einen guten Mix an verschiedenen Kontexten zu finden. Am Ende dieses Prozesses hatten wir eine Liste von fünf Themengebieten, die wir mit den Verantwortlichen besprachen:

- Zwei Teams, die gemeinsam an einer wichtigen App arbeiteten und große Probleme mit der gegenseitigen Abstimmung und dem regelmäßigen Release von Features hatten
- Zwei Teams, die die Umstellung der öffentlichen Website auf ein neues CRM-System vorantreiben sollten und unter großen Zeitdruck zugleich ein Refactoring der einzelnen Webpages durchführen mussten, weil es bereits einen Termin für den Relaunch gab
- Ein Team, das sich mit der Meldung von Anzeigepflichten gegenüber diversen Behörden beschäftigte und dessen Führungskräfte – sowohl aus der IT als auch aus dem Business – große Lust auf neue Arbeitsweisen hatten
- Ein Team aus dem Bereich HR, das sich um „Learning & Development" der Mitarbeiter kümmerte und agiles Arbeiten selbst ausprobieren wollte, um es entsprechend vertreten zu können
- Ein Team aus dem Vertrieb, das sich crossfunktionaler aufstellen wollte, um Geschäftsabschlüsse ganzheitlicher zu bearbeiten, aber noch auf der Suche nach einem passenden Arbeitsmodell war

Nach den Gesprächen konnten wir den Start des Experiments mit drei Teams – App, Meldewesen und HR – wagen.

3.4.4 Aufbau von Wissen

In unserer Vision haben wir uns verpflichtet, das agile Wissen in der Belegschaft zu erweitern. Funktioniert das am besten durch Trainings oder sollten wir interne Multiplikatoren ausbilden?

Pilotteams zu befähigen, ist eine Aufgabe, die gleich am Anfang eines erfolgreichen Transformationsprozesses erledigt werden muss. Sobald die Pilotprojekte ausgewählt sind, sollten die involvierten Teammitglieder auf jeden Fall an der Spitze der Weiterbildungsliste stehen, dicht gefolgt von betroffenen Führungskräften, Mitarbeitern und Mitarbeiterinnen, die Schnittstellen in andere Abteilungen sind. Für jede Rolle sollte ein passendes Befähigungspaket geschnürt werden, das Trainings, Workshops oder externe Weiterbildungen umfassen kann. Neben der Vermittlung der Arbeitsmethoden wie Scrum oder Kanban sollte die Auseinandersetzung mit den Werten und Prinzipien einen wesentlichen Anteil haben. Wichtig ist immer die Balance zwischen dem Lernen on-the-job und im „Klassenraum". Erst diese Kombination gibt Mitarbeitern die Möglichkeit, ihre Rolle voll auszufüllen.

Learning Journeys für die Mitarbeiterinnen und Mitarbeiter einer Landesbank

Im Zuge eines mittleren Transformationsvorhabens modellierten wir mit dem Transformation Team einer Landesbank ein Ausbildungskonzept (Bild 3.16), basierend auf den verschiedenen Rollen. Dabei achteten wir darauf, mit bewusstseinsbildenden Veranstaltungen zu starten und schrittweise in intensivere Trainings einzutauchen, sodass für jede Rolle ein Ausbildungspfad vorgezeichnet wurde. Unser Ziel war, zunächst ein einheitliches Wissen zu schaffen, damit alle Beteiligten klar und eindeutig über Themen der Agilität kommunizieren konnten. Erst später wollten wir auf Spezifika einzelner agiler Aufgabenbereiche eingehen. Das motivierte gleichzeitig die Mitarbeitenden auf ihrem Lernpfad, denn sie erkannten die Möglichkeiten für ihre eigene Weiterentwicklung.

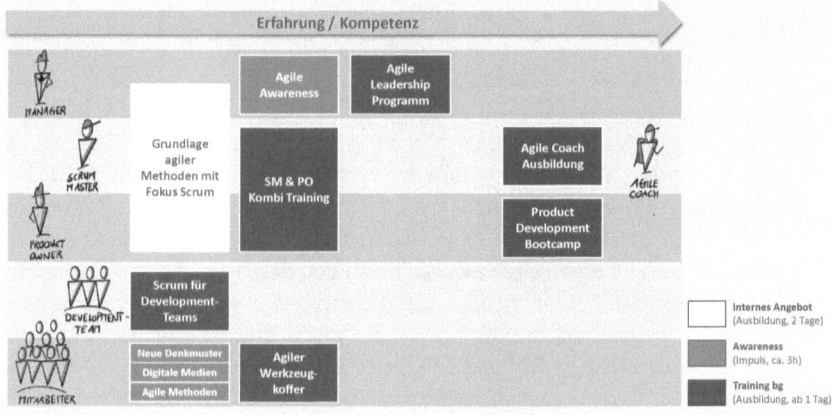

Bild 3.16 Das gemeinsam erarbeitete Ausbildungsprogramm

Eine weitere Art, auf die das Transformation Team das agile Wissen in der Organisation streut, ist das Mentoring von Teams und interessierten Kolleginnen und Kollegen. Deshalb ist es so wichtig, dass das Transformation Team eine Vertrauensinstanz im Unternehmen ist: Wenn die agilen Pilotteams oder einzelne Teammitglieder Sorgen oder Bedenken haben, sollte das Transformation Team eine Anlaufstelle sein, wo Themen offen angesprochen werden können. Manche Themen mögen einem fortgeschrittenen Agilisten belanglos erscheinen, aber dem Kollegen ist es so wichtig, dass er Unterstützung sucht. Die Mitglieder des Transformation Teams haben nun die Aufgabe, die Wahrheit hinter diesem Anliegen herauszufinden. Das Transformation Team löst das Problem aber nicht für die Kollegen, sondern zeigt ihnen die Mittel und Werkzeuge, mit denen sie die Probleme selbst lösen können. Die Mitglieder des Transformation Teams eröffnen neue Blickwinkel, denn das langfristige Ziel ist, dass sich die Teams selbst organisieren und mit ihrer wachsenden Verantwortung richtig umgehen. Daher muss das Transformation Team danach streben, sich entbehrlich zu machen. Erst wenn kein Transformation Team mehr notwendig ist und die agile Organisation funktioniert, ist das Ziel erreicht.

Je nach Unternehmensgröße ergibt es Sinn, zusätzlich zum Transformation Team auch Agile Coaches für diese Aufgabe einzusetzen. Wir haben viele Unternehmen begleitet, die früher oder später mit einem Pool von Agile Coaches die Transformation vorangetrieben haben. Vor allem wenn nach den ersten ein bis drei Pilotteams eine substanzielle Ausweitung (Skalierung) ansteht, sollte es diesen separaten Pool geben, damit im Transformation Team keine Fokuskonflikte entstehen. Dennoch bleibt der direkte Kontakt des Transformation Teams zu den Mitarbeiterinnen und Mitarbeitern unumgänglich.

Ein Netzwerk von Agile Coaches aufbauen

Das Transformation Team kann – und sollte – die agilen Pilotteams nicht in sämtlichen operativen Details betreuen müssen. Wenn interne und/oder externe Agile Coaches an Bord geholt werden, sind diese dafür verantwortlich, die Pilotprojekte zu koordinieren und die Pilotteams umfassend zu betreuen. Die Agile Coaches müssen aber auch als Verbindung zwischen den agilen Pilotteams und dem Transformation Teams fungieren, denn dieser Austausch darf nicht verloren gehen.

Wenn Sie einen Pool oder ein Netzwerk von Agile Coaches aufbauen wollen, beginnt das mit einer Ausschreibung. Wahrscheinlich werden Sie eine große Auswahlmöglichkeit haben und wir raten Ihnen: Seien Sie ruhig anspruchsvoll, denn die Rolle des Agile Coaches ist extrem wichtig für den Erfolg der Transformation. Mit einem unserer Kunden haben wir deshalb ein Assessment Center durchgeführt: Die Kandidatinnen und Kandidaten mussten eine Lösung für ein Problem aus der Praxis finden. Jene Bewerberinnen und Bewerber, die es durch diese erste Runde geschafft hatten, mussten ein umfassendes zweiwöchiges Trainingsprogramm absolvieren. Wir verstärkten den Pool als externe Coaches und begleiteten die Kollegen bei ihren Aufgaben. Über einen Zeitraum von sechs Monaten zogen wir uns schrittweise aus dem Coaching-Pool zurück, damit die Aufgabe in der Organisation vollständig internalisiert werden konnte.

Vor allem wenn interne Kolleginnen und Kollegen als Agile Coaches gewonnen werden sollen, die noch nicht viel Erfahrung mit agilen Methoden haben, stellt sich natürlich die Frage: Was sollte ein zukünftiger Agile Coach mitbringen? Am wichtigsten ist unseres Erachtens das Verständnis für Team- und Systemdynamiken sowie die Fähigkeit, andere in Entwicklungsprozessen zu begleiten und zu unterstützen. Selbstverständlich sollten zukünftige Agile Coaches große Freude am Lernen haben und sich dabei nicht nur auf das „Wie" beschränken, sondern auf das „Warum" neugierig sein. Das ist die Voraussetzung dafür, um anderen gegenüber überzeugend auftreten zu können, ob es nun Gruppen sind oder Manager. Bild 3.17 zeigt, in welche Rollen ein Agile Coach immer wieder schlüpfen muss – auch wenn klar ist, dass eine einzelne Person nicht jede Rolle im gleichen Ausmaß ausfüllen kann.

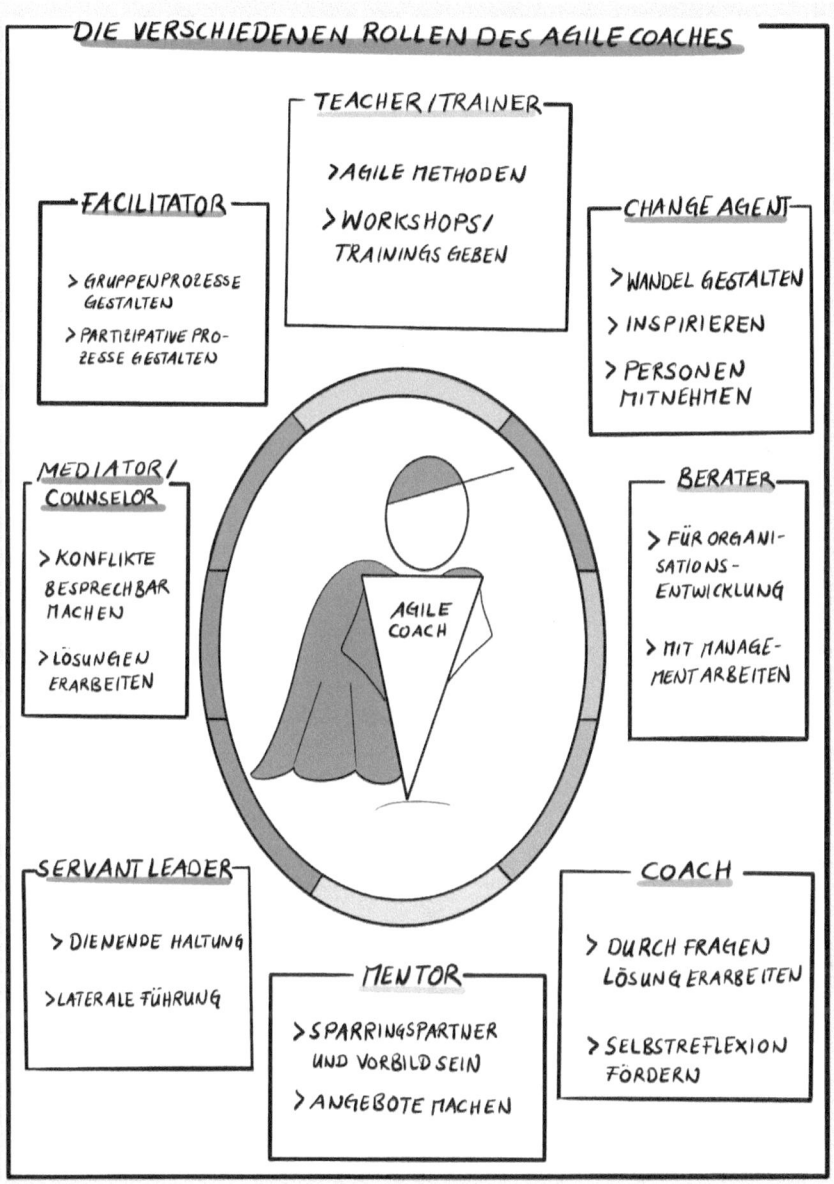

Bild 3.17 Die Rollen des Agile Coaches

3.4.5 Impediment Management

Die agilen Pilotteams haben ihre Arbeit aufgenommen, werden immer selbstständiger und fahren erste Erfolge ein. Weitere Pilotteams sollen bald starten – doch das Impediment Backlog des Transformation Teams quillt über. Wie können wir einen strukturierten Prozess schaffen, damit das Transformation Team mit der Behebung der Impediments hinterherkommt?

Wir haben bereits das Impediment Backlog und das Impediment Meeting mit Vertretern aus den Teams als Elemente des Impediment Managements vorgestellt. Bei Transformationsvorhaben, in die bis zu zehn Teams involviert sind, genügen diese beiden Elemente unserer Erfahrung nach, um einen Überblick über die bestehenden Impediments zu behalten.

Bei radikaleren Transformationen, in die hunderte Mitarbeiter und dutzende Teams involviert sind, können Sie davon ausgehen, dass ständig bei mehreren Teams gleichzeitig ähnliche Probleme auftreten. Um diese Impediments strukturiert aufzunehmen, zu priorisieren und abzuarbeiten, braucht ein Transformation Team unbedingt einen klaren und für alle transparenten Prozess, sonst kommt bei den neuen agilen Teams schnell Frustration auf. Transparent mit den Impediments umzugehen, ist auch häufig das Einzige, was ein Transformation Team zunächst machen kann. Probleme, wie eine veraltete Testinfrastruktur, die an ihren Kapazitätsgrenzen kratzt, wird das Transformation Team nicht von heute auf morgen lösen können.

Was das Transformation Team aber tatsächlich machen kann, ist, die Herausforderungen immer wieder auf die Tagesordnungen der entsprechenden Kreise zu bringen und strukturiert aufzuzeigen, wie sich das Problem auf die Liefergeschwindigkeit der Teams auswirkt. Wir erleben immer wieder, dass verschleppte technologische Neuerungen durch das Momentum der agilen Transformation endlich in Angriff genommen werden. Wenn eine Organisation wirklich agil werden will, muss sie nach und nach die Hürden abbauen, die der Energie der beteiligten Menschen im Weg stehen. Wenn Agilität zwar gefordert, aber gleichzeitig durch Untätigkeit verhindert wird, werden die Mitarbeiterinnen und Mitarbeiter irgendwann darauf pfeifen.

Das Transformation Team hat also die Aufgabe, diesen Prozess des schrittweisen Abbaus von Hindernissen zu strukturieren und zu begleiten. Bei größeren Impediments kann auch eine Fokusgruppe damit beauftragt werden (mehr dazu im nächsten Abschnitt).

Der Prozess des Impediment-Managements

Zunächst muss man wissen, womit man es bei einem Impediment überhaupt zu tun hat und warum es dieses Hindernis gibt. Der Prozess, wie Sie ihn in Bild 3.18 sehen, beginnt in den agilen Teams selbst: Die Teammitglieder und der Scrum Master nehmen sich das Impediment in einer Retrospektive vor, beschreiben es und finden heraus, ob sie selbst die nötigen Mittel haben, um das Problem zu lösen. Bleiben wir bei dem bereits angesprochenen Impediment einer veralteten Testumgebung, die wegen vieler Wartungsfenster nicht oft genug zur Verfügung steht: Die Ursachen dafür können vielfältig sein – eine komplexe Systemlandschaft, fehlende Investitionsbereitschaft etc. Das Team kann sich in der Retrospektive eine Strategie überlegen, wie es selbst mit dieser Herausforderung umgehen will, um davon in zukünftigen Sprints nicht so stark beeinträchtigt zu sein. Diese Maßnahmen allein werden das Problem auf Dauer aber nicht lösen.

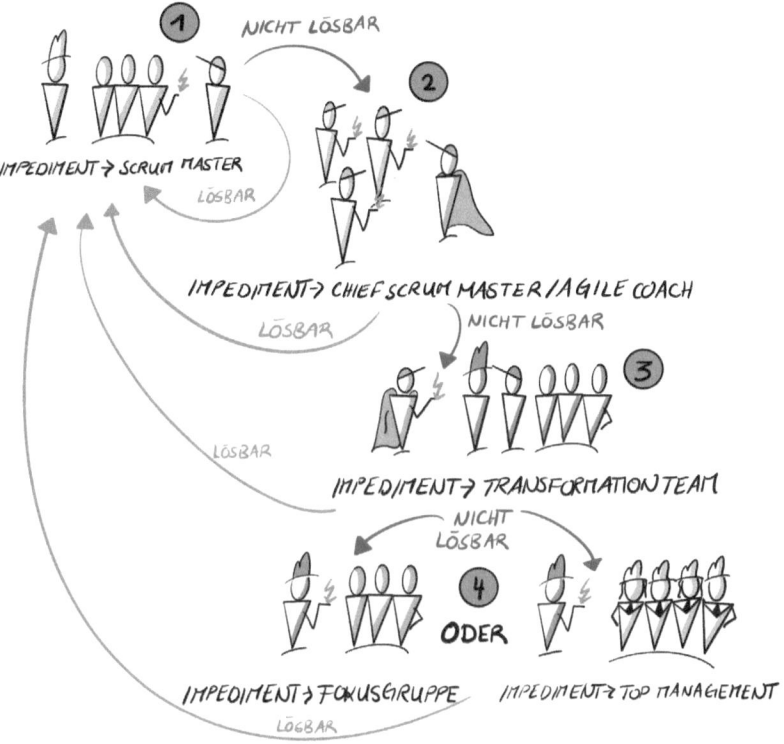

Bild 3.18 Prozess des Impediment Managements

Deshalb nimmt der Scrum Master das Impediment mit auf die nächsthöhere Ebene, zum Beispiel in ein Weekly mit anderen Scrum Mastern, dem Chief Scrum Master oder Agile Coach. Möglicherweise hatte ein anderes Team bereits ein ähnliches Problem und es findet sich durch den Austausch in diesem Kreis eine Lösung.

Wenn auch das nicht der Fall ist, trägt der Chief Scrum Master oder Agile Coach das Impediment an das Transformation Team heran, das herausfindet, ob es das Impediment aus dem Weg räumen kann. Ist dies nicht der Fall, kann es zum Beispiel eine Fokusgruppe damit beauftragen. Das funktioniert gut, wenn das Transformation Team eine Fokusgruppe zusammenstellen kann, die eine gewisse Entscheidungskompetenz hat, um am Ende wirklich etwas zu verändern. Liegt ein größeres, strategisches und/oder politisches Thema vor, ist es ratsam, das Impediment zuerst beim Topmanagement zu platzieren. Dieser Kreis kann dann immer noch die Fokusgruppe beauftragen.

Ziel dieses Prozesses ist es, möglichst rasch eine Lösung für die agilen Teams zu erwirken. Das geht manchmal nicht so schnell, wie sich das Transformation Team das wünscht, aber wie schon gesagt: Das A und O ist es, die betroffenen Teams und deren Scrum Master auf dem Laufenden über das zu halten, was gerade unternommen wird. Das Transformation Team sollte transparent darüber informieren, an welcher Stelle ein Impediment im Impediment Backlog bzw. Transformation Backlog steht – eventuell hat ein anderes Impediment gerade Vorrang. In diesem Prozess ist es nicht das Wichtigste, dass alles schnell gelöst wird. Am wichtigsten ist das Vertrauen durch die Gewissheit, dass ein Problem nicht einfach ignoriert oder vergessen wurde.

Impediments analysieren

Die Impediments, die ein Transformation Team beobachten kann, sind häufig nur Symptome. Es ist wie bei einer Blinddarmentzündung: Der Patient hat zuerst nur leichte Schmerzen, aber unter der Oberfläche wirkt eine komplexe Ursache. Eine Behandlung mit Aspirin wird da nichts nutzen – die Ursachen lösen noch schwerere Beschwerden aus und irgendwann bricht der Blinddarm durch.

Ähnlich verhält es sich mit Impediments in Organisationen: Sie werden oft nur oberflächlich behandelt.

Damit wir ein Problem wirklich verstehen können, verwenden wir daher für die Analyse gerne ein Impediment Canvas (Bild 3.19), das vom bekannten A3-Problemlösetool aus dem Toyota-Production-System inspiriert ist (vgl. Sobek, Smalley 2008). Das Canvas hilft, ein Impediment ausführlich zu beschreiben und konkrete Maßnahmen abzuleiten. Die Einträge in den Impediment Backlogs der Transformation Teams, die wir begleiten, umfassen häufig diese Kategorien.

Beobachtung	Was wurde beobachtet?			
Impediment	Welches Impediment resultiert daraus?			
Ziel	Welchen Zustand würde ich gern erreichen?			
Erreichungsprüfung	Wann kann ich sagen, dass mein Ziel erreicht wurde?			
Selbstorganisation	Was kann das Team tun, um dieses Impediment zu lösen?			
Effekt	Welcher Effekt wird sich durch die Auflösung des Impediments einstellen?			
Maßnahme	**Beschreibung** Welche Maßnahmen werden konkret zur Auflösung des Impediments ergriffen?	**Messkriterium** Wie kann der Effekt der Maßnahme gemessen werden?	**Beteiligte** Welche Personen oder Rollen sind für die Auflösung des Impediments zu beteiligen?	**Timebox** Wie lange wir diese Maßnahme verfolgt, bis die Ergebniskontrolle durchgeführt wird?
Erreichte Ergebnisse	Welche Ergebnisse wurden tatsächlich erreicht? (beabsichtigt, unbeabsichtigt, Erfolge, Misserfolge)			

Bild 3.19 Impediment Canvas

Das Impediment Management Office

Einer unserer Kunden richtete gleich zu Beginn der agilen Transformation ein Projekthaus mit circa 1000 Mitarbeiterinnen und Mitarbeitern ein. Das Ziel war, die Prozesse der Organisation zu digitalisieren und dazu mussten fast alle Bereiche des Unternehmens eingebunden werden. Alle agil arbeitenden Teams stießen nach und nach auf dieselbe Herausforderung: eine veraltete Systemlandschaft, die nur durch einen starren, langwierigen und teuren Prozess verändert werden konnte.

Um dieses Hindernis zu managen, wurde im Projekthaus ein Impediment Management Office installiert. Die Scrum Master in jedem Projektcluster, meistens bestehend aus drei bis sechs Teams, wurden gebeten, ihre Impediments in einer Excel-Liste mit der folgenden Struktur aufzunehmen:

Gewichtung	Impediment + Beschreibung	Sollbild + Akzeptanzkriterien	Lösungswege	Ebene	Impediment Owner + Bearbeiter	Meldedatum	Lösungsdatum

Unter dem Punkt Gewichtung sollte eingeschätzt werden, ob das Impediment eine hohe, mittlere oder niedrige Beeinträchtigung für die Teams darstellte. Mit dem Punkt „Ebene" waren die Kategorien Teamebene, Projektcluster und Organisation gemeint, um einen schnellen Überblick zu erlangen, wer von dem Impediment betroffen war und auf welcher Ebene eine Lösung erarbeitet werden musste. Mit solchen Tabellen kann auch nachverfolgt werden, wie lange es dauert, bis eine Lösung umgesetzt ist.

Die Mitarbeiterinnen und Mitarbeiter des Impediment Office trafen sich alle zwei Wochen mit den Scrum Mastern aus den acht Projektclustern, um die Impediments zu besprechen. Teilweise fanden Einzeltermine statt, um das eine oder andere Impediment genauer zu verstehen und zu analysieren. Das Office sammelte die Meldungen aller Projektcluster in seinem eigenen Impediment Backlog, in einer ähnlichen Tabelle wie oben dargestellt. Impediments, die vom Transformation Team gelöst werden konnten, wurden dort bearbeitet. Alle anderen Impediments wurden in einem monatlich stattfindenden Transformation- und Change-Board besprochen, das aus dem Topmanagement der verschiedenen Bereiche bestand. Von diesen Führungskräften wurden eine Priorisierung und die Ressourcen für die Behebung des Impediments festgelegt.

Es war zugegebenermaßen ein umfangreicher Prozess – aber damit konnten größere Hindernisse in der Organisation behoben werden.

3.4.6 Fokusgruppen initiieren und begleiten

Sie haben davon gesprochen, dass Impediments meistens komplexe Ursachen haben. Hinter den Impediments in unserer Organisation stecken große strukturelle Probleme. Wahrscheinlich werden wir eine Fokusgruppe brauchen, um zu Lösungen zu kommen.

Richtig, die Fokusgruppe eignet sich immer dann, wenn eines der Backlog Items im Transformation Team Backlog zu umfangreich für das Transformation Team selbst ist. Zu umfangreich vor allem im Sinne der notwendigen Kompetenzen, die für die Lösung nötig wären – selbst wenn das Paket zerteilt würde, könnte das Transformation Team mit seiner Arbeit keine wesentliche Verbesserung erzielen. Deshalb ist es sinnvoller, Personen mit den passenden Fähigkeiten zu beauftragen.

Die Mitglieder der Fokusgruppe

Die Fokusgruppe sollte mit sieben bis acht Mitgliedern so zusammengesetzt sein, dass sie einen idealen Querschnitt für die zu bearbeitende Aufgabe besitzt. Beauftragt wird diese Gruppe entweder vom Transformation Team oder direkt vom Topmanagement. Zweiteres ist vor allem dann sinnvoll, wenn das Impediment so weite Kreise zieht, dass zuvor ein Commitment des Topmanagements sinnvoll oder sogar notwendig ist.

Auch Fokusgruppen können durch eine aussagekräftige und inspirierende Einladung bzw. Vision auf freiwilliger Basis besetzt werden. Wichtig ist, mindestens ein Mitglied des Transformation Teams in der Fokusgruppe zu haben, um so eine gute Verknüpfung zwischen den beiden Teams herzustellen. Eine gute Idee ist es auch, mindestens einen Vertreter aus den agilen Pilotteams zu integrieren – idealerweise aus jenem Team, das gerade mit dem Impediment kämpft und es gemeldet hat. So wird ein guter Informationsfluss in beide Richtungen sichergestellt. Im Gegensatz zum Transformation Team und den agilen Pilotteams sind die Fokusgruppen aber nur eine temporäre Einrichtung, um eine Lösung für ein spezifisches Thema zu erarbeiten.

Der Arbeitsmodus der Fokusgruppe

Natürlich bietet es sich auch für die Fokusgruppe an, in Iterationen zu arbeiten, um den Gedanken des kontinuierlichen Lieferns beizubehalten. Das bedeutet wiederum, dass ein übertragenes Thema oder Hindernis in kleinere Arbeitspakete zerteilt werden muss, damit ein kleines Backlog entsteht. Die Fokusgruppe sollte dabei immer ein wachsames Auge auf eine klare Abgrenzung haben: Was ist wirklich Aufgabe der Fokusgruppe und was nicht? Es ist auch sinnvoll, für die Dauer der Fokusgruppe die Unterstützung eines Scrum Masters oder Agile Coaches in Anspruch zu nehmen, um stringent im agilen Arbeitsmodus zu bleiben. Die Vorstellung der Ergebnisse lässt sich gut in das Review des Transformation Teams integrieren. Auf diese Weise werden die Auftraggeber direkt erreicht, die Fokusgruppe kann Feedback einholen und auf dieser erweiterten Wissensbasis in die nächste Iteration gehen. Sehen wir uns dazu zwei Beispiele aus der Praxis an.

Beispiel 1: Auf der Suche nach neuen Scrum Mastern und Product Ownern

„Wie bekommen wir so viele Scrum Master und Product Owner?" – das war die große Frage, die sich das Transformation Team in einem Industrieunternehmen stellen musste. Es war nicht möglich, rasch agile Pilotteams aufzusetzen, weil es intern schlicht zu wenige Bewerbungen für diese Rollen gab. Nach einer ersten Analyse und Interviews mit Teilen der Belegschaft wurde relativ schnell klar, dass Unsicherheit die wesentliche Ursache war. Die neuen Rollen waren im Unternehmen noch nicht verankert, daher wussten die Interessentinnen und Interessenten nicht, worauf sie sich einlassen würden und ob das eine gute Entscheidung für ihre Karriere wäre.

Das Transformation Team konnte dem Thema allerdings nicht die Aufmerksamkeit widmen, die dafür nötig gewesen wäre, und initiierte eine Fokusgruppe. Der Auftrag lautete: „Arbeitet agile Rollenprofile inklusive möglicher Karrierewege aus und ordnet sie in das Gesamtkonzept des Unternehmens ein." So war die Fokusgruppe zusammengesetzt:

- Zwei Mitglieder des Transformation Teams, darunter die Vertreter von HR und Strategie
- Ein Scrum Master und ein Product Owner aus den agilen Pilotteams
- Mehrere Experten aus der HR-Abteilung, darunter ein Kollege mit Verantwortung für das Talent Management und ein weiterer Kollege, der sich um die Karriereleitern im Projektmanagement kümmerte

Schon in den ersten zwei Monaten lieferte die Fokusgruppe neue Stellenprofile und Entwürfe für die Karrierewege. Die Gruppe arbeitete in dreiwöchigen Iterationen, in denen die Stakeholder und das gesamte Transformation Team zweimal Feedback zu den Teillieferungen geben konnte. Nachdem die wesentlichen Punkte gelöst waren, arbeitete die Fokusgruppe noch an einigen verwandten Themen weiter und löste sich schließlich nach zwei weiteren Monaten auf.

Die Ergebnisse dieser Gruppe schufen wesentlich mehr Sicherheit für die potenziellen Scrum Master und Product Owner. Durch die attraktive Gestaltung der Rollen entstand spürbar mehr Motivation, sich in diese Richtung weiterzuentwickeln und es war auch ein Plus im Recruiting neuer Mitarbeiterinnen und Mitarbeiter zu erkennen.

Beispiel 2: Das Kernbankensystem verändern

Die Digitalisierung führt vielen Banken deutlich vor Augen, dass die technische Infrastruktur ein Update braucht. Das war auch in einer der Banken der Fall, die wir durch die Transformation begleiten durften: Dort stellte sich die Frage, inwieweit das Kernbankensystem noch den modernen Anforderungen genügte.

Wir bildeten eine Fokusgruppe mit Mitgliedern aus der IT, aus dem Fachbereich und Betreuern der jeweiligen Kernbankensysteme. Die Gruppe einigte sich schnell auf eine komplette Analyse aller Systeme, die aufzeigen sollte, zu welchem Zeitpunkt welches System am stärksten belastet war und ob es den Anforderungen standhalten konnte. Nach etwa sechs Monaten war die Analyse abgeschlossen und die Fokusgruppe präsentierte nicht nur dem Gesamtvorstand, sondern auch den Fachbereichen die Ergebnisse. Durch eine Ampeldarstellung machte die Gruppe transparent, welche Systeme den neuen Anforderungen gerecht bzw. nicht gerecht wurden. Außerdem wurden dem Vorstand konkrete Handlungsempfehlungen mitgegeben. Nach der Veröffentlichung des Abschlussberichts löste sich die Fokusgruppe wieder auf, da aus Kostengründen leider entschieden wurde, zunächst keine weiteren Maßnahmen zu setzen.

Die Gefahren

Das Transformation Team erhält kein ausreichendes Mandat.

Das Team wird gegründet, rekrutiert weitere Leute und will motiviert loslegen. Dabei wird außer Acht gelassen, dass nur ein wirkliches Mandat durch das Topmanagement auch nachhaltigen Erfolg bringen kann. Gehen Sie früh genug in den Austausch mit den Entscheidern, um sicherzustellen, dass ihre Initiative wirklich unterstützt und nicht nur geduldet wird.

Die Mitglieder des Transformation Teams nehmen sich nicht genug Zeit für die aktive Mitarbeit im Team.

Wenn man für eine Spezialaufgabe ausgewählt wurde, löst das zunächst einmal Euphorie aus. In dieser ersten Euphorie sagen Teammitglieder oft mehr Mitarbeit zu, als sie wirklich leisten können. Dadurch geht der Fokus verloren und kann sogar das ganze Team lähmen. Sprechen Sie daher vorab deutlich aus, was ein Mitglied des Transformation Teams leisten muss und fordern Sie das auch ein. Die Transformation ist zu wichtig, um sie an mangelndem Fokus scheitern zu lassen.

Die Arbeit des Transformation Teams ist intransparent.

Das kann jedem passieren: Man ist mit Eifer in eine Sache vertieft und vergisst alles andere rundherum. Ein Transformation Team sollte bei aller Motivation aber nie vergessen, seine Arbeit zu kommunizieren. Die Kolleginnen und Kollegen beobachten schließlich sehr genau, was das Transformation Team tut und orientieren sich daran. Intransparenz lässt Misstrauen entstehen, das irgendwann zu Widerstand wird. Idealerweise kommuniziert das Transformation Team also oft, ehrlich und beständig mit dem Rest der Organisation, zum Beispiel mit Hilfe von regelmäßigen Reviews und der Möglichkeit, Feedback zu geben.

Die Impediments der agilen Pilotteams werden links liegen gelassen.

Ein Transformation Team sollte in erster Linie mit strategischen Themen beschäftigt sein, zum Beispiel mit der Einbeziehung des Topmanagements in die weitere Transformation, mit Befähigungskonzepten für die Mitarbeiter und der zukünftigen Aufbauorganisation. Das darf aber nicht dazu führen, dass die Probleme der agilen Pilotteams weniger Gewicht bekommen. Wenn die Impediments ignoriert werden, fühlen sich die Mitglieder der Pilotteams irgendwann machtlos und geben auf. Auch wenn es das Finden von Lösungen delegieren muss, kümmert sich das Transformation Team aktiv um die Anliegen der Teams – diese sind letztendlich der Motor der agilen Transformation.

Das Transformation Team arbeitet nach rein klassischen Methoden des Projektmanagements.

Bei erfahrenen Projektleitern in einem Transformation Team erkennen wir immer wieder die Tendenz, in das klassische Projektmanagement zurückzufallen. Verständlicherweise fragen sich die übrigen Kollegen dann irgendwann, warum sie agil arbeiten sollen, wenn nicht einmal das Transformation Team selbst es schafft. Klassisches Projektmanagement hat seine Berechtigung, aber nicht in dem Aufgabengebiet, in dem sich ein Transformation Team bewegt.

Literaturtipps

Doerr, J.: Measure What Matters. OKRs: The Simple Idea That Drives 10x Growth. Portfolio Penguin 2018.

Gloger, B.; Margetich, J.: Das Scrum-Prinzip. Agile Organisationen aufbauen und gestalten. Schäffer-Poeschel 2018.

Hoebeke. L.: Making Work Systems Better: A Practitioner's Reflections on Practice. Wiley 1994.

Koch, A.: Change mich am Arsch: Wie Unternehmen ihre Mitarbeiter und sich selbst kaputtverändern. 2. Aufl. Econ 2018.

Liker, J.: The Toyota Way. 14 Management Principles from the World's Greatest Manufacturer. McGraw-Hill Education 2003.

Leopold, K.: Agilität neu denken. Warum agile Teams nichts mit Business-Agilität zu tun haben. LEANability 2018.

Rasche, C.: Sein statt schein: Woran sie ein agiles Mindset erkennen und wie sie es fördern können. Whitepaper borisgloger consulting 2019.
https://www.borisgloger.com/publikationen/whitepapers/

Sobek, D. K.; Smalley, A.: Understanding A3 Thinking: A Critical Component of Toyota's PDCA. Productivity Press 2008.

Starker, V.; Peschke, T.: Hypnosystemische Perspektiven im Change Management: Veränderung steuern in einer volatilen, komplexen und widersprüchlichen Welt. Springer Gabler 2017.

■

4 In der Steilwand: Das Transformation Team in der Krise

Selbst wenn Sie sich sehr früh dafür entscheiden, die Veränderung zur agilen Organisation durch ein Transformation Team planen und begleiten zu lassen, schützt das nicht zu 100 Prozent vor Krisen. Jedes Team, ob es ein „normales" oder ein Transformation Team ist, erlebt Phasen, in denen es an sich zweifelt und die Motivation in den Keller sinkt. Die Metapher des Bergs haben wir genau aus diesem Grund gewählt: Stellenweise wird der Aufstieg zum agilen Gipfel über schwieriges Gelände führen. Das ist anstrengend und es ist sinnvoll, Pausen einzulegen, in denen man wieder Kraft sammeln und sich orientieren kann.

Je weiter die Transformation voranschreitet, desto umfangreicher werden die Aufgaben, die zu erledigen sind. Es geht nicht mehr nur darum, agiles Arbeiten zu vermitteln, sondern die Rahmenbedingungen entsprechend anzupassen. Dazu gehören zum Beispiel Räumlichkeiten mit variablen Arbeits- und Begegnungszonen oder diverse interne Prozesse. Die Kulturarbeit braucht ständige Aufmerksamkeit, damit Führungskräfte nicht beim kleinsten Problem in hierarchisches Verhalten zurückfallen und die Mitarbeiterinnen und Mitarbeiter auf der anderen Seite die Eigenverantwortung wieder abgeben. Dazu kommt, dass trotz der unterstützenden Angebote des Transformation Teams manche Führungskräfte bemühter um die Veränderung ihres eigenen Verhaltens sein werden als andere. Über alledem schweben explizit oder nur unterschwellig spürbar die Erwartungen des Managements, das die Transformation gerne „mal abschließen" würde. Doch wie beendet man etwas, das nicht beendet werden sollte?

Das alles kostet Energie, selbst wenn da auch Erfolge sind, die zeigen: Wir sind auf dem richtigen Weg. Mit jedem Hindernis, das aus dem Weg geräumt werden muss, flacht die Kurve der Begeisterung ab. Wenn Teams selbst nach 20 Sprints noch immer mit denselben Problemen kämpfen müssen, weil sie an alten Technologien und starren Genehmigungsprozessen scheitern, stellt sich die Frage: Wozu das Ganze? Das Management macht ja doch wieder einen Rückzieher vor noch radikaleren Maßnahmen und ist der Meinung, dass die Veränderungen schon einschneidend genug gewesen sind.

Die Mitglieder des Transformation Teams geben zu, dass ihnen nach der positiven Aufbruchsstimmung die Kraft für die letzten Meter fehlt. Sie haben das Gefühl, dass der große Durchbruch fehlt, ohne genau zu wissen, ob es diesen überhaupt geben kann und wie er sich zeigen würde. Weitergehen oder umdrehen?

 In diesem Kapitel erfahren Sie,
- welche Tiefs selbst das motivierteste Transformation Team mitunter durchlebt,
- welche Fragen sich ein Transformation Team stellen sollte, um den Weg aus der Krise zu finden und
- woran die Mitglieder des Transformation Teams arbeiten können, um den Agile Spirit wieder aufleben zu lassen.

4.1 Probleme im Transformation Team

4.1.1 Motivationsprobleme adressieren

Bei aller Liebe – kann das hier noch agil werden oder sollte ich besser in ein bereits agiles Unternehmen wechseln?

Eine agile Transformation ist ein Ausdauersport, so frustrierend das für ein Transformation Team auch sein mag, das in dieser Situation steckt. In der Vergangenheit waren Veränderungen in der Organisation oft nur eine kosmetische Maßnahme – neues Organigramm, fertig. Sowas ist schnell erledigt. Doch das hier geht tiefer und dabei zeigen sich zwangsläufig Hindernisse und hartnäckige Widerstände, die manchmal unüberwindbar erscheinen. Haltungen und ein neues Miteinander in der Organisation verändern sich langsam, weil jeder Mensch sein individuelles Tempo hat.

Die große Irritation entsteht bei den Mitgliedern von Transformation Teams meist deshalb, weil sie in ihrem Denken und Handeln schon mehrere Schritte weiter auf dem agilen Weg sind. Dadurch wird die Kluft zwischen Wunsch und Realität im Unternehmen sichtbar. Sobald man sich darüber im Klaren ist, muss jedes Teammitglied für sich selbst beantworten, ob es genügend Ausdauer mitbringt oder ob es sich woanders wohler fühlen würde. Die zweite Frage ist: Will ich in einem „fertig transformierten" oder vielleicht sogar agil „geborenen" Unternehmen arbeiten oder besteht der Reiz gerade darin, eine solche Verwandlung selbst zu gestalten?

Häufig wird deutlich unterschätzt, wie wichtig es ist, mit diesem Frust offen umzugehen. Ab einem gewissen Punkt hat sich nicht nur bei einem einzigen Mitglied des Transformation Teams der Ärger aufgestaut, sondern bei mehreren. Aber nur durch das transparente Darstellen der eigenen Emotionen und Zweifel entsteht die Möglichkeit, sich aus dieser Situation wieder zu befreien.

Es ist ein Test für das Transformation Team: Wie ist es um die Offenheit tatsächlich bestellt? Können wir gezielt über diesen Frust sprechen, der beim Tratschen in der Kaffeeküche nur angedeutet wurde? Hier kommt wieder die Führung ins Spiel: Jene Personen, an denen sich die anderen im Team orientieren, sollten mit gutem Beispiel vorangehen und diese Offenheit vorleben. Wenn sie es selbst so empfinden, sollten sie ihre Zweifel äußern und ihre Gefühle teilen, ohne sie den anderen umzuhängen.

Eine Gefahr besteht immer, wenn die Stimmung gerade schlecht ist: Das Team vergisst, was es bereits erreicht hat. Das stellen wir in Projekten jedes Mal fest: Es wurde Großartiges geleistet, doch der Erfolg schrumpft im Schatten des unendlich groß erscheinenden Bergs noch offener Themen. Manchmal liegt die Ursache dieses Bergs auch in einem einseitigen Fokus. Wir haben schon Situationen erlebt, in denen auf der strategischen Ebene und in der Bewusstseinsbildung für die Transformation hervorragende Fortschritte gemacht wurden, doch die operativ tätigen Pilotteams spürten davon wenig. Sie kämpften mit schlechten Rahmenbedingungen, konnten dadurch keine Erfolge erzielen und ließen ihrem Frust freien Lauf. Damit haben sie natürlich das Transformation Team angesteckt. Die Frage ist also, wie man die Traktion, die Kraft, möglichst ohne Reibungsverlust auf den Boden bringt. In dieser Situation kann eine Retrospektive das bereits Geschehene und die Erwartungen an die Zukunft wieder in das richtige Licht rücken (siehe Kasten).

Klarheit schaffen mit einer Retrospektive

Solange Emotionen unausgesprochen bleiben, dreht man sich im Kreis und redet sich womöglich mehr Probleme ein, als man tatsächlich hat. Die Retrospektive ist als Ort gedacht, an dem Bedrückendes ausgesprochen und vor allem sortiert und etwas objektiver in den Gesamtkontext gestellt werden kann. Hilfreich ist eine strukturierte Retrospektive, um die offengelegten Emotionen zu ordnen und geeignete Maßnahmen zu finden. Das sind mögliche Fragestellungen:

- Was hat dich ursprünglich motiviert, Teil des Transformation Teams zu werden?
  - Was ist auf dem bisherigen Weg davon verloren gegangen?
  - Wie fühlt sich das gerade an?
  - Wie kann es uns gelingen, die Motivation wiederzuerlangen und langfristig, trotz nicht vermeidbarer Rückschläge, aufrecht zu erhalten?
- Wie gehen wir mit Rückschlägen, Widerständen und kontraproduktiven Handlungen um?
  - Wie schaffen wir es, sachlich zu reagieren und den Blick stets nach vorne zu richten?
- Wie reagieren wir auf Enttäuschungen, die an uns kommuniziert werden. Noch schlimmer: Wie reagieren wir auf Vorwürfe?
  - Schaffen wir es, diese Enttäuschungen in weitere Maßnahmen überzuleiten, und wie können wir Betroffene zu Beteiligten machen?

Am Anfang dieses Abschnitts stand die Frage: „Kann das hier noch agil werden oder sollte ich lieber in ein bereits agiles Unternehmen wechseln?" Auch daraus können positive und zielgerichtete Fragen für die Retrospektive abgeleitet werden.

Aus „Kann das hier noch agil werden?" wird:

- An welcher Stelle im Unternehmen wird Agilität einen positiven Hebeleffekt auf das Business entwickeln? Sind wir dort als Transformation Team schon gezielt aktiv?
- Machen wir Angebote und begeistern wir uns für die Probleme unserer Stakeholder oder geht es eher um unsere Vision und unser Verständnis von Agilität?
- Arbeiten wir mit den Menschen, die offen und bereit sind und hören wir ihnen zu – oder agieren wir als Change Manager, die den Laden einfach agil umkrempeln wollen?
- Wo zeigt sich bereits Agilität im Unternehmen? Wie konnte das trotz der schwierigen Rahmenbedingungen passieren?

Paradoxe Interventionen sind manchmal am effektivsten. Das sieht in Fragen verpackt so aus:

- Was könnten wir tun, um die Agilisierung dieses Unternehmens nachhaltig zu verhindern?
- Aus „Sollte ich lieber in ein bereits agiles Unternehmen wechseln?" wird:
- Was möchten wir von einer wirklich agilen Company lernen?
- Wie sieht unser Job hier aus, wenn wir es geschafft haben, das Unternehmen in eine wirklich agile Company zu wandeln? Welche Probleme haben wir dann?

Aus dem eigenen Gedankenhamsterrad auszusteigen, ist der wichtigste Schritt, damit das Transformation Team aus der Krise kommen kann. So wie bei vielen anderen Problemen im Leben hilft dabei die Erfahrung, mit dieser Frustration nicht alleine zu sein. Bevor eine agile Transformation angestoßen wird, besuchen Manager oft andere Unternehmen, die den Schritt bereits gewagt haben. Dieser Austausch mit Menschen in anderen Unternehmen ist noch wichtiger, wenn der Weg steinig ist. In welche Krisen sind andere Unternehmen geschlittert und wie haben sie sich wieder herausmanövriert? Natürlich erzählen Unternehmensvertreter am liebsten Erfolgsstorys, doch der offene Umgang mit Fehlern und Irrwegen ist genau das, was ein agiles Unternehmen ausmacht. Diese „Kriegsgeschichten" zeigen frustrierten Transformation Teams sehr oft das Licht am Ende des Tunnels. Sie erkennen die Auswege und entwickeln wieder Motivation. Unsere Überzeugung ist: Krisen sind kein Scheitern und man kann sie aus der agilen Transformation nicht einfach aussparen. Früher oder später macht jedes Transformation Team damit Bekanntschaft.

4.1.2 Mit Erwartungen umgehen

Das Transformation Team macht sich nicht nur selbst viel Druck, es bekommt ihn auch von außen zu spüren. Derzeit werden wir den großen Erwartungen nicht gerecht, die von allen Seiten der Organisation an uns gestellt werden. Aber wie sollen wir das auch schaffen? Wir sind eine Handvoll Menschen für ein riesiges Unterfangen und machen schon alles, was wir können.

Mit dem Wort „agil" sind große Erwartungen verbunden. Von Rahmenwerken wie Scrum verspricht sich das Management „mehr Speed", „kürzere Time-to-Market", „bessere Qualität", überzeugende Produkte, vielleicht sogar „Kosteneinsparungen" und vor allem „mehr Flexibilität in der Umsetzung". Das klingt beinahe nach Magie – nur wollen die wenigsten wahrhaben, dass sich diese Magie erst nach drastischen kulturellen und strukturellen Veränderungen zeigt. Deshalb beobachten wir immer wieder Führungskräfte, die zu Beginn einer Transformation der Meinung sind, mit ihrem Commitment schon alles Nötige für den Wandel getan zu haben.

In der Startphase wird gerne auf Unternehmen verwiesen, die erfolgreich agil arbeiten. Das beliebteste Beispiel ist zweifellos das bereits beschriebene Spotify-Modell mit seinen Tribes und Squads. Eine einfache Matrix, die doch nur umzusetzen wäre. Müssten die Mitarbeiterinnen und Mitarbeiter angesichts der Verheißung von Selbstbestimmung – ja, manchmal wird Selbstorganisation mit Selbstbestimmung verwechselt – nicht glücklich auf den Zug der Veränderung aufspringen? Müssten sich die Veränderungs-Backlogs der Bereiche und der Teams nicht füllen und intrinsisch motiviert eine Hürde nach der anderen abgebaut werden? Leider findet das nur in den wenigsten Fällen so statt. Stattdessen wird das Transformation Team vor zahlreiche, unüberwindbar erscheinende Hürden gestellt und mit Bedenken und Forderungen bombardiert.

In einigen Organisationen können wir beobachten, dass an diesem Punkt der anfänglich iterative Arbeitsmodus des Transformation Teams auf Druck des Managements auf einen klassischen Change-Management-Ansatz umgestellt wird. Es werden also Maßnahmenpakete definiert und Timelines verordnet – es soll geliefert und Vollzug gemeldet werden. Wenn dieser Schwenk zu einem klassischen Plan passiert, verändert sich meist auch die Stimmung im Transformation Team: Die Teammitglieder sind vorerst beruhigt, denn der Plan gibt Sicherheit und vermittelt das Gefühl, es gäbe eine Strategie.

Sollte das Transformation Team die Organisation also mit Change-Projektplänen ruhigstellen? Wir halten das nicht für eine besonders hilfreiche Idee. Auch mit einem klassischen Change-Plan wird das Transformation Team auf große Hindernisse stoßen. Eine kleine Lieferung, die innerhalb eines Monats abgeschlossen sein sollte, entpuppt sich plötzlich als großer Brocken. Der Plan muss geändert werden und beim Checkup mit dem Management kommt der Moment der Wahrheit: Wie groß sind die Fortschritte? Sind wir erfolgreicher geworden? Schneller? Adaptiver? Digitaler?

Welchen alternativen Weg kann ein Transformation Team also beschreiten? Die kurze Antwort: Transparenz – und dazu eine große Portion professionelle Kommunikation.

Transparenz durch ein Scaled Review – das Transformation Team auf Tour

Was für agile Teams im Allgemeinen gilt, gilt für das Transformation Team im Speziellen: Nutzerzentrierung. So manches Entwicklungsteam ist mit der eigenen Arbeitsweise, dem eigenen Produkt und mit sich selbst so beschäftigt, dass Kunden und Anwender nur eine Rolle am Rande spielen. Gerade Transformation Teams rutschen schnell in diesen Modus ab. Wer denkt bei zentralen Einkaufsbedingungen, dem Umbau einer Architektur und der Veränderung von HR-Modellen noch an die Anwender, in diesem Fall die Mitarbeiterinnen und Mitarbeiter? Es scheint, als ließen sich die Themen als „Querschnitts- oder Technologiethemen" einfach abarbeiten.

Genau das ist eine große Falle. Wer die „Anwender" in diesen Themenbereichen nicht berücksichtigt, geschweige denn ins Zentrum rückt, erschafft selbst ein großes Impediment. Das sollte so schnell wie möglich behoben werden. Erst wenn der Anwender im Zentrum der Lieferungen eines Transformation Teams steht, ist das Team motiviert genug, Transparenz herzustellen. Ansonsten wird Transparenz vom Transformation Team nur als lästige Reporting-Pflicht wahrgenommen.

Das bedeutet nicht, dass man das Management mit dessen Controlling-Bedürfnissen vollständig ignorieren kann. Es ist wichtig, in regelmäßigen Abständen mit dem Topmanagement zu arbeiten – und die Betonung liegt bewusst auf dem Wort „arbeiten". Neben einer transparenten Darstellung des aktuellen Fortschritts muss sauber kommuniziert werden, was das Team gerade leisten kann und was nicht.

Die Ehrfurcht (oder nur Furcht) vor dem Topmanagement ist aber oft so groß, dass Tatsachen nicht oder nur verblümt ausgesprochen werden. Was Manager so wie alle anderen Mitarbeiter brauchen, ist klare Kommunikation: Denken die Auftraggeber, es sei alles in Ordnung, steigt in der Regel stetig der Druck. Wird nicht deutlich gesagt, wo und wie die Unterstützung des Managements gebraucht wird, wird die Unterstützung ausbleiben. Wird gerade eine Arbeitssitzung gebraucht, eine dringende Entscheidung oder mehr Ressourcen? Alle diese Fragen können nur schnell aufgelöst werden, wenn es regelmäßige Synchronisationsmeetings zwischen dem Transformation Team und dem Management gibt. Doch leider gibt es davon viel zu wenige. Wir haben Organisationen begleitet, in denen sich die Geschäftsführung – trotz des Bekenntnisses zur agilen Transformation – maximal einmal pro Monat, eher alle zwei Monate mit dem Transformation Team getroffen hat. Das ist schlichtweg zu selten, um eine gute Kommunikation zwischen Auftraggeber und Team zu gewährleisten.

Um regelmäßig mit den Anwendern in den Austausch zu kommen, bietet sich naturgemäß das Sprint Review des Transformation Teams an (siehe Kapitel 3). Wie bereits beschrieben, geht es dabei um die Vorstellung erster Ergebnisse zu den Arbeitspaketen, um ein Feedback aus der Organisation zu erhalten. Das verlangt nach einer kritischen Auseinandersetzung damit, wie erste Teillieferungen aussehen könnten, die zeitnah vorgestellt werden können. Um vor allem in großen und verteilten Organisationen eine größere Reichweite zu erzielen, bietet sich ein Livestream dieses Reviews an, um Menschen an allen Standorten und zeitversetzt erreichen zu können.

Crossfunktional und crosshierarchisch Lösungen entwickeln

Das Corporate Transformation Team eines großen Automobilzulieferers sollte unter anderem das Konzept der Microservice-Architektur im Unternehmen einführen. Eine Aufgabe für die Systemarchitekten, könnte man meinen. Doch diese waren nur eine Gruppe von mehreren.

Daher stellten wir die Anwender der Microservices in das Zentrum der Diskussion. Wie bei jeder agilen Produktentwicklung wurden folgende Fragen gestellt:

- Für wen verändern wir die Architektur? Wer wird mit dem Ergebnis arbeiten?
- Welches Problem lösen wir damit?
- Wie zeigt sich das Problem heute?
- Wie lösen die Betroffenen das Problem derzeit?
- Was soll sich durch unsere Lösung verbessern?

Als Grundlage wurde in den einzelnen Bereichen der IT sowie in der Community of Practice für agile Projekte eine umfassende Erhebung durchgeführt: Welche Hindernisse halten aktuell die Teams davon ab, Microservices für ihre Produkte einzusetzen? Damit konnte sich das Transformation Team ein Bild davon machen, worum es in der Problemlösung gehen könnte.

Bei der Einbindung der Kunden und Nutzer ging das Transformation Team aber noch einen Schritt weiter: Einmal pro Monat führte das Transformation Team einen eintägigen Workshop mit Vertretern aus den Architekturboards, aus dem Betrieb, aus dem Management und mit einem externen Experten für Microservices durch. In crossfunktionalen und crosshierarchischen Arbeitsgruppen setzten sich die Teilnehmenden mit den Problem- und Lösungsräumen auseinander – inhaltlich diskutierend, fragend, verstehend und lernend. Auf diese Weise konnten alle Beteiligten im Transformation Team, im Management und im Kreis der Fachexperten ein tiefes, gemeinsames Verständnis der Thematik entwickeln. Es wurde nicht über Timelines und Meilensteine diskutiert und verhandelt. Im Vordergrund standen Inhalte und Lösungen – eben ein agiles Arbeitsmeeting.

Heute sind Microservices ein etablierter Standard in der IT dieses Unternehmens, die gezielt und kompetent zur Anwendung kommen und dort Probleme lösen, wo es wirklich sinnvoll ist.

Das Beispiel zeigt: Transparenz kann nicht alleine über das Review, also über die Präsentation einer Leistung, und über das Berichtswesen hergestellt werden. Echte Transparenz entsteht durch Co-Creation, durch die Zusammenarbeit von Problembeteiligten und -betroffenen.

Transparenz ist aber auch ein Ergebnis von Zugänglichkeit und Offenheit. Ein Transformation Team sollte sich die Frage stellen, ob es am richtigen Ort sitzt. Wieso ist das so wichtig? Wir hatten zum Beispiel mit einem Transformation Team ein tolles Design-Thinking-Office bezogen – im Konzern die Vorzeigefläche für „New Work". Das Office war toll, doch leider befand es sich in einem unbedeutenden Randgebäude, fernab vom zentralen Campus.

Ganz anders sah der Zugang eines Kunden aus, der die Aktivitäten des Transformation Teams sprichwörtlich in das Zentrum des Unternehmens stellte. Mitten auf der Plaza der Zentrale wurde neben der Kantine ein Container-Pavillon mit großflächigen Glaswänden platziert. Jeder konnte sehen, wie es darin aussah und was sich dort tat. Der Container war ständig mit einem Mitglied des Transformation Teams besetzt, das Rede und Antwort zu den aktuell bearbeiteten Themen stand und Interessierte mit den richtigen Ansprechpartnern aus dem Transformation Team vernetzen konnte. Außerdem fanden im Pavillon Workshops und Trainings statt. Der Container wurde schnell zu einem begehrten Workshopraum, auch abseits der Transformationsthemen. Mit seiner Ausstattung hat der Container die Arbeit des Transformation Teams veranschaulicht und für die Organisationsmitglieder greifbar gemacht.

Salopp ausgedrückt: Transparenz wird idealerweise dort erzeugt, wo die Menschen sind. Also muss das Transformation Team dorthin, wo sich das Unternehmensleben abspielt, wo soziale Kontakte stattfinden und natürliche Berührungspunkte entstehen. Gemäß der alten Weisheit: „Zum Fischen musst du dich an den Fluss setzen."

Professionelle Kommunikation

Eine agile Transformation ist eine emotionale Angelegenheit. Ob mit einer Sache positive oder negative Gefühle verbunden werden, ist eine Frage dessen, wie sich die Sache präsentiert. Auch agile Transformationen brauchen daher ein „Branding", denn: keine Marke, keine Kommunikation – keine Wirkung. Marken brauchen Profil, eine Aussage und eine unverwechselbare Sprache (bildlich wie wörtlich). In den meisten Transformation Teams kommt das schlichtweg zu kurz, sie positionieren sich gar nicht bzw. langweilig und nichtssagend. Manchen scheint es zu genügen, in die wichtigste Veränderung des Unternehmens involviert zu sein und denken daher, dass sie ohnehin im Mittelpunkt stehen. Oder das Transformation Team hat selbst bereits ein völlig agiles Lebensgefühl entwickelt und vergisst dabei, dass die Menschen außerhalb dieses wissenden Kreises erst abgeholt und begeistert werden müssen. Auch hier kann das „Start with Why"-Prinzip von Simon Sinek helfen, um emotional und bildhaft über das Vorhaben und die damit verbundenen Ambitionen zu kommunizieren.

Wer ist für die Markenbildung des Transformation Teams zuständig? Das ist der Product Owner, der – so wie im klassischen Change-Management – viel Kommunikationsarbeit leisten muss. Wenn die Transformation gerade nicht so ideal läuft, sollte ein Transformation Team daher seine Kommunikationsleistung überprüfen. Bei einer ehrlichen Auseinandersetzung damit wird oft schnell klar, warum sich manches in der Einstellung und Bewertung durch die Umwelt so entwickelt, wie es das eben tut. Bunte Klebezettel an den Wänden, Werbeposter, Intranet- und E-Mail-Updates reichen für eine professionelle Kommunikation leider nicht aus.

Wir arbeiten bei Transformationen daher nicht nur direkt mit dem Transformation Team, sondern binden auch die Kommunikationsabteilungen und manchmal sogar Agenturen von Unternehmen ein, um den Aufbau der Transformationsmarke voranzutreiben.

Ein Tipp für die inhaltliche Gestaltung: Machen Sie einen Bogen um das Standardrepertoire interner Kommunikation wie Intranet-Nachrichten und aufwendige Kommunikationsevents im Hochglanz-Format. Technisch ist das oft perfekt für Produkte und Services, aber weniger für Veränderungsvorhaben geeignet. Hinzu kommt, dass die Mitarbeiterinnen und Mitarbeiter diese Form der Kommunikation mit Veränderungsprozessen aus der Vergangenheit in Verbindung bringen, die möglicherweise negativ besetzt sind.

Hier sollten Sie sich die Frage stellen: Wie können die Menschen im Unternehmen schnell und auf ihrer jeweiligen Ebene erfassen, was Agilität anzubieten hat und wie sie sich einbringen können? Erste Informationen dazu im Intranet oder kurze selbstgedrehte Videos von Akteuren, die bereits agil arbeiten, sind als Einstieg sicherlich nicht verkehrt. Aber gerade Neueinsteiger fühlen sich von Agilität mit allen ihren verschiedenen Begriffen und Praktiken schnell erschlagen. Aus unser Erfahrung erzielen interaktive Formate wie Brown-Bag-Sessions (informelle Gespräche beim Essen) und Reviews mit viel Zeit für Fragen und Antworten die größte Wirkung. In den Gesprächen können die Mitarbeiterinnen und Mitarbeiter Bedenken loswerden und herausfinden, welchen Nutzen sie persönlich aus alledem ziehen können.

Erfolgreiche Beispiele für eine starke Change-Kommunikation sind der Axel Springer Verlag und die niederländische ING Bankengruppe. Beide haben es geschafft, rund um ihre Transformation einen regelrechten Hype zu initiieren und über ihre Unternehmensgrenzen hinaus zum Gesprächsthema zu werden. In beiden Fällen war das Topmanagement maßgeblich in die Kommunikation eingebunden.

Ein zentraler Bestandteil von Axel Springers Transformation vom klassischen Verlag zum digitalen Medienkonzern war der Aufbau von neuem Know-how, unter anderem durch externes Recruiting. Um die Message sowohl innerhalb des Unternehmens als auch nach außen breit und medienwirksam zu kommunizieren, wurde die Initiative „Media Entrepreneurs" ins Leben gerufen, die schnell viral wurde und interaktive Websites und Werbevideos umfasste.[1]

Auch die ING Bankengruppe verschrieb sich einer breit angelegten Kommunikationsstrategie rund um ihren Wandel. Neben klaren Messages des CEO[2] wurde auch hier die Recruiting-Strategie angepasst und nach Mitarbeitern gesucht, die in einem Startups ähnlichen Umfeld mit gleichzeitig hoher Sicherheit arbeiten wollten. Für die interne Kommunikation wurde die Metapher des „Abenteuers" und „Dschungels" verwendet, um deutlich zu machen, dass es sich bei der Transformation um eine anstrengende Reise handeln werde.[3]

---

[1] Zusammenfassung der Initiative Media Entrepreneur *https://youtu.be/OVh-OErdy2w*
[2] Interview mit CEO Nick Jue *https://bit.ly/2kwaU4Y*
[3] Barcamp Session auf der Agile Banking 2019 in Frankfurt am Main

Immer mit Plan

Bei der Begleitung der agilen Transformation eines Telekommunikationsunternehmens entwickelten wir mit dem Transformation Team ein Konzept, um stringent mit den diversen Stakeholdern der Transformation zu kommunizieren. Zuerst modellierten wir interne und externe Personas mit ihren jeweiligen Bedürfnissen. Im zweiten Schritt wurden die geeigneten Kanäle identifiziert, um die Zielgruppen effektiv und effizient erreichen zu können. Abschließend wurden Kommunikationspläne für jeweils drei Monate abgeleitet, um kontinuierlich und mit einem roten Faden aus dem Transformation Team zu kommunizieren. Neben Posts im Intranet umfasste dieser Kommunikationsplan auch mehrere interne Events, Formate für den Informationsaustausch bis hin zur externen Kommunikation über LinkedIn, Facebook und Xing. Parallel dazu wurden die Marke, das Design der Transformationsinitiative und die dafür verwendeten Kommunikationsunterlagen entwickelt, um einen hohen Wiedererkennungswert sicherzustellen.

∎

4.1.3 Durchschlagskraft durch laterale Führung herstellen

Neben dem Druck der Organisation ist auch der Product Owner des Transformation Teams nicht richtig handlungsfähig. Er würde in bestimmten Situationen gerne formal durchgreifen. Stattdessen muss er einen Kompromiss nach dem anderen mit den Stakeholdern finden.

In den wenigsten Organisationen werden Transformation Teams als Linienteams aufgesetzt. Ob das gut oder schlecht ist, kann nicht eindeutig beantwortet werden. Unabhängig von der formalen Positionierung des Transformation Teams in der Organisation haben sich zwei Symptome durch fast alle schlingernden Teams gezogen, mit denen wir bisher zusammengearbeitet haben:

- Die Mitglieder widmeten sich nicht mit voller Aufmerksamkeit den Aufgaben des Transformation Teams.
- Dem Transformation Team fehlte die Durchschlagskraft in der Organisation.

Sehr oft ist die Führung im Team der Knackpunkt. Die klassische hierarchisch-disziplinarische Führung tritt in einer agilen Organisation in den Hintergrund – das gilt auch für die Zusammenarbeit im Transformation Team. Agile Führung geschieht hauptsächlich lateral und das Transformation Team hat die Aufgabe, auch diesen Aspekt vorzuleben.

Was ist laterale Führung?

Laterale Führung ist das Führen ohne direkte Weisungsbefugnis. Die führende Person nimmt Einfluss auf das Handeln und die Willensbildung innerhalb einer Gruppe oder Organisation, ohne sich auf hierarchische Strukturen berufen zu können. Laterale Führung beruht überwiegend auf Vertrauen und Verständigung durch das Schaffen eines gemeinsamen Denkrahmens, in dem unterschiedlichste Interessen der Beteiligten miteinander verbunden werden (vgl. Bellman 2001). Das ist nicht wirklich etwas Neues: Projektleiter, die in ihren Teams bereits mit Kollegen und Kolleginnen außerhalb ihrer direkten Personalverantwortung gearbeitet haben, sind mit dieser Art von Führung vertraut. Meistens sind es die Abteilungsleiterinnen und -leiter, die bisher disziplinarisch geführt haben und nun umlernen müssen.

Laterale Führung funktioniert nur, wenn die entsprechende Person eine klare Legitimation für diese Aufgabe hat. Diese Legitimation stammt aus drei Quellen:

- **Legitimation durch das System:** Der Product Owner des Transformation Teams hat vom Management den klaren Auftrag erhalten, die Transformation im gesamten Unternehmen voranzutreiben. Er oder sie soll bewusst, zum Wohle aller, die Strukturen verändern und die Arbeitsweisen anders gestalten. Wichtig ist, dass diese Rolle sowie die damit verbundenen Verantwortungen und Befugnisse klar definiert und öffentlich kommuniziert sind. Diese Transparenz stärkt die Durchsetzungsfähigkeit des Transformation Teams in der Organisation.
- **Legitimation durch das Team:** Die Mitglieder des Transformation Teams akzeptieren ihren Product Owner als jemanden, der Führung übernimmt und den Weg vorgibt. Diese Art der Legitimation ist aber nicht automatisch gegeben, sie muss erworben werden: durch die Art und Weise wie der Product Owner Menschen führt und wie er mit inhaltlichen Fragen umgeht. Der Product Owner ist gut beraten, wenn er die Machtdynamiken im Team beachtet und für sich positiv nutzt. Eine der zentralen Fragen ist, wie Vertrauen geschaffen werden kann, denn laterale Führung braucht Vertrauen.
- **Selbstlegitimation:** Nur wer sich selbst und seinen Fähigkeiten vertraut, kann andere mitnehmen und führen. Menschen senden unzählige nonverbale Signale aus, die beim Umfeld ankommen und einen Einfluss darauf haben, wie ein Mensch wahrgenommen wird. In Gruppen beeinflussen sich Menschen gegenseitig und ein Product Owner hat das Recht, die Mitglieder seines Teams für das zu begeistern, was ihm wichtig ist. Diese innere Legitimation entsteht, wenn man Menschen gerne führt. Es fällt dann viel einfacher, großzügig zu sein und anderen Menschen den Raum zu gewähren, um sich zu entfalten.

An der Legitimation durch das System kann der Product Owner des Transformation Teams durch proaktive Kommunikation arbeiten, zum Beispiel in regelmäßigen Gesprächen mit dem Auftraggeber, dem Sponsor aus dem Topmanagement. Für die Verbesserung der „Legitimation durch das Team" und für die Stärkung der „Selbstlegitimation" haben wir ein paar Tipps zusammengestellt:

- **Zeigen Sie Ihre Begeisterung für das Thema.** Wenn Sie in einem Raum die Person mit der größten Begeisterung für ein Thema sind, wird Ihnen so schnell niemand die Führung aus der Hand nehmen.
- **Schaffen Sie Vertrauen.** Transparenz, Ehrlichkeit, Integrität und Authentizität steigern die Glaubwürdigkeit.
- **Führen Sie mit Fragen.** Manchmal sehen wir den Wald vor lauter Bäumen nicht. Durch Fragen lässt sich die Wahrnehmung wieder ausrichten. Der Product Owner des Transformation Teams kann Themen bewusst setzen und spezifische Fragen dazu stellen – dadurch hat er großen Einfluss darauf, worüber gesprochen wird.
- **Setzen Sie den Rahmen.** So wie jeder „normale" Product Owner die Rahmenbedingungen für die Entwicklung eines Produkts setzt, setzt der Product Owner des Transformation Teams den Rahmen für die „Lieferung" der Transformation. Im Idealfall sind die Mitglieder des Teams seiner Einladung zur Mitarbeit freiwillig gefolgt. Wer als Einladender die Rahmenbedingungen setzt, kann dadurch Einfluss auf die Ausgestaltung des Ziels nehmen. Beachten Sie dabei, den Rahmen nicht zu eng zu setzen, da ansonsten die Gefahr besteht, dass blind die vorgeschlagene Lösung des Product Owners umgesetzt wird.

- **Erzeugen Sie Commitment.** Wenn der Product Owner eines Transformation Teams selbst nicht an das glaubt, was er tut, wird er niemand anderen davon überzeugen können. Wer Menschen begeistern und mitreißen will, zieht sie nur durch die eigene Begeisterung an. Im agilen Kontext wird häufig mit Visionen gearbeitet. Kommunizieren Sie die Vision und machen Sie die Vision für andere Personen anschlussfähig. Legen Sie gemeinsam Ziele und Maßnahmen fest, wie die Vision erreicht werden kann und überprüfen Sie in regelmäßigen gemeinsamen Reviews, ob Sie auf dem richtigen Weg sind.

Führungsaufgaben bewusst wahrnehmen

Die Aufstellung eines siebenköpfigen Transformation Teams bei einem unserer Kunden sah folgendermaßen aus: Einer Person war vom Senior Management die Verantwortung übertragen worden, die anderen Mitglieder waren entweder entsandt worden oder hatten sich aus eigenem Interesse zur Mitarbeit gemeldet. In einem Workshop klärten wir daher die Rollen in der Gruppe.

Zu Beginn des vierstündigen Workshops stellten wir einige Good Practices für die Zusammenarbeit in Transformation Teams vor. Danach schrieb jeder die Erwartungen an die eigene Rolle und an die Rollen der jeweils anderen Teammitglieder auf (siehe dazu das Vorgehen im Rollenklärungsworkshop in Kapitel 2). Die Mandate wurden anschließend im Rahmen einer Kreisarbeit und für jedes Teammitglied so lange diskutiert und geschliffen, bis sie von allen geteilt wurden. Zuletzt wurden die Mandate dem jeweiligen Rolleninhaber übergeben. Er oder sie konnte die Rolle nun entweder annehmen oder sich anders entscheiden, wenn die Rolle in dieser Form für die betreffende Person nicht passte. In diesem Fall musste die Rolle umgestaltet oder ein anderer Rollenträger gefunden werden.

In unseren eigenen Teams bei borisgloger consulting nehmen wir uns regelmäßig Zeit für diesen Prozess, und zwar dann, wenn eine Rolle von einem neuen Kollegen oder einer neuen Kollegin übernommen werden soll. Als guter Zeitpunkt für diesen Prozess bietet sich eine Retrospektive an. Dabei geht es nicht um grundsätzliche, radikale Änderungen. Manchmal ist es einfach ein frischer Anstrich – wie bei einem Holzgartenzaun. Allein der bewusste Prozess der Rollengestaltung und Mandatierung ermöglicht dem Team, alle Rollen und die darin vereinbarte Führungsfunktion und Aufgabe wirklich wahrzunehmen. Niemand würde sich bei seinem Fitnesstrainer darüber beschweren, dass er einem während des Trainings alles abverlangt. Schließlich zahlt man ja genau für diese Leistung. Gleiches gilt für Führung: Es ist eine Leistung, die wir lateral im Team anbieten und in Anspruch nehmen.

4.1.4 Rollenträgerinnen und -träger erfüllen die Erwartungen nicht

Wir haben im Transformation Team mehrmals über die Aufgaben und Verantwortungen der einzelnen Rollen gesprochen. Doch leider kann ein Mitglied seine Rolle trotzdem nicht richtig leben. An welchem Punkt sollten wir die Reißleine ziehen und die Person austauschen?

Eine agile Kultur lebt von lösungsfokussierten Ansätzen und offenem Feedback. Wenn sich zeigt, dass eine Person ihre Rolle nicht so leben kann, wie es für das gesamte System hilfreich wäre, wird sie in dieser Rolle auch nicht festgehalten. Völlig irrelevant ist dabei, ob es am Commitment, an der zur Verfügung stehenden Zeit oder an den Fähigkeiten liegt – letztendlich kann jeder dieser Punkte ein Team und damit den Gesamtprozess lähmen. Umso gravierender ist es, wenn dieses Teammitglied eine der Führungsrollen innehat. Auf eines sollte aber besonders geachtet werden: Das Abgeben einer Rolle muss professionell passieren und darf sich nicht auf der persönlichen Ebene – zum Beispiel mit Schuldzuweisungen – abspielen.

Auf die einzelnen Rollen bezogen: Wann ist es Zeit für einen Wechsel?

- **Product Owner des Transformation Teams:** Als Visionär gibt der Product Owner die Richtung der Transformation vor und vermittelt Sicherheit über den eingeschlagenen Kurs. Nach außen ist er die leuchtende Figur, die den Wandel vorantreibt, und ist mit den Top-Stakeholdern gut vernetzt. Eine Transformation steht und fällt mit den Personen an der Spitze dieses Vorhabens. Kann der aktuelle Product Owner diese Anforderungen nicht umsetzen, keine Sicherheit bieten und den Kurs nicht vermitteln, so sollte in Betracht gezogen werden, diese Rolle anderweitig zu besetzen. Wir erleben es in der Praxis von Transformationen immer wieder: Der Product Owner hat zu wenig Zeit und ist im Senior Management nicht stark genug verankert, was gerade in sehr traditionellen Organisationen ein großes Manko ist. Diese zwei Punkte könnte man noch in den Griff bekommen, doch wenn noch ein dritter Puzzlestein fehlt, wird es schwierig. Dieser dritte Puzzlestein ist die Fähigkeit, andere zu inspirieren. Meistens fehlt es den betroffenen Product Ownern gar nicht an der eigenen Begeisterung für Agilität – sie können sie nur einfach nicht auf andere übertragen. Sobald die Rolle neu besetzt wird, nehmen Transformationen meistens wieder Fahrt auf.

- **Teammitglieder:** Transformation Teams sind im Idealfall crossfunktional aufgestellt. Für das Gelingen des Vorhabens ist die volle Präsenz und die Mitwirkung jedes einzelnen Mitglieds notwendig. Im Rahmen des Reviews und der Retrospektive wird ein Soll-Ist-Abgleich von Commitment und tatsächlicher Lieferung durchgeführt: Wenn eine der Rollen nicht liefert oder in mehreren Sprints keinen Beitrag leisten konnte, so wird dies zwangsläufig in einem der Sprintabschlüsse auffallen. Es ist wichtig, im Rahmen der Retrospektive über die Ursachen für die ungenügende Lieferung zu sprechen: Liegt es an den Rahmenbedingungen, an den individuellen Kompetenzen und Fähigkeiten oder war der Ansatz für die Lieferung des Arbeitspakets nicht optimal gewählt? Wenn das ehrliche Ergebnis mehrerer Retrospektiven ist, dass einzelne Personen ihr Commitment nicht einhalten können, so ist es gegebenenfalls an der Zeit, einzelne Teammitglieder auszutauschen.

- **Agile Coach:** Der Agile Coach sollte in der Lage sein, alle Mitglieder des Transformation Teams lateral zu führen und die Struktur für den gemeinsamen Arbeitsprozess vorzugeben. Entscheidend ist, ob der Coach das Commitment und die Disziplin vorleben und einfordern kann. Das zeigt sich unter anderem darin, wie die vereinbarten Meetings durchgeführt werden. Die zweite wesentliche Aufgabe des Coaches ist es, die Mitglieder des Teams tatsächlich zu einem Team zu formen. Vor allem ein externer Coach sollte dafür bereits fachliche Expertise aus anderen Transformationen mitbringen. Das kann sogar so weit gehen, dass der Agile Coach einen Vorschlag für die Durchführung der Transformation liefert. Sollte nach mehreren Iterationen einer oder mehrere der genannten Punkte nicht umgesetzt sein, sollten unbedingt die Erwartungen des Teams mit jenen des Agile Coaches abgeglichen und die Rolle gegebenenfalls anders besetzt werden.

4.1.5 Inkrementelle Lieferungen als Erfolgsschlüssel für Veränderungen

Ist es überhaupt sinnvoll, in der aktuellen Situation das iterativ-inkrementelle Vorgehen und das Transformation Team als solches beizubehalten? Oder wäre nicht etwas anderes besser geeignet?

Das Transformation Team sollte eine temporäre organisatorische Einheit im Unternehmen sein und nach der erfolgreichen Transformation aufgelöst beziehungsweise dessen Aufgaben in die reguläre Organisation übergeben werden (z. B. an eine Gruppe von Scrum Mastern oder Agile Coaches, siehe Kapitel 5). Solange die großen Fragen der Transformation nicht gelöst sind, sollte das Team aber beibehalten werden, denn nur ein dediziertes, crossfunktionales Team, das vom Topmanagement unterstützt wird, kann sich nachhaltig und schlagkräftig um diese Themen kümmern. Von welchen Zeitspannen reden wir hier? Es handelt sich eher um Jahre als um Monate. Der Vertreter eines deutschen Unternehmens, das nahezu die gesamte Organisation transformiert hat, hat uns dazu Folgendes gesagt: Das Transformation Team musste gut vier Jahre bestehen, um die Transformation vorzubereiten (1,5 Jahre), durchzuführen (0,5 Jahre) und nachhaltig zu begleiten (zwei Jahre), um die Ergebnisse zu sichern.

Wenn der Transformationsprozess ins Stocken gerät, liegt die Ursache meistens nicht im iterativ-inkrementellen Arbeitsprozess. Vielmehr muss dem Team oder dem Thema generell neues Leben eingehaucht werden. Was natürlich nicht bedeutet, dass der Arbeitsmodus nicht hinterfragt werden darf – selbstverständlich können Anpassungen nötig sein. Fakt ist: Wenn der Druck zunimmt, neigen Menschen dazu, in alte Muster zurückzufallen. Bei den Verantwortlichen entsteht dann der Wunsch, den Change schnell durchzuziehen, um diesem mühsamen iterativen Hamsterrad zu entkommen.

Doch das ist leider zu kurz gedacht. Gerade bei der Agilisierung eines Unternehmens sollte der iterative Modus selbstverständlich sein. Wir haben es schließlich mit einem komplexen Vorhaben zu tun, für das nicht jeder einzelne Schritt im Voraus geplant werden kann. Kurze Iterationen und regelmäßige Retrospektiven sind nötig, um erste Ergebnisse zu liefern, von den Stakeholdern dazu gezieltes Feedback einzuholen und sich kontinuierlich zu verbessern. Der Wunsch nach der agilen Organisation führt sich selbst ad absurdum, wenn der Weg dorthin nicht agil ist. Eine nachhaltige Veränderung im Unternehmen kann nur stattfinden, wenn schon im Change-Prozess vorgelebt wird, wie es geht. Lineare Rollouts sollten erst bzw. nur stattfinden, wenn das Wissen in der Organisation gefestigt ist und die komplexeren Themenbereiche erfolgreich bewältigt wurden.

Wir erleben oft, dass Transformation Teams in ähnliche Fallen laufen wie Scrum-Teams in der Produktentwicklung: Sobald Agilität in der Organisation eine Frage der Strategie wird, prasseln Anfragen und Aufträge auf das Transformation Team ein. Alles Mögliche soll getan werden: Awareness Trainings, Veranstaltungen zum Cultural Change, Management Keynotes, Foliensätze – das Transformation Team soll so etwas wie ein Helpdesk für all das sein, was sich unter dem Begriff „Corporate Agility" hineinpacken lässt. Dabei reden sich Transformation Teams durchaus selbst etwas ein: Man sei ein guter Dienstleister und würde so die Organisation schrittweise zur Agilität befähigen. Trotz der harten Arbeit wird die Wirksamkeit aber nicht großflächig sichtbar, weder beim Management noch bei der Belegschaft. Nachdem das Transformation Team dynamisch gestartet ist und erste Erfolge vorweisen kann, wird es durch das ständige Wunschkonzert allmählich langsamer. Es wird immer schwieriger, den Fokus zu halten, die Priorisierung leidet, und das führt wiederum zu langen Durchlaufzeiten und Frust. Aus diesem Teufelskreis muss das Transformation Team ausbrechen.

Da hilft nur, eine klare Vision zu setzen und dem Transformation Team seinen Fokus zurückzugeben. Was soll vom Team wirklich umgesetzt werden und was kann es überhaupt selbst umsetzen? Wo liegen die Kernkompetenzen des Teams tatsächlich? Sobald das klar definiert ist, wird das existierende Backlog gründlich entrümpelt. Jedes Arbeitspaket und jeder Auftrag muss sich die Frage nach dem „um zu?" gefallen lassen: Was trägt dieser Auftrag bei, um die Vision zu erreichen? Was diesen Test nicht besteht, fliegt aus dem Backlog. Der Rest, der übrig bleibt, wird ohne Kompromisse priorisiert und sequenziell abgearbeitet. Für alle anderen Fragen rund um das Thema Agilität richten wir in unseren Projekten oft kleine Supporteinheiten mit ein paar Agile Coaches ein, die dem Transformation Team den Rücken freihalten. Die organisatorische Gestaltung kann dabei so wie in Bild 4.1 dargestellt erfolgen.

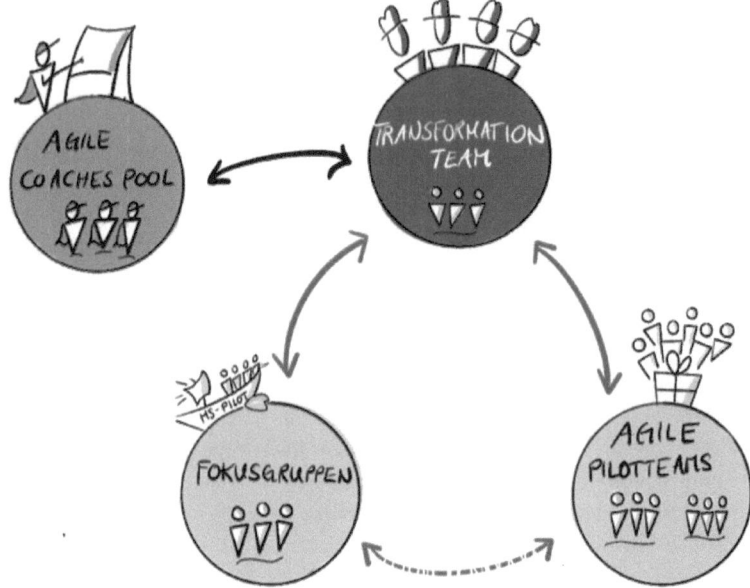

Bild 4.1 Ankopplung eines Pools von Agile Coaches an das Transformation Team

Zentral ist dabei das Management der Erwartungen: Den Auftraggebern muss von Anfang an klar gemacht werden, wo die Transformation steht, was machbar ist und was nicht. Es macht die Arbeit nur schwerer, wenn Herausforderungen akzeptiert werden, die bei nüchterner Betrachtung nicht gemeistert werden können.

4.2 Widerstände aus der Organisation

4.2.1 Unüberwindbare Hindernisse

Zwar haben wir den Transformationsprozess gestartet, aber wir kommen nicht voran. Das Transformation Team steht immer wieder vor schlichtweg zu großen und manchmal zu unangenehmen Hindernissen und wird dadurch gelähmt.

Die agile Transformation ist ein Vorhaben, das in Jahren gedacht werden muss. Meistens gleich zu Beginn präsentieren sich unüberwindbar scheinende Brocken: zum Beispiel neue Budgetierungsprozesse abseits der jährlichen Planungszyklen oder IT-Infrastrukturen, die radikal modernisiert werden müssen.

Wir beobachten in diesem Zusammenhang den folgenden Prozess: Diese Hindernisse werden aufgenommen und analysiert, um herauszufinden, was wirklich dahintersteckt. Es entfaltet sich ein Riesenproblem und deshalb wird eine Fokusgruppe gegründet, in der alle Kompetenzen vertreten sind, die zur Lösung beitragen könnten. Diese Fokusgruppe verrennt sich aber aufgrund der Größe des Hindernisses von einem Detail in das nächste – eine wirklich wirksame Lösung entsteht dabei selten. Frustriert kehren einige Mitglieder der Fokusgruppe den Rücken, was die Chance auf eine Lösung weiter dahinschmelzen lässt. Doch was ist der Ausweg aus diesem Dilemma?

In der Produktentwicklung hat es sich inzwischen durchgesetzt, Lösungen in Form von „Minimum Viable Products" zu denken: Was kann der erste „Durchstich" durch sämtliche Teilaspekte des Problems sein, anhand dessen wir lernen und gleichzeitig eine erste Verbesserung erzielen können? Wie können wir Fakten schaffen, die uns helfen, den weiteren – meist schmerzhaften – Weg zu gehen? Genau diese Denkaufgaben können gut in der zuvor beschriebenen crossfunktionalen Fokusgruppe gemeinsam erarbeitet werden, um anschließend erste Maßnahmen in die Tat umzusetzen. Ein regelmäßiges Review mit dem Management zu den Erfolgen hilft, die Unterstützung zu sichern und die Gefahr abzuwenden, dass der Fortschritt frühzeitig abgewürgt wird.

Think small

Im Finanzbereich werden immer wieder IT-Legacy-Systeme zu einem massiven Hindernis. So auch bei einem Unternehmen, dessen Transformation wir begleiten durften: Das System verhinderte regelmäßige Releases. Zunächst wurde eine Fokusgruppe gegründet, bestehend aus rund 15 Führungskräften, die alle in irgendeiner Art und Weise von diesem Hindernis betroffen waren. Von Führungskräften agil liefernder Teams bis hin zu Führungskräften, die genau für diese Umgebung verantwortlich waren, hatten wir alle Personen an Bord, die für die Lösung gebraucht wurden. Eben weil es so viele Führungskräfte in der Runde gab, liefen die Diskussionen in der Regel auf einer übergeordneten Ebene ab. Ungefähr so: Wir brauchen mehr Testsysteme, müssen diverse Software-Monolithen aushöhlen und neue Technologien nutzen. Punkt. Auch nach mehreren Treffen war kein wirklicher Fortschritt zu erkennen. Frustriert wurde die Fokusgruppe nach mehreren Monaten aufgelöst – ein neuer Ansatz musste her.

> Das Transformation Team beschloss, den Fokus in weiterer Folge auf ein kleines Teilsystem zu lenken. Dazu benötigten wir einen Anwendungsfall, der schnell gefunden war: Bis zum Jahresende mussten für die interne Vertriebsplattform für Geschäftskunden diverse neue Funktionen entwickelt werden.
>
> Es wurde beschlossen, im Rahmen dieses Vorhabens auch die IT-Infrastruktur zu überarbeiten. Die Release-Geschwindigkeit sollte für 80 Prozent der involvierten Systeme deutlich erhöht werden, um erste Ergebnisse zu erzielen. Brauchte es dafür gleich Continuous Delivery im Kernsystem? Nein, aber selbst dort konnten erste kleine Maßnahmen gesetzt werden, die der Vertriebsplattform halfen.
>
> Nach neun Monaten war die durchschnittliche Release-Zeit für Features deutlich kürzer geworden, hauptsächlich dank technischer Anpassungen in der Vertriebsplattform, in der Build-Infrastruktur und durch automatisierte Tests. ∎

Auch in vielen anderen Bereichen ist es sinnvoll, sich zunächst einen kleinen Aufgabenausschnitt vorzunehmen – manchmal ist es sogar notwendig. Bei den zuvor angesprochenen Budgetierungszyklen könnte so der jährliche Rhythmus vorerst beibehalten werden, jedoch erweitert um ein vierteljährliches Update im Rahmen interaktiver Großgruppenformate. Generell haben wir festgestellt, dass Workshops ein guter Anfang sind, in denen alle Beteiligten und Betroffenen erst einmal Transparenz schaffen und gemeinsam über die bestmögliche Lösung diskutieren. Das klingt einfach, ist aber meist schon eine große Herausforderung.

4.2.2 Die Unterstützung durch das Topmanagement fehlt

Der stärkste Widerstand kommt bei uns von oben. Selbst wenn wir Themen mit allen Beteiligten wie Bereichsleitern und HR bereits abgestimmt haben, scheitern wir am Entscheidungsgremium. Wir verzweifeln daran und die größte Befürchtung ist, dass das Transformation Team bald der Vergangenheit angehören wird.

Angesichts der Digitalisierung wollen die Führungsebenen vieler Unternehmen den agilen Wandel mit einem soliden Plan durchziehen. Das ist soweit gut und richtig, und meistens wird tatsächlich ein Transformation Team gebildet, das auf diesem Weg vorangeht. Früher oder später fordert dieses Team aber Entscheidungen ein, die größere Einschnitte in die Organisation erfordern. Spätestens an diesem Punkt beobachten wir, dass viele Topmanagement-Teams zurückrudern und sich einem radikaleren Umbau verschließen.

Das grundlegende Problem ist meist, dass sich die Topmanager nur oberflächlich mit den Themen auseinandergesetzt haben, die unsere Wirtschaft disruptiv verändern. Den meisten Managern ist schon klar, dass etwas getan werden muss, doch der Hype rund um Agile suggeriert die Möglichkeit eines „Quick Fix". Bis das Transformation Team die Details aufbereitet hat, ist vielen nicht bewusst, in welchem Ausmaß die Veränderung das Unternehmen beeinflussen wird. Das Spektrum reicht von der Änderung der Kultur bis hin zur möglichen Selbstkannibalisierung durch neue Geschäftsfelder, Produkte und Services.

Besonders ärgerlich ist es, wenn die aufbereitete Entscheidungsgrundlage bereits mit relevanten Stakeholdern abgestimmt wurde, was in der Regel ein erheblicher Aufwand ist.

Dabei muss es sich nicht originär um Themen aus dem agilen Kontext handeln. Bei einem unserer Kunden war zum Beispiel klar, dass sich ein kleiner Teil der Mannschaft mit dem Thema „Blockchain" auseinandersetzen sollte. Es wurde ein grober Plan für einen Proof of Concept erstellt, es wurden Expertinnen und Experten ausfindig gemacht, die unterstützen konnten, und es gab eine Library mit Basisfunktionalitäten. Der nächste Schritt war die Budgetfreigabe für den Proof of Concept. Obwohl zuvor die eindeutige Ansage „Blockchain ist ein Thema" gegolten hatte, wartete das Team ein halbes Jahr auf die Freigabe. Erst als dem Topmanagement bewusst wurde, dass sich deshalb wichtige Experten verabschieden würden, waren die Füße kalt genug.

Unsere Empfehlung in einer solchen Situation ist die offene Kommunikation mit dem Topmanagement. Ein Wandel kann nur erfolgreich sein, wenn dahinter das Commitment von ganz oben steht, und zwar nicht nur für den leichten Teil der Transformation, sondern dann, wenn es haarig wird. Ansonsten ist es tatsächlich besser, das Transformation Team wieder aufzulösen. Sollte sich hingegen zeigen, dass die Arbeit des Transformation Teams weiterhin erwünscht ist, ist ein möglicher Ausweg, die Vision und Mission des Teams gemeinsam neu zu definieren. Und was noch viel wichtiger ist: Die Rahmenbedingungen müssen eindeutig geklärt werden. Wie frei darf das Transformation Team agieren? Gibt es Tabus oder heilige Kühe, die nicht zur Diskussion gestellt werden dürfen? Eine weitere Möglichkeit ist die Reflexion der Frage: „Was passiert, wenn nichts passiert?" Sprich, was droht dem Unternehmen, wenn die vorgeschlagene Maßnahme nicht umgesetzt wird? Diese Diskussion kann helfen zu erkennen, wie notwendig die Änderung im Schatten des Wandels ist.

Nur wenn absolute Einigkeit darüber besteht, was passieren darf und was nicht, kann das Team – und damit die gesamte Organisation – Erfolg haben. Ein Topmanagement, das eingebunden ist, gibt einen klaren Rahmen und Auftrag vor. Das Topmanagement-Team bzw. der einzelne Manager zeigt Interesse am Fortschritt und ist bereit zu regelmäßigen Gesprächen über den Stand der Dinge. Diese Gespräche sollten angesichts der knappen zeitlichen Möglichkeiten so organisiert werden, dass Topmanager einen klaren Mehrwert dadurch haben und die notwendigen strategischen Entscheidungen auf einer guten Grundlage treffen können. Mit der Zeit baut sich so gegenseitiges Vertrauen auf und die Transformation kann gemeinsam gestaltet werden.

4.2.3 Konkurrierende Transformation Teams

In unserem Unternehmen gibt es mehrere Initiativen zu denselben oder ähnlichen Fragestellungen. Es gibt das Transformation Team, aber auch eine Initiative zu New Work, ein Strategieprojekt zur Neuausrichtung unserer Geschäftsmodelle und unsere Inhouse-Beratung will sich ebenfalls mit dem Thema Agilität profilieren. Wie bekommen wir diese parallelen Strömungen in den Griff?

Wie stark Geschäftsmodelle, Organisation, Prozesse und Rahmenbedingungen miteinander verwoben sind, ist den Verantwortlichen in vielen Unternehmen meistens bewusst. Trotzdem werden diese Puzzlesteine in einzelnen Projekten und Initiativen isoliert voneinander weiterentwickelt. In der Theorie ist das sogar sinnvoll: Bereits eines dieser Change-Projekte bietet mehr als genug Komplexität und jedes einzelne davon ist kosten- und arbeitsintensiv. Doch der gegenseitige Einfluss dieser Themenbereiche aufeinander wird in der Veränderung sogar noch stärker und die Veränderung wird insgesamt schwieriger.

Damit wollen wir nicht sagen, dass es nur noch gebündelte Transformations- und Change-Projekte geben soll. Es muss aber mitbedacht werden, wie sich das Drehen an einer Stellschraube auf alle anderen auswirkt, um dann zu entscheiden, wie damit umgegangen werden soll. Daraus können durchaus weitere Initiativen entstehen, denn das Transformation Team kann sich nicht zusätzlich auch noch darum kümmern, zum Beispiel ein zukunftssicheres Geschäftsmodell zu entwickeln. Der zentrale Punkt ist auf jeden Fall: Die zusammenhängenden Initiativen sollten miteinander verknüpft werden, damit am Ende ein passendes Gesamtbild aus Geschäftsmodell, Organisation, Prozessen und Rahmenbedingungen entsteht. Das ist wichtig, weil zu einem neu definierten „WAS" (dem Geschäftsmodell) auch das geeignete „WIE" (Prozesse, Arbeitsweisen etc.) gebraucht wird, um erfolgreich zu sein.

Das funktioniert natürlich nur, wenn miteinander und nicht gegeneinander gearbeitet wird. Vor allem Transformationsvorhaben, die konträr erscheinen, sollten gut aufeinander abgestimmt werden – etwa Kosten- und Effizienzprogramme in Kombination mit einer agilen Transformation. Interne Einheiten, die dem Thema Agilität naherstehen (z. B. Operations Excellence oder Inhouse Consulting) sollten ebenso eingebunden werden.

Integration von Einzelinitiativen

In einem Kundenprojekt fanden wir genau die beschriebene Situation vor: Das Transformation Team, das wir begleiten durften, stand in Konkurrenz zu vier weiteren Initiativen. Bei einer davon handelte es sich um nichts Geringeres als die Neuausrichtung des gesamten Unternehmens – ein klassisches Strategieprojekt, das sich mit dem Zielbild 2025 auseinandersetzte.

Ein neues Geschäftsmodell hat nicht zwingend Auswirkungen auf die agile Transformation, doch es war frühzeitig klar, dass Agilität zumindest ein bedeutender Teil dieses Zielbilds sein musste. Ein zweites Vorhaben war die Transformation der IT: Diese sollte deutlich businessorientierter aufgestellt werden und die Infrastruktur und Architektur sollte modernisiert werden – natürlich sollte auch agil entwickelt werden. Zu dieser Initiative bestanden die größten Abhängigkeiten und Doppelgleisigkeiten waren vorprogrammiert.

Die dritte Initiative beschäftigte sich mit der Neuausrichtung der Abteilung Human Resources. Neben flexibleren Arbeitszeit- und Arbeitsplatzmodellen sollten Karrierewege für die agilen Rollen modelliert werden. Die vierte Initiative schließlich war für die agile Transformation am wenigsten bedeutend: die Neuorganisation des Bereichs Finance.

Schritt 1: Synchronisierung über Objectives and Key Results (OKRs)

Als das Transformation Team seine Arbeit aufnahm, waren die einzelnen Initiativen nur lose miteinander verknüpft. Die Verantwortlichen trafen sich unregelmäßig, um sich über Fortschritte, Hindernisse und Möglichkeiten der gegenseitigen Unterstützung auszutauschen. Schon nach kurzer Zeit war klar, dass ein gemeinsames Ziel nötig war, sonst würde jede Initiative in eine andere Richtung arbeiten.

In einem ersten Schritt verständigten sich die Teams darauf, gesamtheitliche OKRs für die Transformation zu formulieren und sich alle zwei Wochen zu treffen, um über die Fortschritte zu sprechen. Diese Integration wurde ein paar Monate später noch vertieft. Während die OKRs eine einheitliche Richtung sicherstellten, hatten wir trotzdem das Problem, dass sich die einzelnen Transformations-Backlogs operativ stark überlappten. Zusätzlich war das Topmanagement nur selten involviert: Jede Initiative hatte ihre eigenen Reviews – so viel Zeit hatte das Topmanagement dann doch nicht.

Schritt 2: Synchronisierung der Sprints

Um noch mehr Klarheit zu schaffen, wurden die Initiativen gleich getaktet. Sie arbeiteten in dreiwöchigen Sprints und am Ende jedes Zyklus gab es ein gemeinsames Review und ein gemeinsames Planning für die kommende Iteration. Dies hatte zwei Vorteile: Erstens wurden die aktuellen Sprint Backlogs auf Abhängigkeiten überprüft. Zweitens wurden damit alle Ergebnisse gebündelt behandelt – das Topmanagement sparte Zeit und konnte an den Reviews teilnehmen.

Parallel dazu behielten wir den strategischen OKR-Zyklus bei: Einmal im Quartal vereinbarten wir die großen Transformationsziele und einmal pro Iteration tauschten wir uns über den Status quo aus. Für mehr Transparenz setzten wir auf Visualisierungen durch Boards (Bild 4.2).

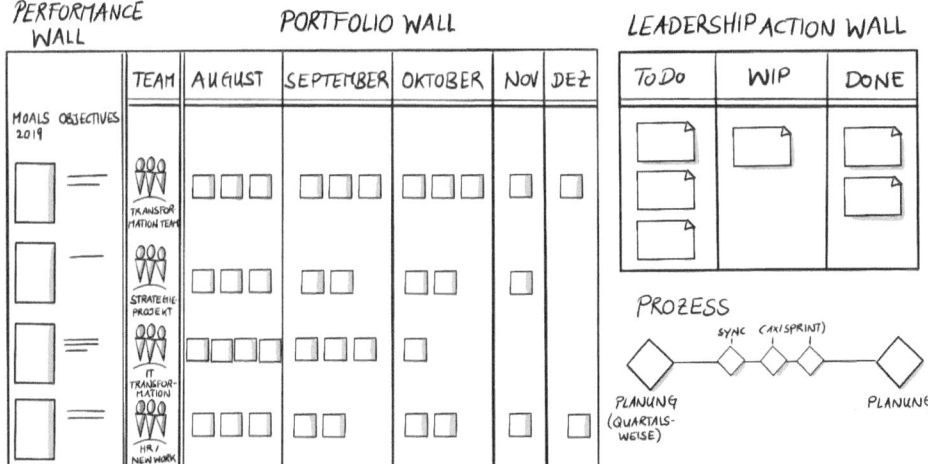

Bild 4.2 Einfachere Abstimmung von Initiativen durch Visualisierung

Die Abstimmung zwischen den Change-Initiativen konnte mit diesen Maßnahmen wesentlich verbessert werden. Im Laufe der Zeit wurde die Integration von weniger abhängigen Initiativen (wie die Reorganisation des Bereichs Finance) wieder etwas zurückgefahren, um den Abstimmungsaufwand zu reduzieren. Auch konnte eine weitere Initiative – jene der HR-Abteilung – so zeitnah abgeschlossen werden, dass sich die drei zentralen Change-Initiativen auf den Austausch untereinander fokussieren konnten.

4.2.4 Die Organisation verändert sich zu langsam

Das Transformation Team selbst kommt super voran. In den letzten Monaten wurde viel geliefert: die Vision für die Veränderung, es wurde ein Standard für das agile Arbeiten definiert, ein neues Organisationsmodell entwickelt und viel Unterstützung für laufende Projekte geleistet. Und dennoch fühlt es sich an, als würde sich in der Organisation kaum etwas verändern.

Eine starke Diskrepanz zwischen der Wahrnehmung des Transformation Teams und der Wahrnehmung der Organisation tritt häufig auf. Auf der einen Seite steht ein hoch motiviertes und vor agilem Wissen strotzendes Transformation Team und auf der anderen Seite eine Organisation, die sich gerade erst mit dem agilen Arbeiten, Denken und Handeln anzufreunden versucht. Unser Rat lautet immer: Betrachten Sie die Organisation wie einen Ackerboden, der Wasser nur in einer bestimmten Menge aufnehmen kann.

Üblicherweise ist es für die Menschen in einer Organisation nicht das erste Veränderungsprogramm und leider ist der Boden oft nicht gesund, sondern von den vielen Reorganisationen verbrannt und vertrocknet. In diesem Fall sickert das Neue noch viel schwieriger ein. Um bei dieser Analogie zu bleiben: Einen solchen Boden in guter Absicht zu fluten, richtet sogar mehr Schaden an. Die Menschen im Unternehmen kommen mit dieser Geschwindigkeit nicht mit und sind müde.

Natürlich ist diese Situation für die Mitglieder des Transformation Teams frustrierend, weil sie wissen, dass auf der anderen Seite der Veränderung etwas Positives wartet. Eine Hilfe kann es sein, sich bei jeder Veränderung die folgenden Fragen zu stellen:

- Auf welcher Entwicklungsstufe stehe ich selbst?
- Auf welcher stehen meine unmittelbaren Kolleginnen und Kollegen?
- Auf welcher Stufe befindet sich der Großteil der Belegschaft?

Ein Stufenmodell, das im agilen Kontext gerne herangezogen wird, ist das „Shu-Ha-Ri"-Konzept. Es stammt aus der japanischen Kampfkunst und beschreibt die Schritte zur Meisterschaft.

Shu-Ha-Ri

Shu („der Lehrling")

Auf der ersten Lernstufe folgt der Schüler ganz genau den Vorgaben seines Lehrers. Er kümmert sich nicht um die Theorie, sondern wiederholt die Abläufe der Kampfkunst, so wie sie ihm gezeigt werden. Zum Beispiel übernimmt ein Scrum Master die Moderation des Daily Scrums selbst, nachdem er den Agile Coach mehrmals dabei beobachtet hat.

Ha („der Geselle")

Jetzt setzt sich der Schüler mit Theorien und Prinzipien genauer auseinander und hinterfragt sie auch. Er beobachtet verschiedene Meister und integriert das neue Wissen. Im Vordergrund steht das eigene Probieren, um Erfahrungen zu machen, um aus Fehlern zu lernen und um sich zu verbessern. Allmählich entwickelt der Schüler seinen eigenen Stil, der in der Regel jedoch nahe am Gelernten bleibt. In unserem Beispiel würde der Scrum Master nun verstehen, mit welchen Werkzeugen der Sinn des Daily Scrums erreicht wird. Er könnte das Daily an verschiedene Rahmenbedingungen anpassen, ohne die Essenz des Daily Scrums zu verlieren.

Ri („der Meister")

Auf der letzten Lernstufe hat der Schüler durch viele Erfahrungen und kontinuierliche Weiterbildung seinen eigenen Stil perfektioniert und die Techniken sogar weiterentwickelt. Er ist zum Meister geworden und kann sein Wissen an andere weitergeben, die mit dem Thema noch nicht so vertraut sind. Der Scrum Master hat sich auf der Ri-Stufe zum Agile Coach entwickelt und hilft nun frischgebackenen Scrum Mastern, Daily Scrums zu verstehen und selbst zu moderieren.

Das Ziel bei jeder agilen Transformation sollte sein, einen Großteil der Belegschaft auf die zweite und dritte Stufe zu bringen. Gelingt das nicht, fällt die Organisation meistens in alte Muster zurück, sobald sich der Agile Coach zurücknimmt. Das ist ein klassischer Fehler, wenn externe Agile Coaches in den Veränderungsprozess involviert werden. Jede Veränderung muss integriert und damit mindestens auf die Stufe „Ha" gebracht werden, damit die neuen Verhaltensweisen von den Mitarbeiterinnen und Mitarbeitern angewendet, weiterentwickelt und angepasst werden.

Ähnlich wie in der asiatischen Kampfkunst gelingt dies am besten durch Mentoring und Job Shadowing (eine Zeitlang wird von einer erfahrenen und einer weniger erfahrenen Person die gleiche Rolle ausgeübt, bis die Rolle vom „Schüler" übernommen werden kann). So wie der kleine Junge oder das kleine Mädchen beim Großmeister die Techniken des Karate lernt, bis er oder sie genug Wissen gesammelt hat, um selbst andere Kinder und Jugendliche zu befähigen.

Multiplikatoren multiplizieren

Für agile Rollen ist ein Shadowing-Konzept eine hervorragende Methode, um Kolleginnen und Kollegen auszubilden. Ein theorielastiges, mehrtägiges Training kann immer nur der Anfang sein, eine intensive Begleitung on-the-job kann es aber nicht ersetzen. Wenn wir mit einem Kunden in die Transformation starten, leisten wir immer auch ein On-the-Job-Coaching für Scrum Master, Product Owner, Agile Coaches und Führungskräfte. Die meiste Zeit investieren wir in Scrum Master und Agile Coaches, da diese selbst wieder zu Multiplikatoren im Unternehmen werden sollen, die Kolleginnen und Kollegen in anderen Rollen in allen Aspekten des agilen Arbeitens unterstützen. In Bild 4.3 finden Sie die Elemente und den Ablauf einer zehnwöchigen Scrum-Master-Ausbildung, mit der bei einem Kunden mittlerweile über 250 Scrum Master qualifiziert wurden (vgl. Rasche et al. 2020).

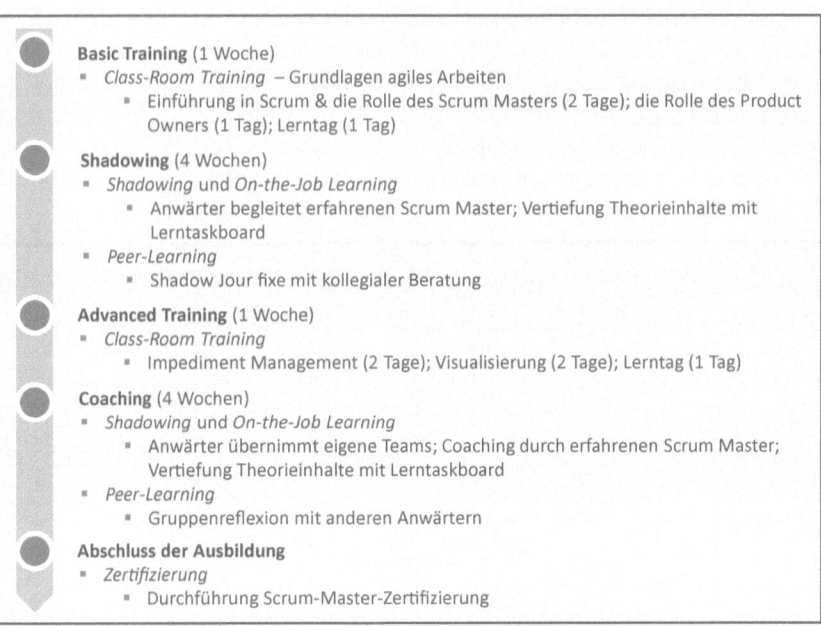

Bild 4.3 Programm für die interne Ausbildung zum Scrum Master

4.3 Implementierung auf Abwegen

4.3.1 Haben wir noch das richtige Zielbild?

Unser Zielbild einer agilen Organisation schien am Anfang sehr klar. Doch je länger wir daran arbeiten, desto mehr Fragen tauchen auf und das Zielbild wird in Frage gestellt. Ein Fachbereich ist zum Beispiel nicht mehr von der Idee des crossfunktionalen Teamschnitts überzeugt und will auf funktionale Einheiten setzen. Die IT beschwert sich, dass durch diesen Schnitt die unternehmensweiten Standards nicht mehr sichergestellt werden.

Zunächst einmal: keine Panik! „Anpassungsfähigkeit" ist das Prinzip von Agilität – egal, ob in der Produktions- oder Organisationsentwicklung. Das Zielbild kann und darf sich daher ändern. Sogar die Vision kann sich verändern, wenn sie aus den unterschiedlichsten Gründen einfach nicht mehr zutrifft. Wir erleben es sogar sehr oft, dass in Transformationen das Zielbild noch einmal angepasst wird, sobald genügend Erfahrungen in den Pilotprojekten gesammelt wurden. Warum auch nicht, denn das ist genau der Sinn und Zweck von Pilotprojekten.

Änderungen sind also logisch und trotzdem entstehen Selbstzweifel, sobald der Fall tatsächlich eintritt. Ein Transformation Team und andere Beteiligte müssen sich damit abfinden, nicht von Anfang an das perfekte Bild entwickelt zu haben. Diese Verunsicherung ist auch den Standardmodellen geschuldet, die für agile Transformationen herangezogen werden: Etwa 80 Prozent der Transformationen starten auf der Grundlage des Spotify-Modells oder des SAFe®-Frameworks. Diese vorskizzierten Designs passen nicht zu 100 Prozent zur eigenen Organisation – das ist nicht überraschend.

Mit der agilen Organisation verhält es sich wie mit agilen Frameworks insgesamt: Wer versucht, ein agiles Framework als Prozess eineindeutig, vollumfänglich und vollständig zu beschreiben, wird ein unlesbares Prozessmonster erschaffen. Der prozessuale Aspekt ist nämlich nur ein Teil des gesamten Puzzles. Ein anderes Beispiel: Wer versucht, eine User Story bis ins letzte Detail zu perfektionieren, wird ein sinnloses und sogar kontraproduktives Artefakt schaffen, das eher einem klassischen Requirement ähnelt. Gerade bei der Gestaltung der agilen Organisation sollten die sogenannten „Best Practices" kritisch hinterfragt und nicht als wasserdichtes Erfolgsmodell für die Zukunft verstanden werden. Diese Practices sind Momentaufnahmen der Veränderung eines anderen Unternehmens und sollten daher lediglich als Inspiration betrachtet werden.

Das Zielbild muss sich weiterentwickeln, um die Organisation immer stärker auf die Nutzer und Kunden auszurichten. Das passiert, indem das Feedback aus den Pilotprojekten eingebracht wird. So wächst das Zielbild entlang der Reifung der Organisation, es ist emergent. Sich zugleich an den einzelnen Bausteinen anderer Organisationen zu orientieren, ist nur natürlich. Allerdings immer verbunden mit der Frage: Würde diese Anpassung oder Erweiterung der Organisationsform einen positiven Unterschied im Kontext der Transformation bewirken? Falls die Antwort „Ja" lautet, sollte es ausprobiert werden.

Eine Organisation zu entwerfen und aufzubauen, ist eine anstrengende Aufgabe und betrifft viele Menschen. Änderungen sollten daher gut überlegt sein. Umso wichtiger ist es, fokussiert zu bleiben und iterativ-inkrementell vorzugehen. Der Wandel zur agilen Organisation ist sicher das größte aller Experimente und entsprechend mit Risiken und Unsicherheiten verbunden.

Selbst Spotify ist nicht mehr Spotify
Das beste Beispiel für die ständige Veränderung des Zielbilds ist das oft kopierte Spotify selbst. Die heute als „Spotify-Modell" bekannte Aufbauorganisation des Musik-Streamers stammt aus dem Jahr 2012. Was viele nicht wissen: Bis heute hat Spotify dieses Modell mehrmals angepasst (vgl. Schmiedinger 2019b). So wurden in den Jahren 2015 und 2016 „Alliances" eingeführt, die jene Tribes bündeln, die gemeinsam ein Kundensegment bedienen. Die Tribe Leadership wurde im Laufe der Zeit von einem einzigen Tribe Lead auf ein Trio ausgeweitet, bestehend aus einem Business-, Technologie- und Design-Experten. Selbst die vermeintlich agilsten Organisationen finden ihre perfekten Strukturen also nicht im ersten Anlauf – abgesehen davon, dass es die perfekte, für immer gültige Struktur gerade in der agilen Denkweise gar nicht gibt. „Normal" ist es, Strukturen und Prozesse ständig an die Gegebenheiten anzupassen.

4.3.2 Was ist eigentlich Agilität?

Wenn wir unser Zielbild ständig weiterentwickeln, sollten wir die Top-Führungskräfte wohl noch stärker einbeziehen. Von diesen höre ich aber immer öfter die Frage: „Warum müssen wir jetzt eigentlich alles agil machen?" Sie sind dafür, dass agile Methoden auf der Team- und Koordinationsebene eingesetzt werden. Nur welchen Beitrag sie selbst leisten können, damit das gesamte System funktioniert – das sehen sie nicht.

Meistens gibt es zwei Punkte, an denen angesetzt werden kann:

- Die Führungskräfte wissen zu wenig über Agilität und noch weniger, was es speziell für sie und ihre Arbeit bedeutet.
- Die Führungskräfte waren nicht in den Prozess der Visionsbildung eingebunden und haben in der Transformation keine klare Rolle. Sie werden als Budget(frei)geberin oder -freigeber lediglich in Kenntnis gesetzt.

Sehr oft ist es eine Kombination aus den beiden Punkten, die bei den Führungskräften für eher geringes Interesse an der Transformation sorgt.

Ein gemeinsames Verständnis von Agilität und Führung herstellen

Gefährliches Halbwissen – so lässt sich der Wissensstand in den meisten Organisation zum Thema Agilität am besten beschreiben. Beim Management bleiben oft nur die schönen, aber verkürzten Versprechen hängen: schnellere Lieferung in besserer Qualität. Welcher Manager würde sich dagegen aussprechen? Beim selektiven Hören und Lesen wird aber ausgeblendet, dass vom Management etwas gefordert wird: ein modernes Führungsverständnis, eindeutiges Verhalten und klare Rahmenbedingungen. Dass es inzwischen verwirrend viele agile Varianten und Frameworks gibt, macht die Sache nicht einfacher. Trotzdem muss irgendwo die Aufklärung ansetzen.

Wir stellen immer wieder fest, dass Führungskräfte meistens keine wirkliche Einführung in die Thematik erhalten. Es hat im Führungskreis auch keine tiefgehenden Diskussionen darüber gegeben, was der Wandel für die Führungskräfte bedeutet. Aus unerfindlichen

Gründen wird gedacht, dass Führungskräfte das schon irgendwie selbst hinkriegen. In der Führungsmannschaft ist der Wissensstand also sehr heterogen – einige beschäftigen sich schon lange mit agiler Führung, andere wollen es eher von sich schieben oder haben nur ein paar Artikel dazu überflogen. Da Menschen neues Wissen automatisch mit dem verbinden und abgleichen, was sie bereits kennen, dauert es manchmal länger, bis Führungskräfte die Besonderheiten des agilen Arbeitens und Führens erkennen.

Wenn die Mitglieder des Transformation Teams feststellen, dass Führungskräfte auf der eingefahrenen Schiene unterwegs sind, sollten sie dem entgegenwirken. Ein erster Ansatz ist zum Beispiel ein drei- bis vierstündiger Workshop als Einstieg in einzelne agile Rahmenwerke wie Scrum oder Kanban. Sofort das volle Programm zu fahren, wäre kontraproduktiv. Der Fokus dieses Workshops sollte auf der Auseinandersetzung mit den agilen Werten und Prinzipien liegen und wie die Führungskräfte diese in ihren Arbeitsalltag integrieren können. Unsere Einstiegsworkshops bestehen in der Regel aus drei Teilen:

1. **Beobachten.** Zunächst begeben sich die Führungskräfte mitten ins Geschehen, zum Beispiel bei einem Team, das bereits auf der Grundlage agiler Werte und Prinzipien arbeitet. Mit den Teammitgliedern sprechen sie über deren Erfahrungen und erleben mit, wie zum Beispiel ein Daily Scrum funktioniert. Wir haben mit Führungskräften auch schon reformpädagogische Schulen besucht, wo sie in Interaktion mit Schülern und Lehrkräften erfahren haben, auf welchen Werten und Regeln die Schüler ihre Gemeinschaft selbstständig organisieren.

2. **Entzaubern.** Zugegeben, die Agile Community wirft mit vielen neudeutschen Wörtern um sich. Deshalb entmystifizieren wir die vielen Begrifflichkeiten und versuchen so einfach wie möglich zu erklären, was hinter den Agile-Vokabeln steckt – am besten aufbauend auf den in Schritt 1 gemachten Beobachtungen. Dafür verwenden wir gerne den Agilen Baum (siehe Kasten).

3. **Commitment.** Wenn die Führungskräfte nun Feuer und Flamme für Agile sind: perfekt! So schnell geht es dann aber meistens doch nicht. Im dritten Schritt achten wir darauf, dass die Führungskräfte sich darauf committen, zunächst mindestens ein oder zwei konkrete Prinzipien und Werte in ihrem Führungsalltag umzusetzen. Mit „konkret" meinen wir wirklich kleine und nachvollziehbare Aktionen, die eine Führungskraft entweder für sich selbst setzt, in der Arbeit mit ihren direkten Mitarbeiterinnen und Mitarbeitern oder in der Führungsmannschaft. Vereinbaren Sie anschließend einen Termin, bei dem sich die Führungskräfte über ihre Erfahrungen austauschen und mögliche nächste Schritte planen können.

Sie können die Führungskräfte natürlich auch in klassische Einführungs-Workshops schicken, die im Haus oder öffentlich angeboten werden. Ob in diesen Formaten ungezwungenes Lernen möglich ist, hängt aber von der aktuellen Unternehmenskultur ab: Leider dürfen Führungskräfte weder sich noch anderen offen eingestehen, dass sie etwas noch nicht wissen. Der Vorteil von Workshops in der Führungsrunde ist, dass die Teilnehmenden von und mit ihren Peers lernen können und ins Tun kommen.

Der Agile Baum als Einstiegshilfe

Für eine erste Einführung und Verortung der wichtigsten Begrifflichkeiten, die im Zusammenhang mit agilem Arbeiten immer wieder fallen, nutzen wir gerne den Agilen Baum als Metapher (Bild 4.4). Die ausladende Baumkrone bietet Platz für die große Auswahl agiler Praktiken. Das Mittelgeäst bündelt die Praktiken in den großen agilen Rahmenwerken. Der stabile Stamm steht für die agilen Prinzipien als Grundlage der Vorgehensmodelle und Arbeitsmethoden. Unter der Erdoberfläche ist das „Mindset" bzw. die Haltung der Nährboden und die agilen Werte sind die Wurzeln des Baums. Es heißt ja: „Ohne Wurzeln gibt es keinen großen Baum." Das lässt sich direkt auf das agile Arbeiten übertragen: Nur wenn die agilen Werte beherzigt und gelebt werden, können agile Methoden ihr volles Potenzial entfalten!

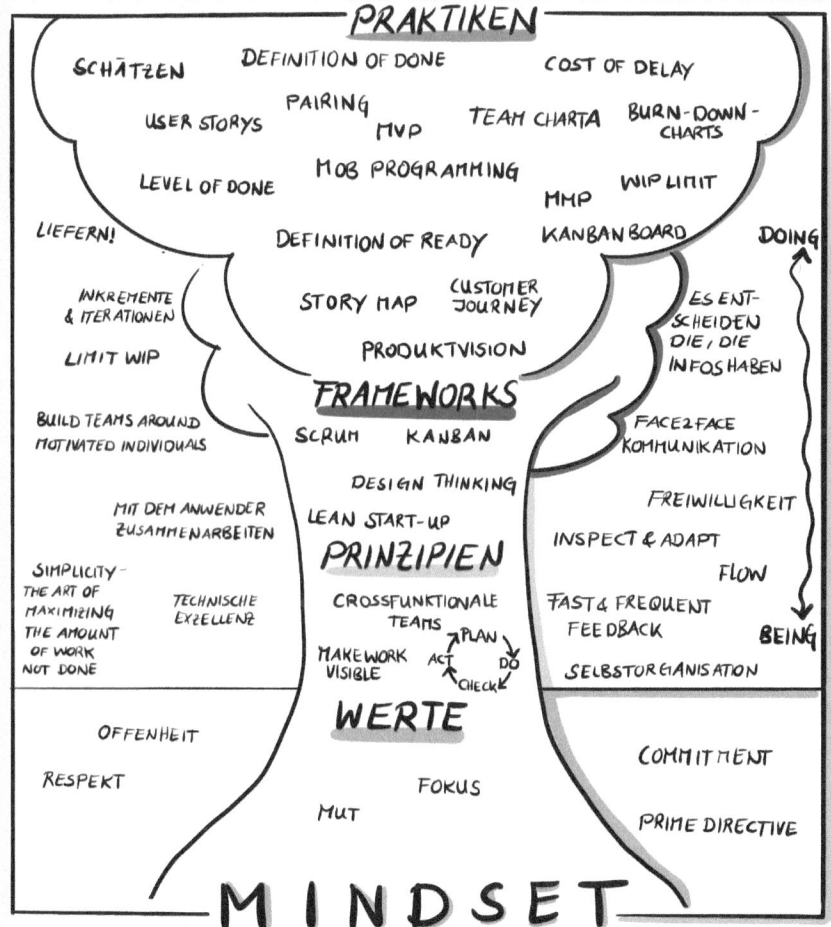

Bild 4.4 Der Agile Baum

> Man kann die agilen Praktiken natürlich mechanisch nach Vorschrift anwenden. Doch das ist wie ein Baum ohne Wurzeln. Das richtige agile Tun (Doing) kann nur aus dem agilen Denken und Handeln (Being) entstehen. Und hier wird es schwierig: Die Aufgaben von Rollen und die Abläufe von Meetings kann man in einer Schulung in wenigen Tagen erlernen und gleich danach umsetzen. Schwieriger ist es, die Werte und die Haltung zu leben – dafür gibt es leider kein Patentrezept! Teams müssen untereinander aushandeln, was die Werte für sie bedeuten und immer wieder darüber nachdenken, ob sie die Werte leben.
>
> Der Agile Baum ist eine gute Methode, um mit diesem Prozess zu starten: Die Methode verdeutlicht, wie wichtig Werte für das agile Arbeiten sind (zum Einsatz im Rahmen eines Workshops vgl. Rasche 2019a).

Die passende Rolle für die Top-Führungskräfte finden

Eine agile Transformation ist kein Selbstzweck, sondern muss ein konkretes Business-Problem lösen. In den meisten Fällen hat der Wunsch nach Transformation seinen Ursprung in der Digitalisierung. Das findet seinen Niederschlag in konkreten Zielen und Visionen, wie zum Beispiel: „Wir werden zum Energieversorger mit der schnellsten Time-to-Market für innovative Lösungen!"

Auf dieser Ebene sind die Top-Führungskräfte noch involviert. Um das Ziel zu erreichen, werden in großen Veränderungsinitiativen meist ein paar Leitplanken wie Agilität und „New Work" gesetzt. Das Transformation Team entwickelt daraufhin eine Vision, wie diese Instrumente helfen können, das konkrete Business-Problem zu lösen, zum Beispiel: „Wir adaptieren agile Methoden in unserem Unternehmen, um regelmäßig und schnell relevante technologische Lösungen für unsere Kunden zu liefern." Im Idealfall bindet das Transformation Team die Top-Führungskräfte in den Entstehungsprozess einer solchen Vision ein. Falls nicht, muss die entwickelte Vision in den Runden der Führungskräfte eingebracht und besprochen werden.

Wenn die Vision von den Kollegen des Top-Managements getragen wird (häufig ist ein Kollege der Sponsor der Veränderungsinitiative), sollte der Product Owner des Transformation Teams den Beteiligten ihre Rolle bewusst machen. Denn wenn tatsächlich eine agile Organisation mit der entsprechenden Kultur entstehen soll, müssen Führungskräfte immer wieder das Was, in diesem Fall die Vision, kommunizieren und Mitarbeiterinnen und Mitarbeiter dazu einladen, das konkrete Wie zu erarbeiten.

Und wenn die Führungskräfte die Vision des Transformation Teams noch nicht mittragen? Dann muss wohl noch einmal nachgeschärft werden. Am besten mit der Unterstützung einer Führungskraft, die ihre Kolleginnen und Kollegen vom gemeinsam Geschaffenen begeistern kann.

4.3.3 Das Transformation Team ist nicht authentisch

Das Transformation Team weiß natürlich, wie wichtig es für das Entstehen einer agilen Organisation ist, die Werte und Prinzipien zu leben. Allerdings fällt genau das der Geschäftsleitung besonders schwer – und auch dem Transformation Team. Die Forderung, in allen Aspekten agil zu sein, erscheint zu groß.

Von anderen eine Transformation zu verlangen bzw. sie zu erwarten, ist schwer möglich, wenn die Gruppe, die den Wandel predigt, selbst nicht danach leben kann. Ein Transformation Team muss meistens selbst erst durch einen Wandlungsprozess gehen, bevor es zu genau jenem Team wird, das vorangehen kann. Das liegt daran, dass die Mitglieder einen unterschiedlichen agilen Wissensstand haben. Noch dazu bildet das Transformation Team einen Querschnitt der verschiedenen Abteilungen und Professionen ab, die zuvor nie so intensiv zusammengearbeitet haben. Ein Transformation Team kann also nicht von heute auf morgen das makellose Vorbild für den Rest der Organisation sein. Es geht darum, Erfahrungen zu machen und daran zu wachsen. Welche Reibereien in der Organisation entstehen werden, erkennt man an den anfänglichen Reibereien im Transformation Team.

In der Kommunikation des Transformation Teams mit der Organisation sollten genau diese Schwierigkeiten thematisiert werden, aber natürlich auch die Lösungen. Dadurch erkennen die übrigen Mitglieder, dass der Weg nicht einfach ist und es spornt in vielen Fällen an, nicht gleich bei den ersten Verwirrungen und Schwierigkeiten aufzugeben.

Eine gute Grundlage ist es, sofort zu Beginn mit der Geschäftsleitung zu definieren, welche Werte und Prinzipien aktuell in der Organisation und für die Transformation besondere Bedeutung haben. Das lässt sich wunderbar an einen Workshop anschließen, in dem die Führungsriege mithilfe des Agilen Baums ein gemeinsames Verständnis von Agilität entwickelt hat. Für diese Klärung haben wir zwei Praxistipps:

- **Fokus.** Ein Wert und zwei Prinzipien reichen für den Start. Wenn Sie einen ganzen Wertekatalog formulieren, wissen die Beteiligten überhaupt nicht mehr, womit sie sich beschäftigten sollen. Gleichzeitig sollten Folgetermine vereinbart werden, an denen gemeinsam reflektiert wird, ob die Werte und Prinzipien tatsächlich in der täglichen Arbeit umgesetzt werden.
- **Greifbarkeit.** Werte und Prinzipien hören sich im ersten Moment schön und total nachvollziehbar an. Aber woran erkennt man denn, ob man sie lebt? In der Gruppe sollte daher beschrieben werden, woran sich ein gelebter Wert festmachen lässt. Ein Beispiel: „Als Führungsteam wollen wir an dem Wert Commitment arbeiten. Commitment bedeutet für uns: Wir fühlen uns dafür verantwortlich, die Dinge zu liefern, die wir uns für eine Periode vornehmen. Sollten einzelne Mitglieder der Gruppe ihre Commitments nicht einhalten können, kommunizieren sie es rechtzeitig an die Gruppe und diese sucht gemeinsam nach einer Lösung, mit der sich das Commitment trotzdem halten lässt."

Von den übrigen Kolleginnen und Kollegen in der Organisation sollte nur gefordert werden, woran sich die Mitglieder des Transformation Teams selbst halten können. In kleinen Schritten können dann weitere Werte, Prinzipien und Praktiken eingeführt werden. Wird Agilität hingegen angeordnet, dann ist die Gefahr sehr groß, dass die Mitarbeiterinnen und Mitarbeiter unüberlegt das ausführen werden, was angeordnet wurde. Das lässt sich immer wieder bei der Arbeit mit Sprints und Taskboards beobachten: Es wird getan, aber ohne sich mit den zugrunde liegenden Wirkmechanismen zu beschäftigen. Teams, die sich tatsächlich damit beschäftigen, passen die agilen Praktiken hingegen an ihren Kontext an und entwickeln sie ständig weiter.

In der Agile Community wird das rein mechanische Ausführen von einzelnen agilen Praktiken auch als „Cargo Cult" bezeichnet. Der Cargo Cult ist eine religiöse Bewegung, die nach dem Ende des Zweiten Weltkriegs in Melanesien entstand, nachdem die US-Streitkräfte von den Inseln abgezogen waren. Die Inselbewohner imitierten das Verhalten von Soldaten und

Fluglotsen und bauten Landebahnen nach, um die Götter zur Rückkehr zu bewegen, die bei jeder Landung wertvolles „Cargo" mitgebracht hatten. Auch bei agilen Transformationen besteht die Gefahr, die Methode anzubeten, statt die Funktionsweise zu verstehen.

Befähigung durch den Capability Approach

Um gar nicht erst in dieses Dilemma zu geraten, arbeiten wir in Führungsmannschaften mit einem Ansatz, der an den von Amartya Sen entwickelten Capability Approach angelehnt ist. Im Zentrum dieses Ansatzes steht die Betrachtung der Fähigkeiten, die ein Individuum hat, um in seinem Leben die Dinge zu erreichen, die es erreichen möchte. Ein einfaches Beispiel: Dass es in einer Gemeinde eine Schule gibt, bedeutet noch nicht, dass auch alle Kinder in dieser Gemeinde davon profitieren. Die finanzielle Kraft der Familie oder die Einstellung der Eltern zur Bildung bestimmen mit, wie weit es ein Kind schaffen kann. Der Staat hat also nicht nur dafür zu sorgen, dass es überhaupt Schulen gibt, sondern muss auch an anderen Punkten ansetzen, zum Beispiel durch Kindergeld oder Bewusstseinsbildung. Übertragen auf den Kontext der Organisation lässt sich ähnlich argumentieren: In einem Unternehmen ist es noch nicht damit getan, (agile) Strukturen, Prozesse und Tools zu schaffen. Die Menschen im Unternehmen müssen auch dazu befähigt werden, damit umzugehen und durch die Arbeit in diesen Strukturen Vorteile zu erzielen.

Um den Befähigungsansatz in der Praxis anwendbar zu machen, arbeiten wir mit Führungskräften aus, welche Fähigkeiten der Organisation respektive ihrer Mitarbeiterinnen und Mitarbeiter zum Beispiel im nächsten Quartal gefördert werden sollen. Die Voraussetzung dafür ist, dass die Beteiligten die agilen Werte und Prinzipien tatsächlich verstehen (dafür bietet sich wieder der Agile Baum an). Wenn es in der Gruppe einen einheitlichen Wissensstand gibt, können im nächsten Schritt die agilen Prinzipien auf den Organisationskontext übertragen werden. Entweder lassen Sie die Gruppe diese Übertragung selbst erarbeiten oder Sie schlagen der Gruppe die Prinzipien agiler Organisationen vor (vgl. dazu Denning 2016 oder Aghina et al. 2018). In einer Gruppe von Führungskräften, die wir begleitet haben, sind wir dabei auf folgende fünf Kategorien gekommen:

- Orientierung am Kunden und Erforschen neuer Geschäftsmodelle
- Selbstorganisierende Teams
- Bereichsübergreifende Kollaboration & horizontale Kommunikation
- Auf Veränderungen reagieren – reflexive und lernende Organisation
- Servant Leadership

Achten Sie aber darauf, dass in der Gruppe von Führungskräften keine falschen Erwartungen entstehen. Die Menschen in einer Organisation können nicht über Nacht völlig neue Fähigkeiten entwickeln. Es soll ein Anstoß sein, um darüber nachzudenken und gemeinsam zu überlegen, in welchen Bereichen die Organisation noch mehr Befähigung braucht. Wenn darüber Einigkeit herrscht, kann sich die Gruppe einzelne Maßnahmen überlegen und deren Umsetzung planen. Sollte dieser Koordinationsaufwand nicht leistbar sein, können Sie für das nächste Quartal zum Beispiel den Schwerpunkt „bereichsübergreifende Zusammenarbeit" setzen. Alle Mitarbeiter und Teams in der Organisation werden dazu eingeladen, Vorschläge für konkrete Maßnahmen zu machen. Das Transformation Team kann sich dabei auf die Kommunikation konzentrieren und immer wieder kurze Impulse setzen, etwa via Intranet oder über interne Veranstaltungen. Im Verlauf des Quartals wird zum Beispiel durch Blogartikel oder Videos transparent gemacht, auf welche Ideen die Mitarbeiter und Teams gekommen sind.

4.3.4 Agilität wird in der Organisation unterschiedlich gelebt

Es gibt bei uns zwar eine interne Transformationsinitiative, wir sind jedoch aufgrund der vielen Anfragen nicht in der Lage, den kompletten Rollout zu betreuen. Nun passiert es, dass die Bereiche eigenständig und teilweise mit einem völlig unterschiedlichen Verständnis das Thema Agilität vorantreiben. Ich habe die Befürchtung, dass alles auseinanderläuft und wir keine gemeinsame, organisationsweite Ausrichtung schaffen.

In dieses klassische Dilemma laufen viele Transformation Teams gleich am Anfang. Bereits vor der Entscheidung, eine umfassende Transformation zu starten, wird in einigen Bereichen einer Organisation mit agilen Arbeitsweisen experimentiert. Diese ersten Versuche sind selbstverständlich durch die handelnden Personen geprägt und es wird selten darauf geachtet, ob diese agilen Inseln zusammenpassen. Der nächste Schritt, nämlich Erfahrungen in Agile Communities auszutauschen, hilft zwar beim Lernen in der Organisation, ein wirkliches Alignment entsteht dadurch aber kaum.

Die Mitglieder des Transformation Teams müssen sich also regelmäßig die Frage stellen: „Wie viel geben wir der Organisation vor und wie viel können die Teams autonom ausprobieren und entscheiden?" Alignment und Autonomie prallen hier aufeinander: Mit jedem Schritt in Richtung mehr Alignment wird die Autonomie der Teams beschnitten. Ein agiles Team ist aber bestrebt, weder zu viele und zu strikte Top-down-Vorgaben zu machen noch solche zu bekommen.

Um diesen Spagat zu schaffen, empfehlen wir Transformation Teams, einen Mindeststandard für agiles Arbeiten vorzugeben,[4] der jedoch genug Freiraum lässt, um auf individuelle Bedürfnisse und Umweltbedingungen der Teams einzugehen. Dabei sollte die Mission stets über der Struktur stehen: Wenn es absolut notwendig ist, darf von einzelnen Standards abgewichen werden.

Was wird durch einen guten Standard definiert? Zunächst einmal die Methodenauswahl, die Verantwortlichkeiten der einzelnen Rollen und die einzelnen Meetings – also die Eckpfeiler des agilen Arbeitens. Mindeststandards sind auch für die Skalierung sinnvoll: Alle operativ arbeitenden Teams sollten die gleichen Informationen, zum Beispiel Impediments und Product Roadmaps, an das Topmanagement liefern. Auch kann es sich anbieten, dass diese Informationen in einem einheitlichen Format zugeliefert werden, um eine leichte Konsolidierung auf Unternehmensebene zu ermöglichen. Idealerweise sind diese definierten Arbeitsstandards auch mit den Governance- und Supportprozessen wie dem Budget-Genehmigungsprozess verknüpft, um einen reibungslosen Wertschöpfungsprozess zu garantieren.

Was außerdem zu unterschiedlichen Ausprägungen von Agilität in verschiedenen Bereichen führen kann, ist die Zusammenarbeit mit unterschiedlichen externen Partnern. Freelancer, IT-Dienstleister, Managementberater – es sind zig Partner an Bord und jeder davon hat seine eigene Auffassung. Das Transformation Team sollte für diese externen Kooperationen einen Rahmen spannen, bevor Chaos entsteht und die Leute im eigenen Unternehmen verwirrt sind.

Der beste Standard kann aber nur wirken, wenn er gut kommuniziert und eingehalten wird. Üblicherweise reichen dafür einfache Kommunikationsmittel, zum Beispiel eine Plattform im Intranet oder eine simple Checkliste aus Papier. Dass die Prozesse entsprechend gelebt werden, sollte den Scrum Mastern und Agile Coaches überlassen werden. Die Trägerinnen

---

[4] Als Inspiration empfehlen wir die Mindeststandards der DACH30-Gruppe. Dabei handelt es sich um einen Zusammenschluss von Agilisten aus deutschen Großkonzernen. *https://next-level-working.com/*

und Träger dieser Rollen müssen letztendlich sicherstellen, dass in der Organisation ein Alignment der Arbeitsweise zustande kommt und bei Bedarf von den Standards abgewichen wird.

Die Verantwortlichen in einem von uns begleiteten IT-Dienstleistungsunternehmen hatten schnell erkannt, dass die rund 50 operativen Teams einen gemeinsamen Standard bräuchten, um das Unternehmen nicht ins Chaos zu stürzen. Basierend auf den ersten Erfahrungen in den Pilotprojekten wurde eine Checkliste erstellt, die sogenannte „Agile Fibel". Diese enthielt neben Empfehlungen zur Auswahl der Methoden auch eine Beschreibung der einzelnen Methoden und deren Spezifika im Unternehmen. Zudem enthielt die Checkliste wichtige Querverweise auf Supportprozesse und die Verwendung von unterstützenden IT-Tools. Abgerundet wurde das Ganze mit der Beschreibung des quartalsweisen Portfoliomanagement-Prozesses und der damit verbundenen Genehmigung von Budgets.

Die Gefahren

Die Krise des Transformation Teams wird totgeschwiegen.

Eine Krise ist eine Krise und kann nur für eine gewisse Zeit ignoriert werden. Eine Weile mag es funktionieren, einfach so weiterzuarbeiten, als gäbe es kein Problem. Das führt aber nur dazu, dass die Motivation noch schneller verloren geht und die Wahrscheinlichkeit steigt, dass das Projekt scheitern wird.
Haben Sie daher ein offenes Ohr für Warnungen und frustrierte Zwischentöne.

Die Krise wird unterschätzt.

Selbst wenn akzeptiert wurde, dass es eine Krise gibt, wird sie manchmal kleingeredet. Damit wird den betroffenen Personen implizit mitgeteilt, dass nicht wichtig oder nicht „richtig" ist, was sie wahrnehmen und fühlen. Ein Mensch in einer Krise will ernstgenommen werden. Gehen Sie den Ursachen auf den Grund, um mögliche Auswege aus der Situation zu finden. Dieser Prozess – die Diskussion mit dem Transformation Team – braucht Zeit.

Aufgeben erscheint so verlockend.

Es ist vollkommen natürlich, dass man in einer schwierigen Situation alles hinschmeißen will. Dieser Versuchung sollten Sie widerstehen, zumindest fürs Erste. Vielleicht ist lediglich eine Ansage an die Stakeholder nötig oder der Umfang der Transformation muss etwas verkleinert werden. Doch selbst wenn die Transformation abgebrochen wird: Schweigen Sie den Misserfolg nicht einfach tot, sondern kommunizieren Sie klar, weshalb die Mission gescheitert ist und was für einen möglichen neuen Anlauf nötig wäre.

Erfolge erzwingen wollen.

Während manche sofort alles hinschmeißen wollen, verbeißen sich andere in einer Krise noch stärker in ihre Ideen und klammern sich an ihrem Wertegerüst fest. „Locker lassen" lautet die Devise – Ideen zulassen, auch wenn sie nicht die eigenen sind. Nehmen Sie sich Zeit, um Abstand von der Situation zu gewinnen und in Ruhe mit dem Transformation Team darüber nachzudenken, was für den nächsten Schritt gebraucht wird.

Die Krise wird frühzeitig für beendet erklärt.
Erste Erfolge bedeuten nicht, dass die Krise vorbei ist – daher sollten Sie das auch nicht herumposaunen. Veränderungen verlaufen nicht linear und auf den ersten Erfolg kann gleich wieder ein Rückschlag folgen. Lassen Sie sich daher Zeit und warten Sie ab, bis die Anzeichen einer Stabilisierung eindeutig und dauerhaft sind.

Literaturtipps

Denning, S.: The Age of Agile: How Smart Companies Are Transforming the Way Work Gets Done. AMACOM 2018.

Gloger, B.; Rösner, D.: Selbstorganisation braucht Führung. Die einfachen Geheimnisse agilen Managements. Carl Hanser Verlag 2017.

Purps-Pardigol, S.: Führen mit Hirn. Mitarbeiter begeistern und Unternehmenserfolg steigern. Campus Verlag 2015.

Rasche, C.; Röbbel, S.; Kauffeld, S.: Mit Scrum agil werden? Ein Qualifizierungsprogramm bei der Commerzbank AG, PERSONALquarterly, 02, S. 16–21.

Sinek, S.: Leaders Eat Last. Why Some Teams Pull Together and Others Don't. Portfolio/Penguin 2017.

Sprenger, R.: Mythos Motivation: Wege aus einer Sackgasse. Campus Verlag 2014.

5 Am Gipfel: Reife und Übergang in den nächsten Change?

Es wird vieles passieren auf dem steilen Weg zur agilen Organisation. Wahrscheinlich wird sich auf dieser Strecke auch das Transformation Team verändern und weiterentwickeln: Je nach Herausforderung werden neue Mitglieder aufgenommen, andere werden das Team verlassen und als Multiplikatoren an ihren ursprünglichen Positionen im Unternehmen die Transformation unterstützen.

Irgendwann wird der Moment kommen, in dem Sie sagen: „Ich denke, wir sind in der Welt der Agilität angekommen." Starre Strukturen und Denkweisen, mit denen sich die Organisation selbst behindert hat, konnten aufgelöst oder neu ausgerichtet werden. Die Kultur ist partizipativer geworden. In vielen Bereichen der Organisation wird Führung nun ganz anders gelebt: Management ist eine Serviceleistung, Führungskräfte sehen sich als „Servant Leader".

Aber war's das schon? Ist die Transformation jetzt tatsächlich „fertig"? Haben Sie etwas übersehen oder nicht bedacht? Trügt der Schein? An diesem Punkt werden Sie in den letzten Jahren so viele Erfahrungen gemacht haben, dass Sie sich unweigerlich fragen, was als Nächstes kommt. Vielleicht gibt es noch einen Bereich, der bisher von der Transformation nur am Rande gestreift wurde, doch dafür reicht das aktuelle Mandat nicht. Wie es nun weitergeht, ist noch nicht endgültig geklärt.

In diesem Kapitel erfahren Sie,
- wie Sie herausfinden, was die agile Transformation bewirkt hat und was nicht,
- wie Sie einschätzen, ob die Organisation eine Veränderungspause braucht,
- wie Sie verhindern, dass die Transformation für abgeschlossen erklärt wird und die Organisation in alte Muster zurückfällt.

5.1 Die Transformation überblicken und das Transformation Team auflösen

5.1.1 Den Status quo der Transformation erheben

Natürlich wissen wir, was wir in den letzten Jahren für die Organisation geleistet haben. Dennoch ist das gesamte Bild noch schwer zu fassen – wir brauchen es aber für die Entscheidung über die weitere Vorgehensweise. Wie finden wir heraus, wo wir mit der Transformation stehen?

Schauen Sie noch einmal an den Anfang zurück, bevor Sie sich mit der Zukunft befassen: Mit welcher Vision ist das Transformation Team in diesen großen Wandel gegangen? Wie nahe liegen Realität und Vision heute beieinander? Haben sich die Teams verändert und ist eine andere Unternehmenskultur spürbar? Solche oder ähnliche Fragen können dabei helfen, die einzelnen Schritte der Transformation Revue passieren zu lassen oder mit dem Transformation Team durch eine Retrospektive zur gesamten Transformation zu gehen.

Wir wollen Ihnen drei Schritte zeigen, mit denen sich das Transformation Team einen Überblick über den aktuellen Stand seiner Arbeit verschaffen kann. Dieser Dreiklang folgt der Logik „vom Kleinen zum Großen". Im ersten Schritt überprüft das Transformation Team seinen eigenen Wirkungskreis. Der zweite Schritt dehnt das betrachtete System auf die Agile Coaches im Unternehmen aus. Der dritte Schritt bezieht sämtliche Mitarbeiterinnen und Mitarbeiter der Organisation ein. Diesen drei Kontexten sollte sich das Transformation Team in Ruhe an zwei Tagen im Rahmen einer Klausur abseits der Organisation widmen können. Daher ist es sinnvoll, Schritt 3 möglichst früh anzustoßen, um sich während des Offsite-Meetings mit den Ergebnissen befassen zu können.

Schritt 1: Die Vision überprüfen

Ein Scrum-Team, das ein neues Produkt entwickelt, wirft immer wieder einen Blick auf die Produktvision. Das Transformation Team liefert das Produkt „agile Transformation" und ruft sich daher im ersten Schritt ebenfalls die ursprüngliche Vision und die Ziele in Erinnerung. Fragen an das Transformation Team können sein:

- Wie lautete eure Vision?
- Woran wolltet ihr damals festmachen, ob die Vision erreicht wurde? Habt ihr die Vision – diesen Kriterien nach zu urteilen – erreicht?
- Woran merken die Mitarbeiterinnen und Mitarbeiter, dass die Vision wahr geworden ist?
- Welche Ziele habt ihr euch als Team darüber hinaus gesetzt? Habt ihr diese ebenfalls erreicht?
- Mit welchem Zielerreichungsgrad seid ihr zufrieden? Welche Punkte sind noch offen?

Wenn sich ein Unternehmen einer Veränderung dieses Ausmaßes unterzieht, besteht die größte Gefahr immer darin, dass die Organisation einfach wieder aus dem Change-Prozess aussteigt. Das kann vor allem passieren, wenn nur nach oberflächlichen Zeichen der Veränderung gesucht wird, statt etwas tiefer zu gehen. Denn die Erfolge zeigen sich auf viele Arten. Unserer Erfahrung nach zeigt sich der Erfolg einer agilen Transformation unter anderem an den gelösten Abhängigkeiten und vereinfachten Prozessen.

Das führt wiederum zu einer besseren Kommunikation und dadurch sinkenden Transaktionskosten. Schafft es ein Unternehmen dann auch noch, Geschäftsprozesse zu digitalisieren, kann eine schnellere Time-to-Market erzielt werden. Studien der Boston Consulting Group (vgl. Roghé et al. 2017) und von McKinsey (vgl. Salo 2017) belegen, dass die Einführung agiler Arbeitsweisen ein entscheidender Faktor in der erfolgreichen Digitalisierung von Unternehmen ist. Die Bedürfnisse der Kunden werden schneller befriedigt, was der größte Vorteil ist. Doch der wahre, nachhaltige Nutzen besteht – aus Sicht von befragten Mitarbeitern – darin, dass die interne Transparenz steigt und Silos aufgelöst werden.

Für die konkrete Zuordnung von erreichten Veränderungen ist es sinnvoll, wieder die sechs Bausteine der agilen Organisation als Hilfe heranzuziehen. Damit geht es weiter in Schritt 2.

Schritt 2: Change-Check anhand der sechs Bausteine der agilen Organisation

Der zweite Schritt geht in die Details der Transformation. In Kapitel 1 haben wir anhand der sechs Bausteine der agilen Organisation beleuchtet, auf welchen strukturellen und kulturellen Ebenen der Organisation eine Veränderung stattfinden sollte bzw. wo im Rahmen der Transformation angesetzt werden sollte. Mit Hilfe einer Checkliste kann das Transformation Team überlegen, wie „reif" die Organisation in diesen einzelnen Aspekten inzwischen ist.

- Welche Wirkung und welche konkreten Fortschritte haben Teams, Führungskräfte und das Transition Team in den einzelnen Bausteinen erzielt?
- Welche Ebene wurde bisher wenig oder gar nicht verändert?
- Wie tragen die Veränderungen zu einer Verankerung der angestrebten Kultur im Unternehmen bei?

Den Change-Check anhand der sechs Bausteine kann das Transformation Team gemeinsam mit den Agile Coaches im Rahmen eines eintägigen Workshops vor dem Offsite-Meeting durchführen. Im Vorfeld des Workshops sollten die Agile Coaches diesen Check jeweils für den von ihnen betreuten Bereich ausarbeiten. Im Workshop werden die Ergebnisse zusammengeführt und zum Beispiel durch eine Heat Map und eine Reifegradeinschätzung seitens der Agile Coaches visualisiert. Heat Mapping beschreibt in diesem Fall die visuelle Markierung der erreichten Werte pro Team und Kategorie. Dafür werden die Kategorien pro Team ausgedruckt und für alle sichtbar an die Wand gehängt. Durch Klebepunkte oder farbliche Markierungen werden nun die Ergebnisse pro Kategorie hervorgehoben. So entsteht eine Heat Map der gesamten Organisation.

Basierend auf den Ergebnissen kann das Transformation Team eine Strategie für die nächsten Schritte entwickeln. Meistens sind einige Unternehmensbereiche in der Transformation weiter als andere, das wird beim Change-Check transparent gemacht. So können sowohl die Agile Coaches als auch das Transformation Team erkennen, welche Bereiche voneinander lernen können und mit welchen Maßnahmen dieser Wissensaustausch angestoßen werden kann.

Checkliste für den Change-Check

Organisations- und Produktarchitektur
- Sind die Organisationseinheiten produkt- und/oder serviceorientiert geschnitten?
- Haben die Organisationseinheiten eine End-to-end-Verantwortlichkeit für ihr Produkt/ihre Dienstleistung?
- Wurden zentrale Supporteinheiten etabliert?
- Verstehen die Supporteinheiten die Produkt- bzw. Serviceeinheiten als ihre Kunden und unterstützen diese dementsprechend?
- Wurde eine flexible und modulare Produktarchitektur entwickelt?
- Ist es gelungen, Abhängigkeiten innerhalb der Produktarchitektur weitestgehend zu entkoppeln?
- Gewährleistet die Softwarearchitektur in allen Teams Flexibilität und Ausfallsicherheit, zum Beispiel durch Microservices?
- Wurden in diesem Zusammenhang die Kommunikationsstrukturen im Unternehmen angepasst? Das heißt: Entscheidungen werden dort getroffen, wo sie getroffen werden müssen. Beispiel: Nicht die übergeordneten Managementebenen entscheiden über den Fortbestand oder die Weiterentwicklung eines Produktfeatures, sondern die Feature-Teams.
- Wurde der Informationsfluss so angepasst, dass alle entscheidungsrelevanten Informationen schnell und unbürokratisch weitergegeben werden? Es werden keine Informationen aus strategischen Gründen zurückgehalten.

Infrastruktur
- Wurde eine State-of-the-Art-Infrastruktur implementiert, um die Produktentwicklung technisch optimal zu unterstützen?
  - Checkpunkte für die Softwareentwicklung
    - Continuous Delivery Toolchain
    - Automatisierte Tests
    - Self-Provisioning-Möglichkeiten
  - Checkpunkte für die Hardwareentwicklung
    - 3D-Druck
    - Simulationstools
    - Maker-Tools
- Konnten die Release-Zyklen nach jedem Sprint verkürzt werden?
- Werden moderne Kollaborations- und Kommunikationstools wie Wissensmanagementsysteme, Video- und Chat-Tools eingesetzt?
- Wurde die räumliche Infrastruktur so angepasst, dass die Kreativität bestmöglich unterstützt wird? Zum Beispiel durch offene Gestaltungsprinzipien, Rückzugs-, Meeting- und Begegnungszonen, Whiteboards, Flipcharts.
- Stehen allen Mitarbeitern moderne Arbeitsplätze und Endgeräte zur Verfügung, die auch für die Arbeit im Homeoffice genutzt werden können?

Skills & Expertise
- Haben die Rollenträger und Manager das notwendige Fachwissen zur Methode und kennen sie ihre Verantwortlichkeiten?
- Sind in den einzelnen Teams alle nötigen Skills vorhanden, damit sie unabhängig voneinander liefern können?
- Findet ein regelmäßiger Wissensaustausch zwischen den Teams statt?
- Wird das technologische Wissen auf dem neuesten Stand gehalten?
- Werden die methodischen Kompetenzen immer wieder ausgebaut und Neues ausprobiert, zum Beispiel durch Wissen zur Meeting-Facilitation oder durch neue Workshop-Designs?
- Gibt es regelmäßig die Möglichkeit, an den Soft Skills – also am zwischenmenschlichen Umgang – zu arbeiten?

Kundenorientierung
- Wird in der Produktentwicklung konsequent aus der Sicht des Kunden gedacht?
- Beziehen die einzelnen Teams den Endkunden in ihre Überlegungen ein oder orientieren sie sich immer noch in erster Linie an den internen Kunden?
- Wird auf die Steigerung der Customer Experience geachtet? Steht die Identifikation innovativer Kundenlösungen im Fokus?
- Werden zum Beispiel datenvalidierte Personas und/oder Customer Journeys als Möglichkeiten für die Fokussierung auf den Endkunden genutzt?
- Findet in der Produktentwicklung eine Auseinandersetzung mit den tatsächlichen Bedürfnissen der Kunden statt, zum Beispiel durch Techniken wie Design Thinking?
- Wird darauf geachtet, den Kunden früh den Nutzen und die „Absicht" eines Produkts zu zeigen, etwa in Form von Minimum Viable Products?
- Werden die Entwicklungsergebnisse kontinuierlich von realen Anwendern ausprobiert, um regelmäßiges und frühzeitiges Feedback zu erhalten?

Management Frameworks
- Werden Steuerungsinstrumente eingesetzt, die kürzere Entscheidungs-, Liefer- und Lernzyklen ermöglichen – zum Beispiel OKRs auf strategischer Ebene und Scrum oder Kanban auf operativer Ebene?
- Werden für das Portfoliomanagement engpassorientierte Ansätze angewendet?
- Werden flexiblere Varianten der Budgetallokation angewendet?
- Arbeiten die operativen Teams mit agilen Methoden? Wird dabei ein Schwerpunkt auf das bessere Management der Abhängigkeiten gelegt?
- Haben die Träger der verschiedenen (agilen) Rollen ihre Aufgaben und Verantwortlichkeiten verstanden und gelten diese Rollen in der Organisation als etabliert?

> *Führung, Werte und Kultur*
> - Konzentriert sich das Management darauf, das Unternehmen auf den Markt auszurichten? Gibt es eine Vision und strategische Prioritäten?
> - Basiert die Führung auf einem modernen Menschen- und Arbeitsbild und treten die Führungskräfte entsprechend auf?
> - Wichtige Voraussetzungen für eine offene und transparente Unternehmenskultur sind die Fähigkeit und der Wille der Mitarbeiter, Eigenverantwortung zu übernehmen. Führungskräfte sollten Vertrauen in die Fähigkeiten ihrer Mitarbeiter zur Selbstorganisation haben. Ist das den Führungskräften im Unternehmen bewusst und leben sie dieses Führungsverständnis?
> - Wird Führung im Sinne des „Servant Leadership" verstanden? Versuchen die Führungskräfte, ihre Mitarbeiter in deren eigenverantwortlicher Weiterentwicklung bestmöglich zu unterstützen, sie immer wieder herauszufordern und ihnen konstruktives Feedback zu geben?

Natürlich gibt es neben dem Change-Check noch weitere Faktoren und Metriken, mit deren Hilfe das Transformation Team den Status der Transformation analysieren kann: Time-to-Market, Zeitaufwand für Release-Prozesse, Mitarbeiterfluktuation, Verkaufszahlen, Kundenfeedback etc. Wie haben sich diese Faktoren im Laufe der Transformation entwickelt? Ist ein Trend erkennbar und ist dieser Trend für das Unternehmen wünschenswert?

Ein speziell „agiler" KPI wäre zum Beispiel die Anzahl der gelösten Impediments pro Sprint. Daraus lässt sich ablesen, wie weit die Transparenz gediehen ist und wie wirksam das Transformation Team, die Scrum Master und die Agile Coaches als Instanzen in der Organisation sind. Messgrößen wie die Liefergeschwindigkeit der (Pilot-)Teams beziehungsweise die Zufriedenheit der Mitarbeiterinnen und Mitarbeiter geben Aufschluss darüber, wie gut das Transformation Team das agile Arbeiten und dessen Vorteile vermitteln konnte.

Schritt 3: Reifegradmessung auf Teamebene und Mitarbeiterumfrage

Im letzten Schritt legt das Transformation Team seine Analyse über alle agil arbeitenden Teams bzw. Bereiche. Damit soll deutlich werden, inwieweit sich die neue Kultur im Unternehmen etabliert hat und die anfänglich gesetzte Vision realisiert wurde.

Ein Baustein dieser Analyse kann die in Kapitel 2 erwähnte Reifegradmessung für mehrere Teams sein, ergänzt um eine Mitarbeiterbefragung. Für das Transformation Team besteht die Herausforderung darin, messbare Kriterien für die Ausprägung von Werten und Kultur im Unternehmen zu entwickeln. Diese Kriterien sind für jede Organisation so spezifisch, dass wir davon abraten, vorgefertigte Fragebögen zu verwenden.

Idealerweise werden während der Transformation immer wieder Reifegradmessungen für die einzelnen agil arbeitenden Teams und/oder Bereiche vorgenommen (siehe dazu Kapitel 2). Diese Messungen werden nun im Gesamtüberblick betrachtet und gegebenenfalls um eine aktuelle Messung ergänzt. Auf diese Weise wird eruiert, wie sich die Teams entwickelt haben und wo noch Entwicklungspotenziale vorhanden sind.

Mitarbeiterbefragung – Agile Survey

Die zentrale Frage ist, wie es den Menschen in der Transformation geht. Daher empfehlen wir Transformation Teams, entweder unternehmensweit oder punktuell eine Mitarbeiterbefragung durchzuführen, durch die deutlich wird, wie der und die Einzelne die agilen Rollen wahrnimmt, versteht und umsetzt. Wichtig ist, dass die Umfrage möglichst einfach gestaltet wird, schnell zu beantworten und auszuwerten ist. Für das Transformation Team ist diese Befragung ein wesentlicher Gradmesser für den erfolgreichen Verlauf der Transformation. Wir empfehlen, Fragen aus den folgenden Themenfeldern zu stellen:

- Rollenverständnis und Rollenumsetzung
- Möglichkeit, sich auf die eigene Arbeit zu fokussieren
- Wahrnehmung der Führungskraft durch die Teammitglieder
- Selbstwahrnehmung der Führungskraft im sich verändernden Führungskontext
- Einbeziehung der Mitarbeiterinnen und Mitarbeiter in die Entscheidungsprozesse im Team (Selbstorganisation) und auf Organisationsebene
- Zufriedenheit der Mitarbeiterinnen und Mitarbeiter

Ergänzt werden sollte die Befragung um einige Fragen zur Verankerung neuer Denkmuster und der neuen Kultur. Hier sind Vorschläge für Fragen, die auf die kulturelle Integration des agilen Mindsets abzielen:

- Fühlen sich Mitarbeiterinnen und Mitarbeiter für die Ergebnisse ihrer Teams verantwortlich?
- Haben die Mitarbeiterinnen und Mitarbeiter den Anspruch, sich selbst, die Arbeit in den Teams und die Organisation laufend zu verbessern?
- Fühlen sich Mitarbeiterinnen und Mitarbeiter in ihren crossfunktionalen Rollen wohl?
- Gibt es eindeutige, transparente Prozesse zur Entscheidungsfindung und identifizieren sich die Mitarbeiterinnen und Mitarbeiter damit?
- Haben die Mitarbeiterinnen und Mitarbeiter die Möglichkeit, dort etwas beizutragen, wo sie ihre Stärken entfalten können und ihre Interessen haben?
- Unterstützen sich die Mitarbeiterinnen und Mitarbeiter gegenseitig auch in Situationen, für die der Einzelne nicht direkt verantwortlich ist?
- Agieren die disziplinarischen und lateralen Führungskräfte als Vorbilder und Rollenmodelle für die gewünschte Kultur?
- Gibt es einen Mentoring-Prozess, in dessen Rahmen neue Mitarbeiterinnen und Mitarbeiter von Beginn an etwas über die Kultur der Organisation lernen?
- Gibt es einen Mitarbeiterentwicklungsprozess, der den agilen Werten und Prinzipien entspricht?
- Gibt es einen schädlich großen Anteil an Flurfunk und indirekter Kommunikation?

Veränderungen, insbesondere solche, die die Kultur eines Unternehmens und das Mindset der Mitarbeiter betreffen, brauchen Zeit. Deswegen sollte das Transformation Team die Entwicklungsgeschwindigkeit der Organisation betrachten und eine solche Befragung entweder einmal pro Jahr oder später alle zwei Jahre durchführen, um den weiteren Verlauf evaluieren zu können.

Ein Praxistipp: Kooperieren Sie mit der HR-Abteilung. Meistens haben sich die HR-Kolleginnen und -Kollegen zu diesen Themen bereits Gedanken gemacht und bereits passende Tools an der Hand, mit denen die Umfragen einfach und schnell umgesetzt werden können. HR kann somit zu einem wichtigen Partner in der Transformation werden.

In Bild 5.1 sehen Sie eine Sammlung von Fragen und deren Zuordnung zu den jeweiligen Rollen, die wir in unseren Projekten immer wieder verwenden. Als Antwortformat eignet sich bei diesen Befragungen meistens eine fünfteilige Skala von 1–5 (1 = stimme gar nicht zu, 5 = stimme vollkommen zu).

Nr.	Frage	Antwortformat	SM	PO	Dev	Mgmt.	Andere
1	Welche Rolle nehmen Sie in Ihrem Team wahr?	[Rollen]	x	x	x	x	x
2	Ich finde es positiv, dass wir im Programm mit agilen Methoden arbeiten.	5-teilige Skala	x	x	x	x	x
3	Für den Start mit Scrum haben wir ausreichend Unterstützung bekommen.	5-teilige Skala	x	x	x	x	x
4	Für den Start mit Kanban haben wir ausreichend Unterstützung bekommen.	5-teilige Skala	x	x	x	x	x
5	Für den Start mit Design Thinking haben wir ausreichend Unterstützung bekommen.	5-teilige Skala	x	x	x	x	x
6	Ich kann mich auf meine Arbeit fokussieren.	5-teilige Skala	x	x	x	x	x
7	Ich werde wenig bis gar nicht gestört. Das unterstützt das fokussierte Arbeiten.	5-teilige Skala	x	x	x	x	x
8	Blocker für fokussiertes Arbeiten werden in meinem Terminkalender toleriert und eingehalten.	5-teilige Skala	x	x	x	x	x
9	Die Aufgaben in der Produktentwicklung werden effizient und wirksam ausgeführt.	5-teilige Skala	x	x	x	x	x
10	Ich erlebe die agile Vorgehensweise als produktiver als das Arbeiten mit dem Wasserfall-Ansatz.	5-teilige Skala	x	x	x	x	x
11	Das Scrum Coaching war/ist in seiner Qualität zufriedenstellend.	5-teilige Skala	x	x	x	x	x
12	Es gibt im Team einen ScrumMaster, der seine Aufgabe der Teamführung wahrnimmt.	5-teilige Skala			x	x	x
13	Es gibt im Team einen ScrumMaster, der sich um die Aufarbeitung und Lösung von Hindernissen des Teams kümmert.	5-teilige Skala			x	x	x
14	Es gibt im Team einen ScrumMaster, der sich um die optimale Vorbereitung und Ausgestaltung von Meetings & Workshops kümmert.	5-teilige Skala			x	x	x

Bild 5.1 Beispiel für die Zuordnung von Fragen zu den jeweiligen Rollen

Abschließend ein Hinweis für die Kommunikation der Ergebnisse: Alle gewonnenen Erkenntnisse aus den drei Schritten sollten vom Transformation Team zusammengefasst, aufbereitet und anschließend dem Management und der Organisation zur Verfügung gestellt werden. Entweder werden die Maßnahmen für die Zukunft dann vom Transformation Team und dem Management gemeinsam abgeleitet oder das Transformation Team macht den Stakeholdern einen Vorschlag für die nächsten Schritte.

5.1.2 Intervenieren oder pausieren?

Viele Veränderungen, die durch diese Transformation angestoßen wurden, sind bereits sichtbar geworden – das ist ein sehr gutes Gefühl. Sollten wir sofort mit den Maßnahmen weitermachen, die wir im Rahmen des Workshops identifiziert haben, oder gönnen wir uns sowie den Mitarbeiterinnen und Mitarbeitern besser einmal eine Pause?

Die wichtigste Veränderung geht weit über die Art und Weise hinaus, wie Meetings abgehalten werden und welche Rollen es plötzlich in der Organisation gibt. Das sind lediglich oberflächliche Erscheinungen. Eine erfolgreiche agile Transformation bewirkt bei Mitarbeitenden und Führungskräften ein neues Verhalten, weil sie ihre Werte und Glaubenssätze auf den Prüfstand gestellt und weiterentwickelt haben. Findet dieses Umdenken nicht bzw. nur in Form von Lippenbekenntnissen statt, werden Teams auch weiterhin keine Verantwortung zugesprochen bekommen und es werden – so wie bisher – unnötige Prozessschritte produziert. Wenn das Verhalten der Menschen nicht mit den agilen Werten und Prinzipien konsistent ist, ist die Wahrscheinlichkeit sehr hoch, dass sich die dahinterliegenden Glaubenssätze noch gar nicht verändert haben. Es ist die Aufgabe der Führungskräfte, mit den Mitarbeiterinnen und Mitarbeitern an diesen Glaubenssätzen zu arbeiten.

Das ist ein langfristiger Prozess, der nicht innerhalb weniger Wochen oder Monate abgeschlossen ist, und dieser Prozess kann für Führungskräfte sehr anstrengend sein, weil sie selbst vorleben müssen, was sie predigen. Zwischendurch kann es daher notwendig werden, die Führungskräfte durch individuelles Coaching oder durch Gruppencoaching zu unterstützen und auf neue Ideen zu bringen. Auch Lernreisen in andere Unternehmen können solche Ideen für die Veränderung von Glaubenssätzen liefern.

Bild 5.2 zeigt, wie Glaubenssätze, Erfahrungen und Verhalten zusammenspielen und warum es notwendig ist, durch entsprechende Interventionen kontinuierlich daran zu arbeiten. Glaubenssätze bestimmen das Verhalten von Menschen in Unternehmen und erzeugen Erfahrungen, die wiederum diese Glaubenssätze bestätigen oder widerlegen. Die gezielte Arbeit mit agilen Frameworks schafft neue Erfahrungen, die durch unterstützendes Coaching reflektiert und verankert werden können. Daraus entwickeln sich neue Glaubenssätze, die es in der Kultur des Unternehmens bisher noch nicht gegeben hat. Deswegen ist es für den kulturellen Wandel wichtig, mit agilen Frameworks zu arbeiten – sie geben dem Denken buchstäblich einen neuen Rahmen.

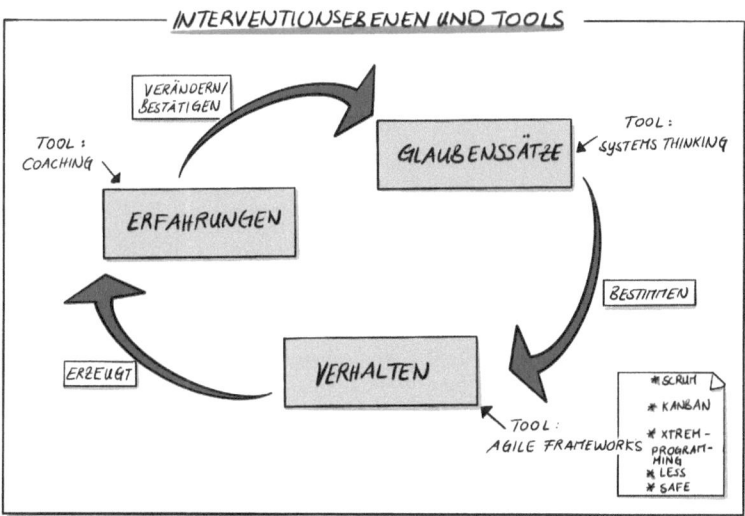

Bild 5.2 Zusammenspiel von Erfahrungen, Glaubenssätzen und Verhalten

Das bedeutet also: Das Transformation Team bzw. das Management kann sich und den Mitarbeiterinnen und Mitarbeitern keine vollständige Pause vom Veränderungsprozess gönnen.

Dieser ist nur erfolgreich, wenn er kontinuierlich und in einem angemessenen Tempo weitergeführt wird, das die Organisation nicht überfordert. Weder die Vision noch die Ziele oder Projekte einer agilen Transformation können der realen Kultur einer Organisation standhalten, wenn die Veränderung einfach für beendet erklärt wird. Es ist wie mit einem Garten: Damit wächst, was wachsen soll, muss er gepflegt werden – nicht nur einmal im Jahr, sondern das ganze Jahr über, mit den richtigen Handgriffen zur richtigen Zeit.

Absolut legitim ist es aber, die Intensität der Maßnahmen etwas zurückzufahren, damit die Menschen in der Organisation die vielen Veränderungen verdauen und integrieren können. Das Transformation Team kann sich damit helfen, die Intensität der Veränderungen auf einem Zeitstrahl zu visualisieren. So wird klarer, wie viel die Mitarbeiterinnen und Mitarbeiter im Moment noch aufnehmen können. Das ist allerdings ein externer Blick des Transformation Teams. Was von der eigenen Warte aus betrachtet als „nicht viel" erscheinen mag, kann für andere Personen überwältigend sein. Daher sollte der Zeitstrahl mit Umfragen unter den Betroffenen ergänzt werden, um die subjektiv wahrgenommene Intensität zu berücksichtigen.

5.1.3 Transformation gelungen – Transformation vorbei?

Wenn wir im Zuge der Analyse feststellen, dass die Transformation bereits sehr weit vorangeschritten ist – was machen wir dann? Erklären wir die Transformation für beendet und lösen das Transformation Team auf?

Die Frage, ob und wann ein Transformation Team aufgelöst werden kann, rührt häufig aus dem klassischen Projektverständnis: Zu einem bestimmten Zeitpunkt wird das Projekt für beendet erklärt. Die Mitarbeiterinnen und Mitarbeiter kehren in ihre ursprünglichen Positionen zurück, fungieren in den Augen der Führungskräfte bestenfalls als Multiplikatoren einer neuen Arbeitsweise bzw. neuen Wissens und haben somit ihre Aufgabe erfüllt.

Die Aufgabe eines Transformation Teams kann aber weit über die anfängliche Ausrichtung der Transformation hinausgehen. Sollte sich aus der dreistufigen Analyse ergeben, dass die Organisation in puncto Agilität tatsächlich schon sehr reif ist, sollten diese Ergebnisse gesichert und in der Organisation kommuniziert werden. Für eine lernende Organisation ist es nämlich essenziell, dass Erkenntnisse geteilt werden. Die Rolle des Transformation Teams wird dadurch nicht obsolet, sie entwickelt sich lediglich in eine andere Richtung weiter. Eine lernende Organisation geht freiwillig in einen kontinuierlichen Veränderungs- und Verbesserungsprozess und braucht dabei eine entsprechende Begleitung.

Noch bevor die Organisation eine agile Transformation startet, sollten sich alle Beteiligten darüber im Klaren sein, dass diese Reise nie endet. Das Shu-Ha-Ri-Modell (siehe Kapitel 4 sowie Bild 5.3) gilt auch für die Entwicklung eines Unternehmens. Am Beginn der Reise werden im „Shu" die Methoden angewendet und nach Vorschrift befolgt. Auf der nächsten Lernstufe, im „Ha", wird bereits experimentiert und die Verfahren und Praktiken werden individuell angepasst. Im „Ri" ist die Organisation schließlich in der Lage, sich selbst zu beobachten und permanent nach Verbesserung zu streben – sie kann sich agil an ihre Umwelt adaptieren.

Das bedeutet nicht, dass ein Transformation Team zur Dauereinrichtung werden muss. Allerdings sind die Mitglieder des Transformation Teams dafür geeignet, als Coaches diese Entwicklungsprozesse sowohl auf der individuellen Ebene als auch auf Ebene der Organisation zu unterstützen. Unsere Empfehlung lautet daher: Lösen Sie das Transformation Team nicht auf, wenn es zu einem High-Performance-Team zusammengewachsen ist und tolle Erfolge verzeichnet hat. Arbeiten Sie auch weiterhin mit diesem Team.

Auch wenn die Analyse positiv ausfällt, ist die Transformation nicht beendet. Das Unternehmen hat nur die nächste Stufe der Entwicklung erreicht.

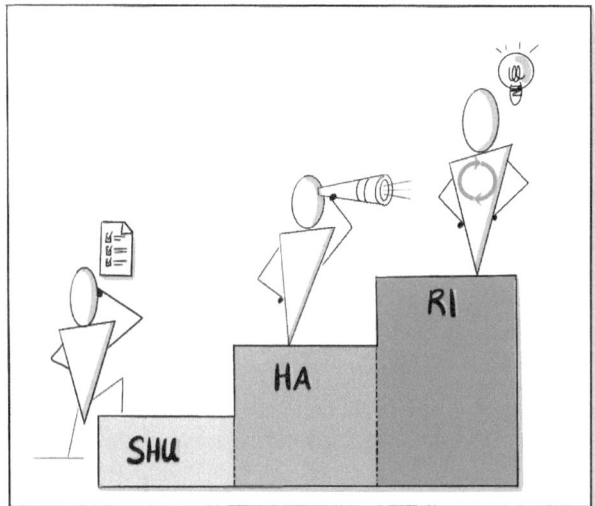

Bild 5.3 Vom Schüler zum Meister

5.2 Integration und Internalisierung

5.2.1 Organisation des Transformation Teams „nach" der Transformation

Wie sollte sich das Transformation Team organisieren, wenn es das Unternehmen auch in Zukunft durch die kontinuierliche Verbesserung begleiten soll? Wenn sich die Organisation weiterentwickeln soll, muss das Transformation Team das vermutlich auch tun.

Mit einem „permanenten" Transformation Team schafft ein Unternehmen die Möglichkeit, die Kultur nicht nur in den bereits transformierten Bereichen, sondern auch in neu entstehenden Einheiten nachhaltig zu verändern bzw. auszurichten. Aus unserer Sicht gibt es drei Ansätze, anhand derer sich das Transformation Team mit der Organisation auf Dauer mitentwickeln kann: in Form eines agilen Inkubators, als zentrale Transformationseinheit auf strategischer Ebene oder als Community of Practice.

Das Transition Team als agiler Inkubator (coachende Linieneinheit)

Ein Unternehmen befindet sich ständig in Bewegung, Menschen kommen und Menschen gehen, Einheiten werden aufgelöst oder neu aufgebaut. Das heißt, dass manche Kolleginnen und Kollegen mit dem agilen Arbeiten erst anfangen, an anderen Stellen muss darauf geachtet werden, die Agilität beizubehalten, wenn sich die Rahmenbedingungen ändern. Wenn das Transformation Team als agiler Inkubator betrachtet wird, bietet es sozusagen eine interne Ausbildungsstätte, befähigt die Organisation von innen heraus und begleitet agile Projekte zum Reifegrad des „Ri". Um Fluktuationen ausgleichen zu können und die agile Kultur immer wieder zu nähren, werden interessierte Mitarbeiterinnen und Mitarbeiter aus unterschiedlichen Bereichen im Rahmen konkreter Projekte zu Scrum Mastern, Product Ownern oder Agile Coaches ausgebildet. Das hat den Vorteil, dass sich das Transformation Team um die Transformation weiterer Bereiche kümmern und Neues anstoßen kann, während im Rest der Organisation das erreichte Momentum aufrechterhalten wird.

Der Vorteil dieser Variante ist, dass die Verantwortlichkeiten klar geregelt sind und sich in der Organisation das Gefühl der Kontinuität festigt, weil das Transformation Team bestehen bleibt. Interessierte Mitarbeiterinnen und Mitarbeiter können sich dem Team anschließen, wenn neue Fähigkeiten gebraucht werden.

Integration des Transformation Teams auf strategischer Ebene

Eine zweite sinnvolle Variante ist es, das Transformation Team in die HR-Abteilung oder gegebenenfalls in eine Einheit für Organisationsentwicklung zu integrieren. Gemeinsam arbeiten diese Einheiten dann daran, die Transformation auf weitere Bereiche der Organisation auszudehnen. Dabei geht es nicht nur darum, das agile Arbeiten und die agile Kultur an sich im Unternehmen zu verbreiten. Durch diese Integration können wichtige Fragen für die Zukunft gelöst werden, zum Beispiel wie die Karriere- und Entwicklungspfade aussehen können. Auch in diesem Format entwickelt sich das Transformation Team gemeinsam mit der OE-Einheit oder HR-Abteilung zu einem Befähiger innerhalb der Organisation, um diese zum Reifegrad „Ri" zu führen. Natürlich können OE und/oder HR zu den zentralen Steuereinheiten für die weitere Transformation werden.

 Das Transformation Team bei der ING-DiBA Deutschland

Die ING-DiBa AG Deutschland hat sich im Wesentlichen einer Komplettransformation unterzogen. Nachdem die wesentlichen Meilensteine erreicht waren, wurde entschieden, den Kern des Transformation Teams weiterbestehen zu lassen, da weiterhin viel Arbeit in der Organisationsentwicklung zu leisten sein wird. Dieses Team entscheidet auch regelmäßig, inwieweit das noch erforderlich ist.

Parallel dazu wurde ein Center of Expertise aufgebaut, in dem alle Expertinnen und Experten für das neue Arbeiten, vor allem Agile und Innovation Coaches, in einer Einheit zusammengefasst wurden. Diese Coaches helfen den Squads und Tribe Leads bei den täglichen kleinen und großen Herausforderungen. Ein großer Vorteil dieses Ansatzes ist der enge Austausch zwischen den Expertinnen und Experten. Dadurch können sie immer wieder einen neutralen Blick auf die Herausforderungen in den zu unterstützenden Bereichen werfen.

Das Beispiel der ING ist eine Mischung aus einer agilen Inkubationseinheit in der Linie, die den Fokus auf das Coaching der Teams legt, und einer zentralen Transformationseinheit auf strategischer Ebene, die den weiteren Wandel des Unternehmens vorantreibt.

Das Transformation Team als Community of Practice

Die dritte Variante ist eine informale Struktur: ein Transformation Team, das punktuell zusammenkommt. Es bildet das Fundament für eine Community of Practice, der sich auch weitere Interessierte aus dem Unternehmen anschließen können. Die ehemaligen Mitglieder des Transformation Teams fungieren weiterhin in der Rolle der agilen Botschafter beziehungsweise als Ansprechpartner in ihrer jeweiligen Rolle, zum Beispiel als Agile Coaches oder Scrum Master. Dadurch werden sie zu Multiplikatoren und eröffnen den Raum für neue Ideen von Kolleginnen und Kollegen mit unterschiedlichen Erfahrungsschätzen. Eine temporäre Community of Practice fördert die Internalisierung der neuen Kultur durch ein ständiges Gegenchecken der Werte und Prinzipien, und sie befähigt immer wieder neue Teams bei der Adaptierung von agilen Arbeitsweisen. Im Gegensatz zu den beiden anderen Varianten braucht dieser Ansatz mehr Engagement der Mitarbeitenden selbst. Eine Community of Practice kann nur funktionieren, wenn die Teilnehmenden auch genügend Zeit und Interesse haben, um daran mitzuwirken.

Alle drei Varianten haben ihre Vor- und Nachteile und wie am Beispiel der ING zu sehen ist, können verschiedene Ansätze kombiniert werden. Die größten Unterschiede bestehen auf jeden Fall im Grad der Formalität und des Umfangs. Während die ersten beiden Varianten eine wirkliche Verankerung des Transformation Teams in der Aufbauorganisation bedeuten, spielt eine Community of Practice nur eine informale Rolle. Wenn das Interesse abflacht oder wenn es Kapazitätsengpässe gibt, kann es also durchaus passieren, dass die Aktivitäten einschlafen.

Es muss außerdem ein Fokus gesetzt werden. Am Anfang einer Transformation arbeitet das Transformation Team vor allem an der Befähigung und strategischen Weiterentwicklung der Organisation. Im späteren Verlauf beobachten wir meistens eine Fokussierung auf das eine oder andere. Das kann ein Indiz dafür sein, dass – so wie bei ING – zwei Einheiten sinnvoll sein können, wenn beide Dimensionen mit gleicher Kraft vorangetrieben werden sollen.

Darüber hinaus gibt es die Möglichkeit, dass das Transformation Team einige Themen an die HR-Abteilung übergibt, um sich selbst zu entlasten. Beispiele hierfür sind:

- Organisation von Schulung für Führungskräfte zu aktuellen Führungsthemen und für Mitarbeiter zu aktuellen (agilen) Themen
- Coaching für Führungskräfte, um ein agiles Führungsverständnis aufzubauen
- Organisation einer Austauschplattform für Führungskräfte und Mitarbeiter zu aktuellen Veränderungsprozessen

5.2.2 Den Kulturwandel weitertreiben

Wie sich das Transformation Team nach der ersten großen Phase organisiert, ist der eine wichtige Aspekt. Die andere Frage lautet: Mit welchen Werkzeugen machen wir den Fortschritt des kulturellen Wandels sichtbar?

Die Begleitung jedes Schritts ist bei einer ganzheitlichen agilen Transformation immens wichtig. Die Konzepte sind für viele Mitarbeiterinnen und Mitarbeiter völlig neu, daher muss jeder, der den agilen Wandel fordert oder wesentlich vorantreiben soll, ein lebendes Beispiel dafür sein, wie es funktionieren kann. Dazu müssen die Verantwortlichen aber auch Möglichkeiten schaffen, um mit den Mitarbeiterinnen und Mitarbeitern in Kontakt zu treten.

Bei der Form der Mitgestaltung gibt es keine Schablone, die für jedes Unternehmen passt. Kulturarbeit ist organisationsspezifisch, so wie eben jede Kultur ein Unikat ist. Das Transformation Team kann auf der Ebene der Organisation und der Teams zum Beispiel die Arbeit mit dem Culture Canvas initiieren, auf der Ebene der einzelnen Mitarbeitenden jene mit dem Culture Tree. Diese beiden Instrumente können gemeinsam oder aufeinander aufbauend verwendet werden und schließen sich nicht aus. Je nach Situation ist es aber sinnvoller, mit dem einen oder anderen zu beginnen.

Das Culture Canvas

Wenn sich die Kultur eines Unternehmens langfristig verändern soll, müssen die Change-Verantwortlichen – in diesem Fall das Transformation Team – immer ein Auge darauf haben, wie sich das kulturelle System entwickelt. Das heißt, das Team braucht von Anfang an regelmäßige Bestandsaufnahmen der aktuell wahrnehmbaren Kultur, um zu wissen, wo das Unternehmen in diesem Prozess gerade steht. Nur dann kann das Transformation Team auch Überlegungen anstellen, mit welchen Mitteln und Maßnahmen der kulturelle Wandel weiter gefördert werden kann.

Das Culture Canvas nach einer Idee von Ben Crothers (siehe Bild 5.4, vgl. Crothers 2018) ist ein solches Instrument für die Bestandsaufnahme und Weiterentwicklung. Dieses Canvas kann das Transformation Team am Anfang des Wandels heranziehen, um in einem Workshop, idealerweise gemeinsam mit bereits agil arbeitenden Teams, den kulturellen Ist-Zustand der Organisation anhand von acht Dimensionen zu erheben:

- **Erzählungen** tragen die Erfahrungen aus gemeinsamen Erlebnissen in der Vergangenheit weiter. Sie sind lustig, lehrreich, manchmal wurden einzelne Personen zu Heldinnen oder Helden oder es hat sich nach dem Ereignis etwas Grundlegendes in der Organisation geändert.
- **Symbole** machen die Identität des Unternehmens sichtbar. Logos, die Marke, der Kleidungsstil der Mitarbeiterinnen und Mitarbeiter, die Gestaltung der Büros.
- **Rituale** sind formelle oder informelle Arbeitsmechanismen, die sich über die Jahre gebildet haben und sich als mehr oder manchmal auch weniger effizient und hilfreich erwiesen haben.
- **Entscheidungswege** zeigen, welche Menschen in der Organisation Einfluss haben oder aufgrund ihrer Position Entscheidungen treffen können.
- **Beziehungen** spiegeln erstens die Verbindungen zwischen Teams, Bereichen oder Abteilungen wider, die sich gemeinsam in der Transformation befinden. Zweitens geht es auch um die Verbindungen zwischen Einheiten, die bereits transformiert werden, und jenen, die noch nicht transformiert werden (zum Beispiel zwischen Produktentwicklung und Support-Teams). Drittens sind damit auch die Verbindungen zu externen Partnern gemeint, die nicht notwendigerweise agil arbeiten.
- **Organisationsstrukturen** liefern zum Beispiel mit Tools und Prozessen die Rahmenbedingungen für das Arbeiten im Unternehmen. Dazu gehören aber auch Abteilungen und Einheiten, die für reibungslose Abläufe sorgen (HR, Facility Management, IT etc.).
- **Überzeugungen** machen deutlich, woran Mitarbeiterinnen und Mitarbeiter in Bezug auf das Unternehmen oder die Transformation glauben.
- **Verhalten** äußert sich in dem Umgang, den Menschen auf gleichen und zwischen verschiedenen Hierarchieebenen aktuell miteinander pflegen. Kooperativ, partizipativ, aggressiv?

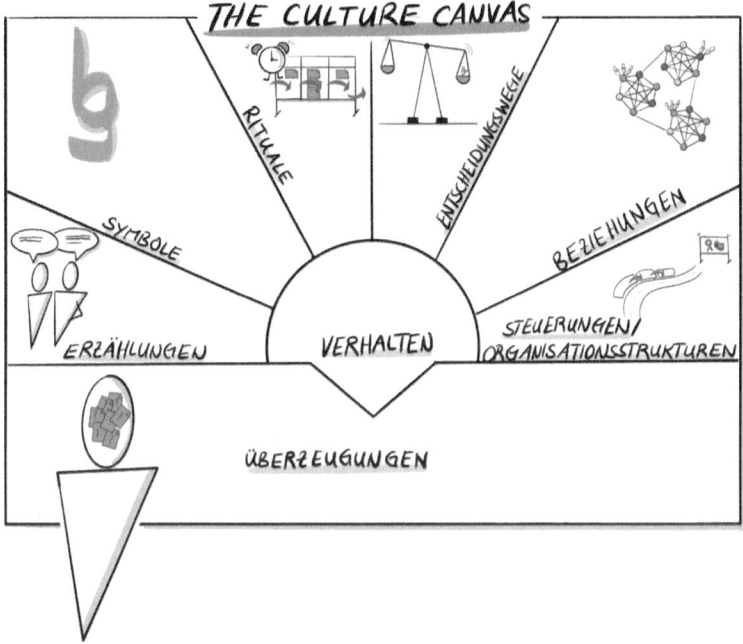

Bild 5.4 Verankerung von neuen Werten im Unternehmen – Culture Canvas

Wenn die Transformation allmählich immer mehr Bereiche der Organisation erfasst, kann das Transformation Team natürlich nicht mehr alleine den Status der Organisationskultur erheben. Deshalb sollten Agile Coaches und Scrum Master ebenfalls – etwa zwei Mal pro Jahr – Workshops mit ihren Teams durchführen und das Culture Canvas befüllen (und um die Aspekte des Culture Tree ergänzen – siehe nächster Abschnitt). Wichtig ist natürlich, dass die Information aus diesen Workshops wieder an das Transformation Team zurückgespielt wird, damit sich immer ein möglichst umfassendes Bild der wahrgenommenen Kultur ergibt. Nur so kann das Transformation Team sein „Master"-Canvas auf den aktuellsten Stand bringen und auch wieder die passenden Maßnahmen für die weitere Entwicklung setzen. Zum Beispiel kann sich daraus der richtige Zeitpunkt für das Coaching der Führungskräfte ergeben, damit positive Veränderungen im Verhalten der Teams nicht wieder durch alte Führungspraktiken zunichte gemacht werden.

Das Schöne am Culture Canvas ist die Veränderung, die sich durch den regelmäßigen Abgleich mit der ursprünglichen Kultur zeigt: Alte Geschichten werden nicht mehr weitererzählt und weichen neuen, die weitergetragen werden.

Tipps für die Anwendung des Culture Canvas

- Erarbeiten Sie die einzelnen Felder des Culture Canvas mit Ihrem Team/Ihren Teams im Dialog und halten Sie fest, welchen Bereich Sie zuerst verändern möchten.
- Drucken Sie das Culture Canvas so groß wie möglich aus und hängen Sie es im Teamraum auf.
- Es ist wichtig, dass die Felder wahrheitsgemäß und nicht wunschgemäß ausgefüllt werden.
- Ziehen Sie das Culture Canvas für jede wichtige Entscheidung heran.
- Nutzen Sie das Culture Canvas in Workshops mit Führungskräften genauso wie mit Teams, um vor allem am Verhalten, den Beziehungen und an den Überzeugungen zu arbeiten. Das sind die drei wichtigsten Indikatoren der Kulturveränderung und sollten für jedes Transformation Team die höchste Priorität haben (siehe Abschnitt 5.1.2).
- Arbeiten Sie regelmäßig mit dem Culture Canvas, um es zu aktualisieren und um herauszufinden, wo sich neue Handlungsfelder ergeben haben. Erst durch den regelmäßigen Austausch über die Inhalte wird sichergestellt, dass sich Führungskräfte und Teammitglieder mit ihren Glaubenssätzen, dem Umgang mit anderen etc. auseinandersetzen.

Der Culture Tree

Das Culture Canvas liefert dem Transformation Team einen aggregierten Blick auf Organisations- oder Teamebene. Es fehlt aber die Information, welchen Blickwinkel der einzelne Mensch im Unternehmen hat. Mit dem Culture Tree lässt sich zeigen, wie sehr sich die einzelne Person im Unternehmen mit der (neuen) Kultur identifiziert bzw. wie sie über die Transformation denkt. In Kapitel 4 haben wir mit dem Agilen Baum bereits eine Variante dieses Baums für Teams kennengelernt. Für die Kulturarbeit mit dem oder der Einzelnen eignet sich aber die „Urform" des Culture Tree besser.[1]

Jede Mitarbeiterin und jeder Mitarbeiter bekommt also einen eigenen Baum und füllt diesen im Rahmen eines Workshops aus (Bild 5.5).

- Die **Wurzeln** stehen für die zentralen Werte, Glaubenssätze und die Mission eines Unternehmens. Die Fragestellungen dazu können lauten:
  - Wer sind wir (als Unternehmen)?
  - Was macht uns aus?
  - Warum existieren wir?
- Der **Baumstamm** steht für die Arbeitsweise, also dafür, wie Dinge im Unternehmen betrachtet und erledigt werden.
  - Wie arbeiten wir?
  - Wie gehen wir an Herausforderungen heran?

---

[1] https://res.cloudinary.com/test-entreleadership-com/image/upload/v1510952864/culture-tree-2017.jpg

- Die **Baumkrone** mit ihren Astverstrebungen steht für die Kultur oder anders ausgedrückt: für das Verhalten des Unternehmens als Kollektiv.
    - Was macht uns nach innen und was macht uns nach außen aus?
    - Was unterscheidet unser Unternehmen von anderen?
- Die **Früchte** stehen für die Ergebnisse, an denen der Erfolg oder Misserfolg der Mission gemessen werden kann.
    - Welche Produkte/Ergebnisse liefern wir?
    - Welchen Wert generiert unsere Organisation?

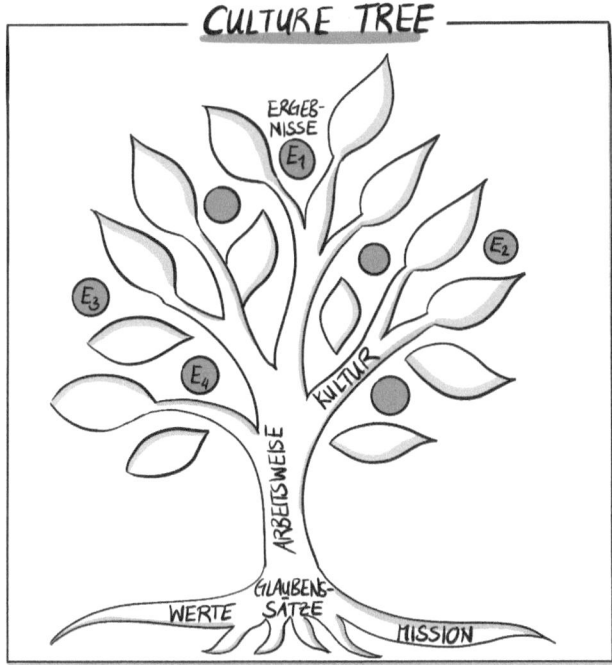

Bild 5.5 Kulturarbeit auf der persönlichen Ebene mit dem Culture Tree

Durch diese Arbeit auf der individuellen Ebene wird deutlich, ob tatsächlich alle hinter dem Wandel stehen. Zum Beispiel kann das Culture Canvas ergeben, dass sich ein Scrum-Team schon gut in der agilen Wertewelt eingelebt hat – doch mit dem Culture Tree wird klar, dass der Product Owner noch immer an klassischen Führungsprinzipien festhält.

Sowohl das Culture Canvas als auch der Culture Tree sind Werkzeuge, die das Transformation Team, Scrum Master und Agile Coaches mit Teams oder Einzelpersonen nutzen können. Einmal im Jahr könnte zum Beispiel eine Großveranstaltung zum Thema „Kultur im Unternehmen" stattfinden, bei der die Mitarbeiterinnen und Mitarbeiter im Rahmen von World Cafés einen Querschnitt der Organisationskultur erarbeiten. Der Vergleich der Ergebnisse von Jahr zu Jahr zeigt, ob und wie die Kulturveränderung voranschreitet.

5.2.3 Die Mitarbeiterinnen und Mitarbeiter involvieren

In den fortgeschrittenen Phasen der Transformation gewinnt das Thema Kultur und Werte also noch mehr an Bedeutung. Wie können wir es aber schaffen, die Kolleginnen und Kollegen intensiv zu involvieren, um das aufrechtzuerhalten und weiterzuentwickeln, was wir an Veränderungen erreicht haben?

Die besten Ansätze liefert inzwischen die Praxis selbst. Es gibt einige Unternehmen, die in erster Linie auf die Befähigung der Mitarbeitenden setzen, damit diese wirkliche Verantwortung übernehmen können und sie nicht aufgedrückt bekommen. Zunächst liegt es noch am Transformation Team selbst, solche Initiativen anzustoßen. Doch ab einem bestimmten Reifegrad der Organisation müssen auch andere Verantwortung für die Weiterentwicklung des Unternehmens tragen. Das Transformation Team kann dabei mit Formaten unterstützen, die von Anfang an auf die breite Integration abzielen. Im Kasten finden Sie drei solcher Formate und eine Einschätzung unsererseits, zu welchem Zweck sie am besten eingesetzt werden sollten.

> **Instrumente für die Unterstützung des Kulturwandels**
>
> *Auf bereits erfolgten Veränderungen aufbauen*
>
> **Appreciative Inquiry (AI)** ist ein potenzialorientierter Prozess, bei dem durch wertschätzende Fragen eine Veränderung bei den Befragten angestoßen wird. Dabei wird der Fokus auf das gerichtet, was bereits gut funktioniert, um weitere Handlungen in diese Richtung zu verstärken. Das Transformation Team, die Agile Coaches und/oder Scrum Master können mit Appreciative Inquiry gelungene Veränderungen in der Organisation zutage fördern und diese multiplizieren.
>
> - Zu welchem Zweck: Um herauszufinden, inwieweit angestoßene Veränderungen bereits wirksam geworden sind – vor allem, was den Wandel im Führungsverhalten betrifft.
> - Initiiert durch: Transformation Team mit Agile Coaches und/oder Scrum Master.
> - Adressaten: Um so viele Eindrücke wie möglich zu erhalten, sollte ein repräsentativer Querschnitt der Mitarbeiterinnen und Mitarbeiter an der Appreciative Inquiry teilnehmen. Der Prozess kann aber auch geschlossen mit einer gesamten Abteilung oder einem Bereich durchgeführt werden.
> - Material zum Thema:
>   - Die acht Prinzipien des Appreciative Inquiry – *https://kommunikationslotsen.de/wp-content/uploads/pdf/lotsenpaper-ai-principles.pdf*
>   - *Gloger, Boris; Rösner, Dieter:* Selbstorganisation braucht Führung. Die einfachen Geheimnisse des agilen Managements. Carl Hanser Verlag 2017

Ein Thema erkunden

In einem **World Café** können die Teilnehmenden unterschiedliche Sichtweisen zu einem Thema sowie Zusammenhänge erkunden. Angeleitet durch passende Fragen werden die Mitarbeiterinnen und Mitarbeiter in unterschiedlichen Konstellationen in ein Gespräch miteinander gebracht. Das bringt die zur Diskussion stehenden Themen ins Bewusstsein und gibt ihnen einen höheren Stellenwert.

- Zu welchem Zweck: Um einen Überblick darüber zu erhalten, was die Menschen im Unternehmen über ein Thema und dessen Facetten denken. Das gelingt in einer entspannten Kaffeehaus-Atmosphäre in tatsächlichen Gesprächen besser als auf bloße Abfrage.
- Initiiert durch: Agile Coaches und/oder Scrum Master (das Transformation Team kann den Anstoß dazu geben).
- Adressaten: Mitarbeiterinnen und Mitarbeiter einer gesamten Abteilung oder eines Bereichs.
- Material zum Thema:
    - World Café Creation Template – *https://kommunikationslotsen.de/wp-content/ uploads/pdf/template-d-deutsch-c.pdf*

Wandel in Echtzeit herbeiführen

Bei Formaten wie der **Zukunftskonferenz** (Future Search) oder der **RTSC-Konferenz** (Real Time Strategic Change) wird das ganze System in einen Raum gebracht – also wirklich alle, die von den Veränderungen betroffen sind. Bei diesen meist dreitägigen Großgruppenformaten wird ein Bogen von der Vergangenheit des Systems bis in dessen (geplante) Zukunft gespannt, es entsteht ein gemeinsames Bild der Richtung, in die sich die Organisation bewegen soll, und es werden gemeinsam konkrete Maßnahmen für aktuelle Probleme entwickelt. Durch die starke Dynamik, die bei diesen Formaten entsteht, können wichtige Schritte in der Verhaltensänderung bereits innerhalb weniger Tage passieren.

- Zu welchem Zweck: Um ein gemeinsames Verständnis über den Veränderungsprozess zu schaffen und zusammen an der zukünftigen Organisation zu arbeiten. Jede Stimme zählt und ist wichtig.
- Initiiert durch: Transformation Team in Zusammenarbeit mit Agile Coaches.
- Adressaten: Alle Mitarbeiterinnen und Mitarbeiter des Unternehmens oder ein relevanter Querschnitt des Systems.
- Material zum Thema:
    - *Weisbord, Marvin; Janoff, Sandra; Trunk, Christoph:* Future Search. Die Zukunftskonferenz: Wie Organisationen zu Zielsetzungen und gemeinsamem Handeln finden. Klett-Cotta 2008.
    - Lernlandkarte Zukunftskonferenz *https://de.neuland.com/Literatur/ Lernlandkarten/Lernlandkarte-Nr.-7-Zukunftskonferenz.html*

Jedes Unternehmen muss für sich selbst Formate und Rituale finden, mit denen neue Werte und Prinzipien verankert werden können. Die Mindmap in Bild 5.6 zeigt Ihnen als Inspiration ein Spektrum an Instrumenten, mit denen Mitarbeiterinnen und Mitarbeiter über die eigene Abteilung hinaus aktiv in den Kulturwandel eingebunden werden können. Zu drei Instrumenten wollen wir Ihnen Beispiele aus unserer eigenen Praxis zeigen. Es sind Beispiele, bei denen die Mitarbeiterinnen und Mitarbeiter selbst aktiv werden mussten. In der Vergangenheit konnten Verbesserungsvorschläge zwar in einem dafür vorgesehenen Briefkasten deponiert werden, doch bei diesen Beispielen geht es um mehr: Ideen werden nicht nur eingebracht, sondern selbst umgesetzt und weiterentwickelt.

Bild 5.6 Vielfalt der Instrumente für die Involvierung von Mitarbeiterinnen und Mitarbeitern

Community of Practice in einer Großbank

Einmal im Monat kommen alle Scrum Master der einzelnen Teams in diesem skalierten Transformationsprojekt (ca. 1000 Mitarbeiterinnen und Mitarbeiter) für zwei Stunden zu einem gemeinsamen Termin zusammen. Ziel dieser Community ist es, aktuelle Fragen rund um den Transformationsprozess gemeinsam zu bearbeiten und Maßnahmen umzusetzen. Zu Beginn ging es in erster Linie darum, den Kontakt zwischen den Teams und den Scrum Mastern herzustellen. Als die Transformation voranschritt, drehten sich die Gespräche aber immer stärker um Themen, die alle Scrum Master beschäftigten und für die nur gemeinsame Lösungen sinnvoll waren, zum Beispiel Fragen zur Führung oder das Überführen von Projekten in die Linie. Die Scrum Master wurden sehr kreativ und entwickelten zu jedem Thema eigene Workshop-Formate, um sie in der Organisation einheitlich durchzuführen. Im Laufe der Zeit übernahmen die Scrum Master durch die gemeinsame Arbeit in der Community of Practice immer mehr Verantwortung und wurden Meister im Lösen von Impediments, die nicht nur das eigene Team, sondern mehrere Teams betrafen.

Eine Community of Practice kann vom Transformation Team für die unterschiedlichsten Themenfelder ins Leben gerufen werden und ist offen für alle Personen im Unternehmen, die am Transformationsprozess interessiert sind. Gerade frisch gebackene Product Owner, Scrum Master, Teammitglieder und Führungskräfte bekommen dadurch eine Plattform, mit deren Hilfe sie sich schneller vernetzen und das agile Mindset erleben und fördern können.

Innovation Lab in einem Automobilkonzern

Kaum eine andere Branche hat in den letzten Jahren einen so tiefgreifenden Wandel durchlebt wie der Automotive-Sektor. Um im wahrsten Sinne des Wortes mehr Raum für Innovation zu schaffen, hat einer unserer Kunden bereits 2007 ein Innovation Lab gegründet. Ziel dieses Labs ist es, mit frischen Ideen neue Geschäftsfelder für den Konzern zu erschließen – und das bisher sehr erfolgreich. Gearbeitet wird ausschließlich im Team und Ideen werden nur dann weiterverfolgt, wenn sie mehrere Stresstests überstehen, unter anderem eine Prüfung durch eine Experten-Jury. Bleibt der erhoffte wirtschaftliche Erfolg aus, wird eine Idee bzw. das daraus entstandene Produkt eingestellt.

Ein Innovation Lab ist eine gute Möglichkeit, um die Ideen von Mitarbeiterinnen und Mitarbeitern aktiv aufzugreifen und sie dadurch zu Beteiligten im Entwicklungsprozess zu machen. Achtung: Es muss transparent werden, wann eine Idee angenommen wird und wann nicht. Wenn diese Strukturen und diese Transparenz fehlen, wird das Innovation Lab schnell zu einer Insel, die immer weiter vom Mutterkonzern wegtreibt. Je mehr Unklarheit herrscht, desto mehr Frustration baut sich bei den Mitarbeiterinnen und Mitarbeitern auf und sie behalten ihre Ideen für sich. Klare Strukturen und Arbeitsprozesse innerhalb des Innovation Labs sind daher wichtige Erfolgsfaktoren für dieses Format.

Eine Pilotgruppe für Neues

Die Organisationsberatung „Kommunikationslotsen" hilft als Facilitator den Menschen in Unternehmen dabei, gut durch Veränderungsprozesse zu kommen. Ihr Ansatz: Mitarbeiter gestalten im Rahmen einer Pilotgruppe zum frühestmöglichen Zeitpunkt die Transformationsprozesse mit. Neue Prozesse, Führungskonzepte etc. werden daher nicht einfach von oben herab bestimmt, sondern mit der Pilotgruppe und dem Management gemeinsam erarbeitet. Die Pilotgruppe, die auf freiwilliger Basis entsteht, stellt einen Querschnitt der Organisation dar und bildet daher alle Bereiche und Hierarchiestufen ab. Die Mitglieder solcher Pilotgruppen durchlaufen im Zuge ihrer Arbeit selbst eine tiefgreifende Veränderung. Sie lernen, die verschiedenen Herausforderungen aus unterschiedlichen Blickwinkeln zu betrachten und diese Perspektiven zu nutzen. Der Kulturwandel stellt sich zunächst in der Gruppe ein und wird dann in das Unternehmen hineingetragen (vgl. Scholz 2017). Diesen Ansatz hat sich auch eine große Fluglinie zunutze gemacht, die mit einem Querschnitt des Unternehmens ein neues Führungskonzept erarbeitete, das für 10.000 Mitarbeiterinnen und Mitarbeitern zum Tragen kam.

Der gemeinsame Nenner aller Maßnahmen ist der Wissensaustausch und das Lernen voneinander – dadurch entsteht eine agile Kultur. Entscheidend ist dabei, nicht einfach Good Practices zu kopieren, sondern das Warum dahinter zu verstehen und auf den eigenen Kontext zu übertragen. Ein gewinnbringender Austausch entsteht immer dann, wenn die Beteiligten die spezifischen Zusammenhänge verstehen, in denen ein Verfahren angewendet wird.

5.2.4 Auswirkungen der Transformation auf unternehmensnahe Stakeholder

In unserer Organisation selbst arbeiten wir erfolgreich agil. Doch da gibt es natürlich noch Zulieferer, Kunden und andere Stakeholder. Wie gehen wir damit um, dass an diesen Schnittstellen agiles Arbeiten auf nicht-agiles Arbeiten trifft?

Der Wandel, den ein Unternehmen vollzieht, wird sich langfristig auf die Geschäftsbeziehungen auswirken. Eines der zentralen Ziele jeder agilen Transformation ist eine kürzere Time-to-Market bei gleichzeitig höherer Kundenzufriedenheit. Innerhalb des Unternehmens, das eine Transformation vollzieht, äußert sich das in der Arbeit in Sprints, in der Lieferung fertiger Produktinkremente in regelmäßigen Abständen und dem regelmäßigen Einholen von Anwender-Feedback. Klaus Leopold sagt in seinem Buch „Agilität neu denken" allerdings sehr richtig, dass lokale Optimierung nicht zwangsläufig zu nachhaltigem Erfolg führt. Genauso müssen die vielen vor- und nachgelagerten Schritte beleuchtet werden. Dazu gehören in vielen Branchen die externen Zulieferer und das bedeutet, dass sie zumindest ansatzweise in die Sprintzyklen integriert werden müssen. Wenn wir den Automotive-Sektor betrachten, haben dort meistens jene Teams zu kämpfen, die Soft- und Hardware integrieren müssen. Die Fertigungstiefe ist heute bei den meisten Automobilherstellern sehr gering, das heißt, es gibt viele Lieferanten, die sich auf bestimmte Komponenten spezialisiert haben. Alle diese Lieferanten zu koordinieren und sich mit ihnen abzustimmen, ist ein immenser Aufwand.

Um diese Komplexität beherrschbarer zu machen, arbeiten viele Hersteller mit Baukastensystemen. Das Fahrzeug wird in verschiedenen Modulen konzipiert, die von unterschiedlichen Zulieferern gefertigt und zu festgelegten Zeitpunkten direkt an die Fertigungsstraße geliefert werden. Bei der Entwicklung von Fahrzeugen müssen die kurzen Softwareentwicklungszyklen mit den längeren Hardwareentwicklungszyklen vereinbart werden. Daher wird die komplette Entwicklung eines neuen Automodells als Stage-Gate-Prozess aufgesetzt. An den fixen Quality Gates müssen sowohl die Soft- als auch Hardwareprodukte fertiggestellt sein. Andere Automobilbauer setzen hingegen einen klaren Standard: Sie arbeiten nur noch mit Lieferanten, die ebenfalls agil entwickeln und das nachweisen können, damit die Sprintzyklen abgestimmt und die Produkte schnell integriert werden können.

Mit der Einbindung von Lieferanten sollen letztlich die Transaktionskosten gesenkt werden, während das nötige Vertrauen in die Zusammenarbeit aufgebaut wird. Das geht nur, wenn beide Seiten auf eine langfristige Kooperation setzen und Transparenz zulassen. Wir wollen Ihnen hier einige Beispiele vorstellen, die zeigen, wie wichtig der Wissensaustausch über die Grenzen des eigenen Unternehmens hinweg ist. Offenheit gegenüber neuen Formen der Zusammenarbeit lässt Vorteile für alle Beteiligten entstehen und schafft ein Ökosystem, in dem alle wachsen können.

Integration von Einkäufern in agil arbeitende Entwicklungsteams

In einem Pharmaunternehmen arbeiteten wir mit crossfunktionalen Teams, um eine Soft- und Hardwarelösung für den automatisierten Transport von Proben zu entwickeln. Viele mechanische und elektronische Komponenten wurden von Zulieferern hergestellt, die wir möglichst eng in die dreiwöchigen Sprints einbinden wollten. Daher wurde ein Projekteinkäufer direkt in das Team integriert, der an allen Scrum-Meetings teilnahm und somit zu jedem Zeitpunkt über den aktuellen Stand des Projekts informiert war. Auf diese Weise konnte er den Lieferanten laufend Updates geben und sie mit den Prozessen im Unternehmen besser verbinden. Dadurch wurde es für die Zulieferer wesentlich einfacher, schneller zu liefern und auf kurzfristige Änderungen rasch zu reagieren.

Integration von Lieferanten in den agilen Fertigungsprozess

Ein Hersteller von landwirtschaftlichen Maschinen bezieht sowohl bei der Fertigung neuer Produkte als auch bei der laufenden Weiterentwicklung von Produkten die Zulieferer in die crossfunktional arbeitenden Teams ein. Es gibt regelmäßige monatliche Treffen, bei denen Änderungen am Produkt besprochen werden, die durch Kundenfeedback zustande gekommen sind. Zwischen den Terminen gibt es – je nach Klärungsbedarf – kurzfristig angesetzte Telefonate. Durch die direkte Beteiligung im Entwicklungsprozess können die Vertreter der Zulieferer sofort in ihre Organisationen rückmelden, welche Komponenten bis wann gebraucht werden. Außerdem können die Zulieferer eigene Ideen in die Produktentwicklung einbringen. Dieses Vorgehen hat dazu geführt, dass es einen genaueren Zeitplan für die Lieferung der Maschinen gibt, auf dem das Marketing und der Vertrieb ihre Kampagnen aufbauen können. Einer der wichtigsten Punkte im Entwicklungsprozess ist, dass die Repräsentanten der Zulieferer dazu eingeladen sind, bei der Auslieferung der neuen Maschinen an die Kunden dabei zu sein. Das stärkt das Teamgefühl nachhaltig.

Integration von Zulieferern in die Kultur einer Organisation

Das Unternehmen Premium Cola in Hamburg hatte die Vision, eine Cola herzustellen, die neben guten Inhaltsstoffen vor allem viel Koffein enthält (*https://premium-cola.de/kollektiv*). Neben dem besonderen Geschmack sind den Gründern aber die Unternehmenskultur und die Art, wie mit Mitarbeitern und Partnern umgegangen wird, ein besonderes Anliegen. So wird zum Beispiel jedem Mitarbeiter das gleiche Gehalt ausgezahlt, weil jeder in seiner Position gleich wichtig ist, um das Produkt auf den Markt zu bringen. Dieser Ansatz wird auch nach außen gelebt: Premium Cola hat ein Netzwerk von rund 1700 Zulieferern, mit denen es keine schriftlichen Verträge gibt. Das Geschäft wird rein auf Vertrauensbasis geführt und mit Handschlag besiegelt. Mit ein Grund dafür, dass sich das Netzwerk so schnell ausgedehnt hat.

Lassen Sie sich von anderen Unternehmen inspirieren, aber denken Sie über die Besonderheiten der Beziehungen zu den Partnern Ihres eigenen Unternehmens nach. Was kann getan werden, um aus einer klassischen Lieferanten-Abnehmer-Beziehung eine echte Partnerschaft auf Augenhöhe zu machen?

Die Gefahren

Die Transformation wird (zu früh) für abgeschlossen erklärt und alle laufenden Maßnahmen werden beendet.

Wenn eine Transformation zu früh für vollzogen erklärt wird, schleichen sich über kurz oder lang wieder die alten Verhaltensweisen ein und viele Fortschritte werden zunichte gemacht. Bevor eine Transformation gestartet wird, sollte allen Beteiligten bewusst sein, dass es sich dabei um eine Entwicklung handelt, die niemals ganz abgeschlossen sein wird. Ständige Entwicklung ist das Prinzip der Agilität.

Das Transformation Team wird zu schnell aufgelöst und die Mitglieder kehren in ihre ursprünglichen Aufgabenbereiche zurück. Das erlangte Wissen wird nicht weitergegeben.

Ein Transformation Team sollte nicht nur für den Fall seiner Auflösung, sondern prinzipiell seine Erfahrungen und Erkenntnisse dokumentieren und allen Interessierten im Unternehmen zugänglich machen. Regelmäßige Retrospektiven helfen dabei, diese Learnings in der Organisation zu verankern. Das Wissen der Beteiligten sollte zudem regelmäßig konsolidiert und zum Beispiel in organisationsinternen Communities of Practice oder Centers of Expertise weitergegeben werden. Die breite Masse der Mitarbeiterinnen und Mitarbeiter kann durch Town-Hall-Meetings erreicht werden. Um nicht im wahrsten Sinne des Wortes betriebsblind zu werden, ist aber auch der Austausch mit Menschen aus anderen Unternehmen notwendig – das Angebot an agilen Konferenzen, Meetups etc. ist vielfältig!

Für Product Owner und Scrum Master werden keine Anreize geschaffen, um das agile Mindset tatsächlich vorzuleben und weiterzuentwickeln.

Sobald die ersten Product Owner und Scrum Master ausgebildet werden, sollten sich HR-Abteilungen in Zusammenarbeit mit dem Transformation Team Gedanken über neue Entwicklungspfade und Gehaltsmodelle machen. Laterale agile Führungskräfte sind keine selbstlosen Samariter, sondern wollen genauso wie viele andere einen attraktiven Ausblick auf ihr zukünftiges Berufsleben haben.

Die Transformation wird als Projektinsel betrachtet und andere Stakeholder werden nur am Rande informiert und einbezogen.

Eine agile Transformation steht und fällt mit der Qualität und Transparenz der Kommunikation. Die Transformation ist keine Aktion, die das Transformation Team im stillen Kämmerlein abwickelt. Mit Town-Hall-Meetings, einer eigenen Seite im Intranet, mit Videos, Flyern, Plakaten etc. zeigt das Transformation Team den Menschen in der Organisation, was es tut und was gerade passiert. Am Beginn kann eine Transformation durchaus projekthaft wirken, doch das darf nur eine temporäre Erscheinung sein. Nach dem Start müssen die Mitarbeiterinnen und Mitarbeiter konsequent über die Fortschritte des „Projekts" auf dem Laufenden gehalten werden. Auch sollten weitere Stakeholder wie Lieferanten und Kunden darüber informiert werden, damit sie sich auf die bevorstehenden Veränderungen vorbereiten können. Idealerweise ist das Topmanagement in diese aktive Kommunikation involviert, zumindest müssen aber die Mitglieder des Transformation Teams Gesicht zeigen.

Literaturtipps

Appelo, J.: Management 3.0. Leading Agile Developers, Developing Agile Leaders. Addison-Wesley Professional 2010.

Crothers, B.: Magritte and pipes: aligning your values and culture using the Culture Canvas. https://blog.usejournal.com/magritte-and-pipes-aligning-your-values-and-culture-using-the-culture-canvas-2ad099ae652c

Derby, E.; Larsen, D.: Agile Retrospectives. Making Good Teams Great. O'Reilly 2006.

Gloger, B.: Erfolgreich mit Scrum – Einflussfaktor Personalmanagement. Carl Hanser Verlag 2011.

Opelt, A.; Gloger, B.; Pfarl, W.; Mittermayr, R.: Der Agile Festpreis. Leitfaden für wirklich erfolgreiche IT-Projekt-Verträge. Carl Hanser Verlag 2014.

Scholz, H.: Pioniergruppen als Nukleus der Transformation. Lotsenpaper 2017. https://kommunikationslotsen.de/die-lotsen/download

Für Ihren weiteren Weg

Wir sind uns wohl einig: Es gibt nicht den einen, einzig richtigen Weg, der zu einer agilen Organisation führt. Manche „Linien", wie es professionelle Bergsteiger wohl nennen würden, sind beschwerlicher, andere sind einfacher zu bewältigen. Zum Gipfel führen sie alle, das Schwierige ist nur: Detaillierte Wanderkarten gibt es dafür noch nicht – allesamt erkunden wir derzeit noch ein neues Gelände. Wir befinden uns in einer Zeit, in der ein altes Management-Paradigma gerade von einer völlig anderen Art des Führens und Arbeitens abgelöst wird und vieles noch unklar und im Übergang ist. So bleibt uns nur der Mut, eine eigene Expedition zu starten und dabei auf einige der Erkenntnisse zu achten, die andere von ihren Erkundungen bereits mitgebracht haben.

Falls Ihr Unternehmen noch mitten in der Transformation steckt, wollen wir Ihnen Mut zusprechen: Schauen Sie auch in noch so schwierigen Situationen nicht weg, in der Hoffnung, dass sich Probleme einfach in Luft auflösen. Da hilft nur ein kühler Kopf und für die meisten Situationen gibt es gleich mehrere Auswege. Wir haben versucht, einige davon in diesem Buch zu skizzieren. Selbst aus Sackgassen kann man sich wieder hinausmanövrieren, auch wenn man manchmal ein paar Schritte zurückgehen muss.

Am Ende wartet jedoch die Belohnung: eine moderne Organisation, die den Ansprüchen von morgen gerecht werden kann.

Wir wünschen Ihnen ganz viel Erfolg für Ihr Vorhaben!

PS: Agilisten wie uns ist Feedback natürlich ein großes Anliegen. Wenn Sie Fragen, Anmerkungen, Lob, aber auch Kritik an und für uns haben, treten Sie doch einfach mit uns in Kontakt. Wir freuen uns über jede Anregung, die dieses Buch in der nächsten Iteration besser macht!

Christoph Schmiedinger   christoph.schmiedinger@borisgloger.com
Carsten Rasche   carsten.rasche@borisgloger.com
Ellen Thonfeld   ellen.thonfeld@borisgloger.com
Kathrin Tuchen   kathrin.tuchen@borisgloger.com

Danke!

Abschließend möchten wir noch jenen Personen unseren tiefsten Dank aussprechen, ohne die dieses Buch nicht entstanden wäre:

Jürgen Margetich – du hast die Idee eines Transformation-Guides in unsere Köpfe gepflanzt und damit die Grundlage für dieses Buchprojekt geschaffen. Deine Überzeugung war, dass mit einer ansprechenden Einladung auch mehrere Autorinnen und Autoren ein solches Buch schreiben können. Wir hoffen, dass du dieses Buch stolz in deinen Händen hältst.

Dolores Omann – ohne deine kritische Stimme, das Verbinden der Teile zu einem Ganzen und deine Genauigkeit in den Texten würde unser Buch nicht annähernd so leicht lesbar sein, wie es das heute ist. Vielen Dank für deine Geduld und Arbeit am Manuskript.

Sina Tisch – du hast das Buch mit deinen großartigen Visualisierungen auf ein höheres Level gehoben. Vielen Dank für deinen Einsatz und deine Freude in den vielen Iterationen, die wir für manche Bilder benötigt haben.

Sabina Lammert – herzlichen Dank für deinen Beitrag zu Kapitel 3. Viele deiner Ideen haben wir nicht nur in das Buch, sondern auch in unseren Beratungsalltag übernommen.

Hélène Valadon – ohne dich und deine Geduld, uns mit dir in deinen Projekten lernen zu lassen, wäre dieses Buch nicht möglich gewesen. Danke, dass du uns immer unterstützt, uns lernen lässt und die Prime Directive stets an erste Stelle stellst.

Boris Gloger – du hast in den letzten 15 Jahren ein Unternehmen aufgebaut, in dem wir selbst leben, was wir bei unseren Kunden vertreten. Wir alle vier durften in den letzten Jahren so viele spannende Transformationen begleiten und dadurch unschätzbare Erfahrungen sammeln und Wissen aufbauen. Danke, dass wir ausprobieren, Fehler machen, daraus lernen und besser werden durften.

Unseren Partnern und Kindern – ohne eure Unterstützung hätten wir dieses Buch nicht schreiben können. Danke, dass ihr Verständnis dafür hattet, wenn wir viele Abende, Nächte und Wochenenden diesem Buch gewidmet haben.

Viele Kolleginnen und Kollegen sowie Freunde aus der Agile Community haben uns mit Gesprächen und durch Reviews dabei geholfen, die Inhalte zu schärfen. Vielen Dank an Alexander Jasch, Ulf Ehlers, Paulina Heins, Ilka Kießler, Sandra Wittmann, Barbara Wietasch, Claudia Eller und Bernd Krehoff.

Literatur

Aghina, Wouter; Ahlback, Karin; De Smet, Aaron; Lackey, Gerald; Lurie, Michael; Murarka, Monica; Handscomb, Christopher (2018): The five trademarks of agile organizations.
https://www.mckinsey.com/business-functions/organization/our-insights/the-five-trademarks-of-agile-organizations

Appelo, Jurgen (2010): Management 3.0. Leading Agile Developers, Developing Agile Leaders. Addison-Wesley Professional 2010.

Bellman, Geoffrey M. (2001): Getting Things Done When You're not in Charge. Berrett-Koehler Publishers, San Francisco 2001.

Bradley, Joseph; Loucks, Jeff; Macaulay, James; Noronha, Andy; Wade, Michael (2015): Digital Vortex. How Digital Disruption Is Redefining Industries. Global Center for Digital Business Transformation, June 2015.
https://www.imd.org/uupload/IMD.WebSite/DBT/Digital_Vortex_06182015.pdf

Crothers, Ben (2018): Magritte and pipes: aligning your values and culture using the Culture Canvas.
https://blog.usejournal.com/magritte-and-pipes-aligning-your-values-and-culture-using-the-culture-canvas-2ad099ae652c

Denning, Stephen (2016): Explaining Agile.
https://www.forbes.com/sites/stevedenning/2016/09/08/explaining-agile/#5da6df45301b

Denning, Stephen (2018): The Age of Agile. How Smart Companies Are Transforming the Way Work Gets Done. AMACOM 2018.

Derby, Esther; Larsen, Diane (2006): Agile Retrospectives. Making Good Teams Great. O'Reilly 2006.

Doerr, John (2018): Measure What Matters. OKRs: The Simple Idea That Drives 10x Growth. Portfolio Penguin 2018.

Gassmann, Oliver; Frankenberger, Karolin; Csik, Michaela (o. J.): The St. Gallen Business Model Navigator. Working Paper, University of St. Gallen, o. J.
https://www.thegeniusworks.com/wp-content/uploads/2017/06/St-Gallen-Business-Model-Innovation-Paper.pdf

Gibbons, Paul (2019): The Science of Organizational Change: How Leaders Set Strategy, Change Behavior, and Create an Agile Culture. Phronesis Media 2019.

Gloger, Boris (2017): Scrum Think big. Scrum für wirklich große Projekte, viele Teams und viele Kulturen. Carl Hanser Verlag 2017.

Gloger, Boris; Rösner, Dieter (2017): Selbstorganisation braucht Führung. Die einfachen Geheimnisse agilen Managements. Carl Hanser Verlag 2017.

Hoebeke, Luc (1994): Making Work Systems Better: A Practitioner's Reflections on Practice. Wiley 1994.

Kim, Gene (2018): The Phoenix Project. A Novel about IT, DevOps, and Helping Your Business Win. IT Revolution Press 2018.

Kniberg, Henrik; Ivarsson, Anders (2012): Scaling Agile @Spotify with Tribes, Squads, Chapters and Guilds. Whitepaper, Oct. 2012.
https://bit.ly/2PneB7L

Koch, Axel (2018): Change mich am Arsch: Wie Unternehmen ihre Mitarbeiter und sich selbst kaputtverändern. 2. Aufl. Econ 2018.

Laloux, Frederic (2015): Reinventing Organizations. Ein Leitfaden zur Gestaltung sinnstiftender Formen der Zusammenarbeit. Vahlen 2015.

Leopold, Klaus (2016): Kanban in der Praxis. Vom Teamfokus zur Wertschöpfung. Carl Hanser Verlag 2016.

Leopold, Klaus (2018): Agilität neu denken. Warum agile Teams nichts mit Business-Agilität zu tun haben. LEANability Press 2018.

Lewrick, Michael; Link, Patrick; Leifer, Larry (Hrsg.; 2019): Das Design Thinking Toolbook. Die besten Werkzeuge & Methoden. Vahlen 2019.

Lewrick, Michael; Link, Patrick; Leifer, Larry (Hrsg., 2018): Das Design Thinking Playbook: Mit traditionellen, aktuellen und zukünftigen Erfolgsfaktoren. 2., überarb. Aufl. Vahlen 2018.

Liker, Jeffrey (2003): The Toyota Way. 14 Management Principles from the World's Greatest Manufacturer. McGraw-Hill Education 2003.

Newman, Sam (2015): Building Microservices. O'Reilly 2015.

Oliver, Meghan (2017): Disrupting to Stay the Same: Culture Insights from Zappos. March 16, 2017.
https://www.humansynergistics.com/blog/constructive-culture-blog/details/constructive-culture/2017/03/16/disrupting-to-stay-the-same-culture-insights-from-zappos

Oestereich, Bernd (2016): Unterschiede zwischen Holokratie und Soziokratie. 31. März 2016.
https://intrinsify.de/unterschiede-zwischen-holokratie-und-soziokratie/

Opelt, Andreas; Gloger, Boris; Pfarl, Wolfgang; Mittermayr, Ralf (2014): Der Agile Festpreis. Leitfaden für wirklich erfolgreiche IT-Projekt-Verträge. Carl Hanser Verlag 2014.

Osterwalder, Alexander; Pigneur, Yves (2011): Business Model Generation – Ein Handbuch für Visionäre, Spielveränderer und Herausforderer. Campus Verlag 2011.

Osterwalder, Alexander; Bland, David J. (2019): Testing Business Ideas. A Field Guide for Rapid Experimentation. Wiley 2019.

Owen, Harrison (2011): Open Space Technology. Ein Leitfaden für die Praxis. 2., aktualisierte und erweiterte Aufl. Schäffer-Poeschel 2011.

Pink, Daniel (2011): Drive. The Surprising Truth About What Motivates Us. Riverhead Books 2011.

Purps-Pardigol, Sebastian (2015): Führen mit Hirn. Mitarbeiter begeistern und Unternehmenserfolg steigern. Campus Verlag 2015.

Rasche, Carsten (2019): Sein statt Schein. Woran Sie ein agiles Mindset erkennen und wie Sie es fördern können. Whitepaper borisgloger consulting 2019.
https://www.borisgloger.com/publikationen/whitepapers/

Rasche, Carsten (2019a): Der agile Baum als Orientierungshilfe im Dschungel der agilen Begrifflichkeiten.
https://www.borisgloger.com/blog/2019/05/15/der-agile-baum-als-orientierungshilfe-im-dschungel-der-agilen-begrifflichkeiten/

Rasche, Carsten; Röbbel, Sabrina; Kauffeld, Simone (2020): Mit Scrum agil werden? Ein Qualifizierungsprogramm bei der Commerzbank AG. In: PERSONALquarterly, 02/2020, S. 16–21.

Rigby, Darrell K.; Sutherland, Jeff; Takeuchi, Hirotaka (2016): Embracing Agile. In: Harvard Business Review, May 2016.
https://hbr.org/2016/05/embracing-agile

Roghé, Fabrice; Toma, Andrew; Scholz, Stefan; Schudey, Alexander; Koike, JinK (2017): Boosting: Performance Through Organization Design. The New New Way of Working Series.
https://www.bcg.com/publications/2017/people-boosting-performance-through-organization-design.aspx

Salo, Olli (2017): How to create an agile organization.
https://www.mckinsey.com/business-functions/organization/our-insights/how-to-create-an-agile-organization

Scaled Agile (2020): Portfolio SAFe.
   https://www.scaledagileframework.com/portfolio-safe/

Schmiedinger, Christoph (2016): Raiffeisen Bankengruppe Österreich – Digitale Regionalbank. Case Study, borisgloger consulting 2016.
   https://www.borisgloger.com/wp-content/uploads/Publikationen/Case_Study_Raiffeisen_de.pdf

Schmiedinger, Christoph (2019a): Die digital-agile Transformation – 3 Wege in die Zukunft. Whitepaper, borisgloger consulting 2019.
   https://www.borisgloger.com/publikationen/whitepapers/

Schmiedinger, Christoph (2019b): Vorbild Spotify? Was Sie beachten sollten, bevor Sie das Organisationsmodell kopieren. Whitepaper, borisgloger consulting 2019.
   https://www.borisgloger.com/publikationen/whitepapers/

Schmiedinger, Christoph (2020): Status Quo Agile Banking 2020. Whitepaper, borisgloger consulting 2020.
   https://www.borisgloger.com/publikationen/whitepapers/

Scholz, Holger (2017): Pioniergruppen als Nukleus der Transformation. Lotsenpaper 2017.
   https://kommunikationslotsen.de/wp-content/uploads/pdf/lotsenpaper-pioniergruppen-als-nukleus.pdf

Schulz von Thun, Friedemann (1998): Miteinander reden: 3. Das „Innere Team" und situationsgerechte Kommunikation. Rororo 1998.

Sinek, Simon (2009): Start with Why. TEDx Talk.
   https://www.youtube.com/watch?v=u4ZoJKF_VuA

Sobek, Durward K.; Smalley, Art (2008): Understanding A3 Thinking. A Critical Component of Toyota's PDCA. Productivity Press 2008.

Sprenger, Reinhard K. (2014): Mythos Motivation. Wege aus einer Sackgasse. Campus Verlag 2014.

Stacey, Ralph (1996): Complexity and Creativity in Organizations. Berett-Koehler Publishers 1996.

Starker, Vera; Peschke, Tilman (2017): Hypnosystemische Perspektiven im Change Management: Veränderung steuern in einer volatilen, komplexen und widersprüchlichen Welt. Springer Gabler 2017.

Sutherland, Jeff: Agile *Can* Scale. Inventing and Reinventing SCRUM in Five Companies. In: Cutter IT Journal, Vol. 14, No. 12, pp 5–11.
   https://bit.ly/2OYKrbM

Tabrizi, Benjamin (2015): 75% of Cross-Functional Teams are Dysfunctional.
   https://hbr.org/2015/06/75-of-cross-functional-teams-are-dysfunctional

Tagwerker-Sturm, Maria (2018): Wer ist Ihr „Nightmare Competitor"? – eine Innovationsmethode. 1. April 2018.
   http://www.inknowaction.com/blog/innovationsmanagement/wer-ist-ihr-nightmare-competitor-eine-innovationsmethode-6944/

The Less Company (2020): LeSS Organizational Structure.
   https://less.works/de/less/structure/organizational-structure.html

The Less Company (2020a): Product Backlog Refinement.
   https://less.works/less/framework/product-backlog-refinement.html

Weisbord, Marvin R.; Janoff, Sandra (2010): Future Search. An Action Guide to Finding Common Ground in Organizations and Communities. Berrett-Koehler Publishers 2010.

Willuda, Stefan (2016): Magic portfolio prioritization – the Magic Matrix Technique. 12. Dezember 2016.
   https://www.borisgloger.com/blog/2016/12/12/magic-portfolio-prioritization-the-magic-matrix-technique/

Stichwortverzeichnis

A
Abhängigkeiten 45
Abhängigkeitsmatrix 47
Abhängigkeitstabelle 46
Agenda, Kickoff-Workshop 101
Agile Assessment 5, 49
Agile Coach 69, 100, 128
Agile Leadership 12
agile Organisation 23
agiles Pilotteam 109
agile Transformation 1
Agilität, Vorteile 90
Akzeptanzkriterien 65
Alliance 74, 161
Appreciative Inquiry (AI) 188
Artefakte 111
Aufbauorganisation, agile 19

B
Backlog 152
– des Transformation Teams 109, 112
Backlog Item 112
Baum, agiler 163
Big Bang 16
Bugfixing 52
Business Unit 20

C
Capability Approach 166
Cargo Cult 165
Center of Expertise 43, 57
Change-Check 174
Change-Management 142
Chapter 19, 57, 68, 69
Chapter Lead 68, 70, 121
Circle of Safety 100
CoE *siehe* Center of Expertise
Commitment 102, 155, 162
Community of Practice 72, 181, 183, 190

Culture Canvas 184
Culture Tree 186

D
Daily Scrum 107
DevOps 48
Digital Lab 15

E
Experten, Integration von 57

F
Flight-Levels-Modell 122
Fokusgruppe 87, 131, 134, 153
Framing-Phase 33
Freewriting 104
Führung 26, 53, 66, 161
– laterale 100, 147
Führungsteam, crossfunktionales 74
Future Search *siehe* Zukunftskonferenz

G
Geschäftsmodell 8
Gilde 57, 69, 72
Golden Circle 103

H
Hindernisse 153
Holokratie 20

I
Impediment Backlog 40, 64, 114, 130, 131, 133
Impediment Canvas 132
Impediment Management 130
Impediment Meeting 109, 130
Implementierung 160
Infrastruktur 25
Inkubator, agiler 181

Innovation Lab 191
ITSM *siehe* IT-Service-Management

J
J-Kurve 5
Job Shadowing 159

K
Kanban-Board 47
Keimzelle 75
Kickoff-Workshop 101
Kommunikation 30, 143, 145
Krise 139
Kulturwandel 183

L
Leadership Team 121
Lean Portfolio Management 122
Learning Journey 11, 127
Legitimation 148
LeSS 20
Leuchtturmprojekte 15
Lieferung, inkrementelle 151

M
Mandat 93
Mentoring 127
Microservices 48
Minimum Viable Product 112, 153
Mitarbeiterbefragung 177
Motivationsproblem 140

O
Obeya-Raum 111
Objectives and Key Results 122, 156

P
Pairing 115
Pilotgruppe 191
Pilotteam 86, 140
- agiles 99, 114, 124
- Auswahlkriterien 124
Portfoliomanagement 121
Product Owner 9, 39, 60, 96, 103, 121, 145, 147, 164
- des Transformation Teams 88, 107
Product Owner Weekly 40
Produktarchitektur 25
Produktivität 4, 16

Q
Qualitätssicherung 52
Quarterly Business Review 123
Querschnittsfunktionen 51

R
Real Time Strategic Change 189
Refinement Meeting 109
Reifegradmessung *siehe* Assessment
Reporting 143
Retrospektive 100, 102, 107, 109, 130, 141, 149, 172
Review 102, 107, 108, 109, 153, 157
Roadmap 115 *siehe* Zeitplanung
Rollen 53
Rollenverständnis 53

S
Scaled Review 143
Scrum Master 64
Scrum Master Weekly 40
Scrum of Scrums 40, 59
Shu-Ha-Ri 158, 180
Skalierung 22
Skalierungsframework 22, 39
SoS *siehe* Scrum of Scrums
Soziokratie 20
Spin-off 15
Sponsor 9, 109, 110
Spotify-Modell 19, 74, 117, 142, 161
Sprint 43, 107
Sprint-Kalender 116
Sprint Planning 107
Stabilisierungsphase 33
Stakeholder 98, 102, 109, 110, 115, 154, 192
Stakeholder-Analyse 99
Story Mapping 112
Support-Team 52
Synchronisation 121

T
Taskboard 47, 115
Team-Assessment 78
Teamraum 111
Timeboxing 41
Topmanagement 4, 89, 154
Transformationseinheit, zentrale 181
Transformation Team 5, 9, 39, 85, 86
- Bildung des 89